图书在版编目（CIP）数据

中国原子能科学研究院简史（1950—2010）/中国原子能科学研究院编. —北京：原子能出版社，2010. 8
ISBN 978-7-5022-5034-8

Ⅰ. ①中… Ⅱ. ①中… Ⅲ. ①核能－科学研究组织机构－概况－中国－1950—2010 Ⅳ. ①TL-242. 1

中国版本图书馆 CIP 数据核字（2010）第 167840 号

中国原子能科学研究院简史（1950—2010）

出版发行	原子能出版社（北京市海淀区阜成路 43 号　100048）
责任编辑	孙凤春
技术编辑	丁怀兰　冯莲凤
责任印制	潘玉玲
印　　刷	保定市中画美凯印刷有限公司
经　　销	全国新华书店
开　　本	787 mm×1092 mm　1/16
印　　张	14.75　　**字　数**　281 千字　　**彩　页**　16
版　　次	2010 年 8 月第 1 版　2010 年 8 月第 1 次印刷
书　　号	ISBN 978-7-5022-5034-8　　**定　价**　**60.00 元**

网址：http://www.aep.com.cn　　**E-mail：atomep123@126.com**

发行电话：010-68452845

中国原子能科学研究院
简　史
（1950—2010）

原子能出版社

庆　　祝

中国原子能科学研究院

建院六十周年

解放以来，我们也训练了一些人，科学研究有一定的基础，创造了一定的条件。这件事（指原子能事业）总是要抓的。现在是时候了，该抓了。只要排上日程，认真抓一下，一定可以搞起来。

——毛泽东

如果六十年代以来中国没有原子弹、氢弹，没有发射卫星，中国就不能叫有重要影响的大国，就没有现在这样的国际地位。这些东西反映一个民族的能力，也是一个民族、一个国家兴旺发达的标志。

——邓小平

核科学技术是现代科学技术的重要组成部分，是一个国家科技实力的重要标志。我们要充分认识核科学技术在我国现代化建设中的重要地位,大力推进科技创新,更好地发展我国核事业，以造福于我们的国家和人民,造福于人类和平与发展的崇高事业。

——江泽民

当前，我国改革发展正处于关键时期，现代化建设任务十分繁重。无论是从促进经济社会发展看，还是从保障国家安全看，我们都必须切实把我国核事业发展好。

——胡锦涛

20世纪50年代中期，毛泽东主席与钱三强所长（中）亲切交谈

1958年8月22日，国务院总理周恩来，副总理贺龙、陈毅陪同柬埔寨王国首相西哈努克亲王来我院视察

1958年10月9日，中共中央副主席、国家副主席朱德来我院视察

1958年12月21日，中共中央总书记邓小平、中央书记处书记兼北京市市长彭真来我院视察

1958年9月27日，国务院副总理陈毅为重水反应堆、回旋加速器建成移交典礼剪彩

1958年9月27日，国务院副总理聂荣臻在重水反应堆、回旋加速器建成移交典礼上讲话

1958年9月27日，国务院副总理聂荣臻，中国科学院院长郭沫若、党组书记张劲夫等领导来我院视察

1986年1月21日，胡耀邦总书记会见我院名誉院长王淦昌、院长孙祖训等核工业部10位专家

1990年8月，江泽民主席接见我院第二、三任院长钱三强、王淦昌等科学家

2000年5月，江泽民主席为我院题写的院名

2004年8月30日，国家主席胡锦涛参观“中国核事业50年成就展”我院展台

2004年8月30日，国务院总理温家宝参观“中国核事业50年成就展”我院快堆模型

2004年8月30日，国家副主席曾庆红参观“中国核事业50年成就展”我院快堆模型

2004年12月14日，中共中央政治局委员、国务院副总理曾培炎来我院视察

2008年3月26日，中共中央政治局委员、国务院副总理张德江参观“第十届中国国际核工展”我院展台

2010年4月18日，中共中央政治局委员、国务委员刘延东来我院视察

1985年9月，中顾委副主任宋任穷来我院视察

1985年9月，全国政协副主席、全国科协主席周培源来我院视贺我院建院35周年

1989年5月11日，国务委员邹家华来我院视察

1990年11月9日，国务委员、国家科委主任宋健为我院快堆研究中心工程奠基揭幕

2009年7月17日，中共中央政治局委员、北京市委书记刘淇，市长郭金龙来我院视察

2010年6月25日，中央书记处书记、中纪委副书记何勇来我院视察

2007年5月3日，原全国政协副主席、中国科协名誉主席、中国工程院主席团名誉主席朱光亚来我院视察

2009年2月12日，全国人大副委员长、中国科学院院长路甬祥来我院视察

2008年12月5日，中央军委委员、海军司令员吴胜利来我院视察

1985年9月，前部长、河南省委书记刘杰在刘书林、王淦昌、李毅陪同下来我院祝贺我院建院35周年

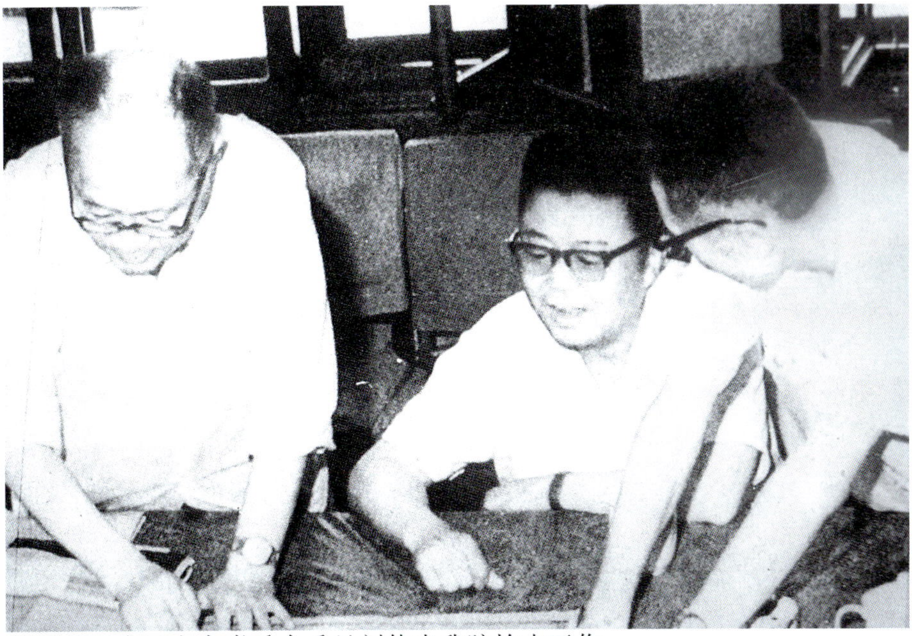

前部长、全国人大常委会委员刘伟来我院检查工作

前部长张忱、蒋心雄等在微型堆研究室听取工作汇报

1999年11月3日，国防科工委主任刘积斌、中核集团公司总经理李定凡等领导来我院视察指导工作

中核集团公司孙勤总经理来我院指导工作

1951年，近代物理研究所部分工作人员合影（摄影时，王淦昌、朱洪元、王树芬、金星南、叶龙飞5人因参加土改等原因缺席）

1985年，前部长、河南省委书记刘杰、核工业部副部长刘书林与我院领导合影

1958年，我院第一次党员代表大会会场

2007年，我院第十次党员代表大会会场

2009年7月1日，我院隆重举行庆祝中核集团公司成立十周年升旗仪式

2010年7月，我院授予胡石林、徐銶、石永康、王国宝、顾忠茂5位同志“中国原子能科学研究院突出贡献奖”，并奖励每位获奖者人民币10万元

我院创建时的旧址——东皇城根甲42号

我院在中关村的办公旧址——中关村物理楼

我院现址的院机关大楼

我国第一座重水反应堆

我国第一台回旋加速器

我国第一颗原子弹爆炸形成的蘑菇云

我国第一颗氢弹爆炸形成的蘑菇云

我国第一艘核潜艇

2.5兆电子伏静电加速器

HI-13串列加速器

30兆电子伏强流质子回旋加速器

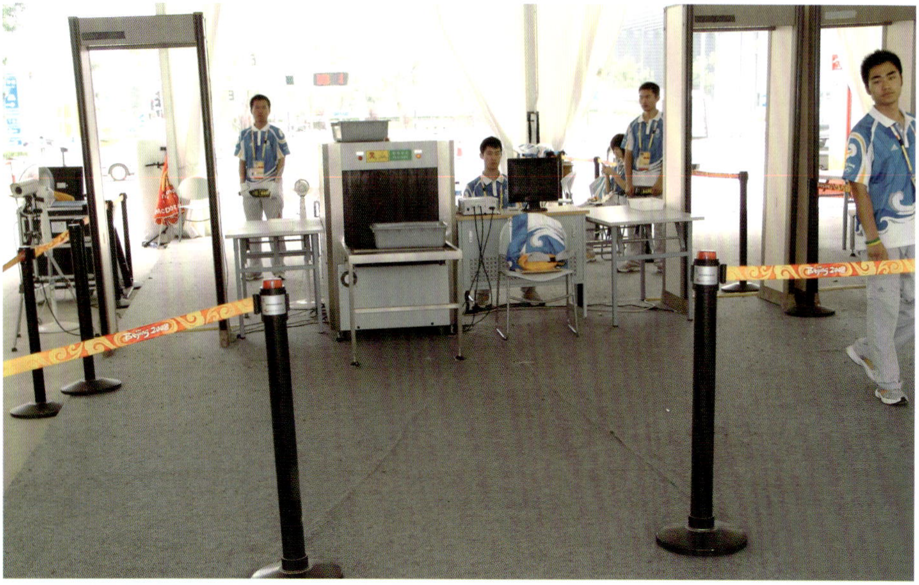

800余套放射性物质监测系统，被成功应用于2008年北京奥运会和2010年上海世博会安保等场所

我国第一台高能大功率电子辐照加速器系统

放射性同位素生产线

为秦山核电站生产启动中子源

自屏蔽电子束灭菌消毒装置

移动式钴-60集装箱检查系统

中国实验快堆

中国先进研究堆

核燃料后处理放化实验设施工程

串列加速器升级工程

编者的话

修史明志，乃我国人民的优良传统。

1983年，党中央发出号召，要重视历史，要从历史事迹中挖掘一切有价值的因素，以继往开来。据此，在所党委领导下，成立了以李毅同志为首的“所史资料征集工作领导小组”及其工作机构。在后来的三年多时间里，在院领导、专家、学者以及广大职工的大力支持下，特别是在李毅、战毅军、李寿枬、杨敏章等领导同志的具体帮助下，先后编纂出我院《1950—1985年大事记》(初稿)一、二、三册，并在此基础上撰写成1950年至1985年35年间的《中国原子能科学研究院简史》(以下简称《简史》)。

2004年3月，院党委决定续写1986年至2005年《简史》，并专门成立了编委会和编写小组。2008年9月，又决定把《简史》续写到2010年，并将前35年和后25年合在一起，出版建院60年的《简史》。

续写部分仍以时间为序，每一个五年计划为一章。为保持项目叙述的完整性，对跨五年计划的项目集中在某一章中叙述；一些大的项目，特别是“四大工程”，仍按时间进度在各章中叙述。在续写后25年的同时，对《简史》1950年至1985年部分作了一些小的修正和补充。

作为《简史》，本书不是面面俱到地总结我院过去60年间的全部工作，而是着眼于反映我院60年发展过程中的重大决策、重大事件和重要工作，以期描画出我院发展的基本脉络，并引出一些经验教训。虽然我院承担了大量重要的国防科研任务，并且取得了令人瞩目的成绩，但《简史》中没有涉及有关保密的内容。全书结构由《简史》、《附录》、《大事年表》等部分组成。

由于档案资料不全和编写水平所限，《简史》在史实叙述的详略、判断的准确性和轻重程度以及材料的运用等方面难免有不当和不周的地方。我们恳切希望广大读者特别是曾在我院工作过的同志予以批评指正，以便将来再版时修订。

二〇一〇年八月

前　言

我院创建于1950年5月19日，至今已经走过了六十年的历程。吴有训、钱三强、王淦昌、戴传曾、孙祖训、樊明武等先后担任院(所)长，现任院长为赵志祥；郑林、郑家璜、刘书林、赵琅、刘昌、李毅、战毅军、李福恒、朱天玉、舒卫国曾先后担任(代理)院(所)党委书记，现任院党委书记为张昌明。

纵观我院的历史沿革，由初期的中国科学院近代物理研究所，先后更名为中国科学院物理研究所(1953年)、中国科学院原子能研究所(1958年)、中国原子能科学研究院(1984年)。建院初期，我院在极其简陋的条件下，艰苦创业，培养了新中国第一代核科学技术骨干，研制了一批科研仪器和设备，建立了核科学技术的重要学科，并于1958年建成了我国第一座实验性重水反应堆和第一台回旋加速器，为核工业的创建和发展奠定了重要基础，被誉为我国核科学技术的发祥地。20世纪50年代末60年代初，在苏联停止援助、内有困难、外有压力、工作环境极其恶劣的情况下，我院干部职工奋发图强，为国争光，为我国"两弹一艇"[①]技术过关作出了重要贡献。十年动乱期间，我院广大干部职工忍辱负重、排除干扰，使我院事业在困境和曲折中得到保持和发展。党的十一届三中全会后，经过拨乱反正，科学事业出现了新的生机，特别是进入20世纪80年代，我院深化改革，调整科研结构，改变运行机制，在核工业"保军转民"[②]方针的指导下，开始走上了以核为主、多种经营的新阶段。进入21世纪，我院积聚力量，明确目标，加强基础能力建

---

① "两弹一艇"，指原子弹、氢弹、核潜艇。

② 在党的工作重点转移后，核工业部提出：在优先保证军用的前提下，把工作重点转向为国民经济建设服务的方针，简称"保军转民"。

设，加强人才队伍建设，探索符合我院实际的科学发展新路子并取得明显成效，为核工业的发展作出了新的贡献。

六十年来，在党中央和国务院的亲切关怀下，在中国核工业集团公司（二机部、核工业部、核工业总公司）的直接领导下，我院几代科技工作者、工人和干部艰苦奋斗、开拓创新，为国防建设和国民经济建设作出了重要贡献，先后荣获国家级和部委级科技成果奖励1 300余项，并研究开发了以同位素与辐射技术为主导的一批高新技术产品，取得了良好的经济效益和社会效益。同时，培养造就了大批人才，为核工业系统及系统外单位培养和输送了一大批业务技术骨干；曾在我院学习、工作过的中国科学院和中国工程院院士就有 60 余位；在获得国务院和中央军委颁发的“两弹一星”功勋奖章的 23 位科技专家中，有 7 位曾在我院建立功勋；从我院成建制地划分出去或参加组建了十多个新的单位。正如《当代中国的核工业》一书中所说的：“原子能所名副其实地成为我国第一个比较完整的、综合性的核科学技术研究基地，这个基地在核工业建设和发展过程中，起到了‘老母鸡’的作用，逐渐派生出一系列核科学研究机构，并培养出一大批日后成为核工业各单位科研生产骨干的科技人才。” 通过六十年的发展，我院逐渐成为一个在国家核科技发展战略中地位不可或缺、作用不可替代，以开展先导性、基础性、前瞻性的研究工作为主的综合性国家核科学技术研究基地。

目前，我院继续坚持“强化基础，提升能力，军民结合，跨越发展”的方针，瞄准世界核科技前沿，以建成的中国先进研究堆、中国实验快堆以及建设中的 HI-13 串列加速器升级工程、核燃料后处理放化实验设施四大工程为科技创新平台，以国防科技、核电基础和先进核能、核基础科技与交叉学科、核技术应用及产业化为主要方向，进一步弘扬“以身许国、敢为人先、严谨求实”的“四〇一精神”，团结奋进，继往开来，为实现“创造一流业绩，造就一流人才，建设一流核科研基地”的发展目标、建设现代富强文明和谐美好的原子科学城而努力奋斗，为我国核工业和核科学技术的发展再立新功。

目　录

简史

第一章　自力更生　艰苦创业

选定方向，聚集力量，创造条件，培养人才，让核科学技术在中国扎根。

（一）

灾难深重的旧中国，近代工业极为薄弱，科学技术非常落后，尖端科学更是空白。国民党政府虽于覆灭之前设置了从事原子核科学的研究机构，早期的科学家也曾为我国核科学的教学和科研做过不少努力，培养了一些人才。但是，在经费拮据、人员分散、设备匮乏的条件下，纵有几位著名的科学家也难以有什么大的作为。因此，原子能科学技术事业在新中国成立前夕，基本上仍是一张白纸。

新中国诞生后，党和人民政府十分重视科学事业的发展。1949 年 11 月中国科学院成立后，在组建国家研究机构时，根据物理学家们关于开展原子核科学研究工作的建议，决定将原南京中央研究院物理研究所原子核物理部分与北平研究院原子学研究所合并，于 1950 年 5 月 19 日成立了中国科学院近代物理研究所，这就是我院的前身。当时由吴有训任所长，钱三强任副所长。一年之后，钱三强继任所长。1952 年，王淦昌、彭桓武任副所长。最初所址在北京东黄城根甲 42 号，1954 年 1 月迁到北京西北郊中关村新建物理大楼。

建所初期，人员屈指可数。从南京物理所来的有吴有训、赵忠尧（当时尚在美国）、李寿枬、程兆坚、殷鹏程、陈耕燕等；北平原子学所来的有钱三强、何泽慧、杨光中等，加起来不过十来个人。随着近代物理所的成立，我所便成为分散在国内外的我国核科学工作者聚集的中心。在周恩来总理的关怀下，钱三强四处奔波，延揽人才。当时清华大学和浙江大学等单位在人力上给予积极支援，从清华大学调彭桓武、金建中等，从浙江大学调王淦昌、忻贤杰等来所参加筹建工作。一年以后,陆续来所的已达 30 多人。从国外回国来所工作的科学家有:金星南、郭挺章、肖健、邓稼先、朱洪元、胡宁(与北大合聘)、杨澄中、陈奕爱、戴传曾、杨承宗等,他们当中有不少人员是冒着生命危险、冲破重重阻挠才回到祖国的。1950 年,赵忠尧先生离美途经日本回国时,曾被美日当局扣押。由于全国人民和世界爱好和平人士的声援,才于 1950 年 11 月返回祖国。当时还从国内邀请了一批年轻的物理工作者来所工作,他们中有黄祖洽、肖振喜、王树芬、陆祖荫、李德平、叶铭汉、于敏、许槑槑等。此外,还从 1951 年、1952 年的大学毕业生中,选拔了一批优秀青年来所工作。到 1952 年底,全所职工已发展到 90 多人。

确定研究方向是研究所的首要问题。1950 年召开的第一次所务会议,初步确定理论物理、原子核物理、宇宙线和放射化学等 4 个主要领域为本所的科研方向。会上,吴有训所长明确提出"要使实验核物理在中国土地上生根"的思想。经过一年多的实践和 1951 年所务工作检讨会,到 1952 年讨论制定的我所第一个五年计划,进一步统一了认识,明确了办所方向:"以原子核物理研究工作为中心,充分发展放射化学,为原子能应用准备条件";同时要求在核科学技术上打好基础,为第二个五年计划开展核物理实验研究和建造原子反应堆创造条件。计划要求核物理方面,在第一个五年计划内要建成高压倍加器、质子静电加速器,研制出各种有关的核探测器,争取建成回旋加速器。放射化学方面,要开展铀的提取、高纯石墨和重水的研制,积极为建设反应堆准备条件。与此同时,相应地开展理论核物理和宇宙线的研究工作。

应当说,第一次所务会议提出的研究方向和 1952 年制定的第一个五年计划,在当时的具体条件下是一个大胆的构想,是全所科研人员集体智慧的结晶,它为我所后来的发展明确了方向。

为了保证第一个五年计划的实施,1952 年底对研究机构作了调整,建立 4 个大组:一组为实验核物理组,组长赵忠尧,副组长杨澄中、何泽慧;二组为放射化学组,组长杨承宗,副组长郭挺章;三组为宇宙线组,组长王淦昌,副组长肖健;四组为理论组,组长彭桓武。第一大组又设 4 个小组,即:加速器组,负责人赵忠尧、杨澄中;探测器组,负责人戴传曾;电子学组,负责人杨澄中、忻贤杰;核乳胶和云室组,负责人何泽慧。

建所初期,行政管理人员很少,许多工作要由科研人员兼管。为此,先后设立了计划委员会、仪器设备委员会、图书管理委员会、工厂管理小组和建筑小组。为了落实第一个五年计划，加强科研和行政管理工作，1952 年底正式建立了以所长为首、正副研究员和所务秘书参加的所务会议，负责讨论和审议全所重大问题。由李寿枬兼任所务秘书，协助所长组织、管理科研和行政方面的工作，并着手建立各项规章制度。1953 年 11 月成立了所办公室，由岳起任办公室副主任。同年 10 月，科学院决定将以陈芳允为首的电子所筹备处和数学所的计算机组合并到我所，成立了第五大组（电子学组），组长陈芳允，并将近代物理所改名为物理研究所。1955 年前后，又有一批科学家回国参加本所工作。他们当中有梅镇岳、谢家麐、范新弼、丁渝、张家骅、李整武、郑林生、肖伦、冯锡璋、张文裕、王承书、汪德昭等，在他们的指导下，陆续开展了 β 谱学、核矩和波谱学、电子直线加速器、放射性同位素制备、稳定同位素分离、同位素应用等新领域的科研工作。

（二）

事业初建，开展科研工作的条件是极其困难的。国内没有现成的仪器设备及相应的工业基础，西方国家又对我国实行封锁禁运，就是有钱也买不到做实验用的设备。在这种艰难条件下，要建立和发展各种核物理和放射化学的实验技术，就不得不从研制各种核探测器和粒子加速器开始，甚至还不得不从研究真空技术开始。据钱三强回忆，他当时虽然还不知道“自力更生”这句话，可是延安的“自己动手、丰衣足食”的精神，却从周总理等中央领导人那里最先领受了。他同王淦昌、彭桓武等人接过这个口号，作为一种激励人们奋发进取的精神，号召全所职工“自己动手，一切从零开始”，立志让原子能科学在祖国大地上生根、开花、结果。于是，一个热火朝天的局面出现了。肖健用黄蜡提炼真空封蜡，金建中研制成功了各种抽速的金属油扩散泵，我国金属油扩散泵的生产就是从这里起步的。在杨承宗先生的指导下，由朱培基、朱润生等在极其简陋的防护条件下，把协和医院一套治疗肿瘤用的、抗战前就已损坏、长期关闭的 500 毫克镭氡装置整理修复，提取了氡气，然后由戴传曾等研制成氡铍中子源，接着又研制成中子计数管，为开展中子物理方面的研究工作提供了初步条件。当时没有仪器设备，科研人员就与工人们一起琢磨，自己设计制造。缺少器材、元件，有些科研人员就跑旧货摊，寻找代用品。在这期间，由赵忠尧先生先后从美国运回的两批加速器部件和科研器材，用来建成了两台质子静电加速器。由杨承宗、杨澄中分别从法国和英国归国时用中央批给的外汇[①]购置的一部分器材以及法国著名物理学家约里奥-居里夫人作为对中国人民发展核科学事业的一点心意,赠送杨承宗的含微量镭的标准源,都成了当时开展研究工作难得的条件。全所职工克服了重重困难,经过三年准备,五年奋斗,到 1957 年年底,胜利地完成了第一个五年计划规定的各项任务,取得了一批有意义的科研成果,并培养出新中国第一代核科技人才。

在核物理方面,在赵忠尧、杨澄中的领导下,1956 年建成了一台700 千伏大气型质子静电加速器。此后,在赵忠尧、李整武领导下,又建成了一台高压型 2.5 兆电子伏质子静电加速器。由杨澄中设计的 400 千伏高压倍加器也于1956 年初步建成。1955 年在谢家麐领导下开始的电子直线加速器的研制,到1957 年已取得很大进展。通过这些工作,培养出叶铭汉、徐建铭、孙良方、邬恩九、张恩厚等一批研制加速器的骨干。在何泽慧领导下,研制成功了质子灵敏乳胶和电子灵敏乳胶。在戴传曾、李德平和杨澄中领导下,分别研制成卤素计数管、强流管、三氟化硼中子计数管、碘化钠(铊)闪烁晶体等。其中核乳胶和卤素计数管达到了国际同类型号的先进水平。在 1956 年度颁发的中国科学院奖(自然科学部分)中,何泽慧及合作者陆祖荫、孙汉城以“原子核乳胶制备过程的研究”,戴传曾、李德平及合作者项志遴、唐孝威、李忠珍以“卤素计数管与强流管的制备和它们放电机制的研究”分别获得了自然科学三等奖,这是我所第一批获奖的两项成果。在这方面成长起来的业务骨干有陆祖荫、孙汉城、胡仁宇、王树芬、肖振喜、项志遴、唐孝威、李忠珍、彭华寿、罗开元等。在谱仪方面,由梅镇岳、郑林生领导,建造了一台单透镜 β 谱仪,并开始设计有铁双聚焦谱仪、无铁双聚焦谱仪、中间成像谱仪、永磁式 180° β 谱仪、β-γ符合谱仪。在金建中领导下,建成了一台 180° α 谱仪。在宇宙线方面,在王淦昌、肖健的领导下,开展了宇宙线研究,1954 年在云南落雪山海拔 3 180 米处,建造了我国第一座高山宇宙线研究室,利用多板云室和磁云室,开展了奇异粒子和高能核作用研究。1956 年,张文裕先生回国后也参加了这方面的领导工作。从

① 1949 年 3 月,钱三强随同郭沫若赴巴黎参加世界和平大会时,中央批给钱三强 5 万美元,趁开会之便请其老师约里奥-居里代为订购一批仪器设备。后因法政府不发中国代表签证,于是和平大会改在巴黎和华沙分别举行,叫做一个会议、两个会场。此时,钱三强便将一部分外汇委托来华沙开会的法国代表转交居里暂存。杨承宗、杨澄中归国时购置器材的费用就是由这笔外汇支付的。解放之初,国家能拿出这笔外汇以装备原子能科学机构,足见中央给予的特别关怀。

1954 年至 1957 年，先后搜集到 700 多个奇异粒子事例，取得了一批很有价值的成果，成长了像吕敏、胡文琦、郑仁圻、霍安祥、郑民等一批技术骨干。

在核电子学方面，在杨澄中、忻贤杰领导下，研制成一批真空管型的核电子学仪器，如线性脉冲放大器、高压稳定电源、64 进位定标器、计数率仪、单道脉冲分析器等。这方面成长起来的业务骨干有陈奕爱、林传骝、席德明、方澄、许廷宝等。

在放射化学方面，由杨承宗、郭挺章领导，开展了铀等天然放射性元素的提取、纯化、分析、测定工作，进行了重水和高纯石墨的研制工作等。郭挺章同志是一位很有造诣的理论化学家，为了原子能事业的发展，他放下自己热爱的理论化学工作，主动承担了指导重水和高纯石墨的研制任务。1955 年，用电解法制得浓度大于 99%的重水，完成了大量石墨原料筛选工作。在从矿石提取铀的研究方面，在杨承宗指导下，首先制备成功克级较高纯度的氧化铀，接着又开展了用磷酸三丁酯萃取铀的研究，1957 年设计制成公斤级操作水平的脉冲萃取柱。1958 年后，从矿石提取铀以及重水和石墨的研制工作，陆续转移到有关工业部门去。通过以上工作，培养出林念芸、朱润生、朱培基、关景素、苏峙鑫、王方定、邓佐卿等一批业务骨干。

在理论核物理方面，由彭桓武、朱洪元领导开展了原子核物理及基本粒子的理论研究。1953 年，全体理论物理工作者对原子核物理文献进行了系统调研，摸清了当时核物理理论、实验概况和发展趋势，对我国核理论研究工作起了重要作用。同时，注意到反应堆、同位素分离、受控热核反应等应用性理论工作。1955 年，彭桓武、黄祖洽到苏联考察实习了反应堆理论工作，回国后于 1956 年在中关村一部举办了反应堆物理理论培训班，培养了 20 多名反应堆理论工作者，为我国反应堆理论研究工作打下了基础。这个时期，参加理论方面研究的有胡宁、朱洪元、邓稼先、金星南等，并成长起黄祖洽、于敏等一批理论骨干，为后来的原子能事业发展发挥了重要作用。

在我所创建过程中，十分重视对青年科技人员的培养。当时，聚集所内的这批曾接受过严格科学训练的科学家，对青年科技人员不仅从基础理论到实验技术方面手把手地教，强调基本功的训练和科研作风的培养；而且，很注意发扬学术民主，尊重大家的创造精神，率先认真学习新知识。当时为了更好地向苏联学习，1953 年 12 月，组织了全所性的俄语短训班，由邓稼先先到北京大学俄语速成班学习一个月后回来任教，为期一个月，不论科学家还是青年科技工作者，大家都从 А、Б、В 开始，突击语法和积累词汇。结业时，王淦昌、彭桓武、朱洪元和不少青年获得了全五分的好成绩。1955 年,又组织俄语口语班。此外,还系统培训干部,由赵忠尧、梅镇岳主讲原子核物理,杨承宗主讲放射化学等等。所有这些,对提高干部素质、促进人才成长起了积极作用。当时的学术讨论会也十分活跃,在彭桓武副所长倡议下,建立了每周一次的学术报告会。为了适时地考核干部,于 1956 年至 1957 年参照苏联学位系列,在本所进行了第一批副博士考试。黄祖洽、于敏、陆祖荫、肖振喜 4 人通过了副博士论文答辩。这项工作,为以后科技干部的考核提供了初步经验。1956 年开始招收第一批研究生,他们后来大多成为我国核科学事业领域的骨干力量。

可以这样说,当时那种艰苦的工作条件,正是培养造就我们这支科研队伍的良好土壤。当年钱三强在总结工作时就曾说:"这段时间里虽然困难重重,所花的时间也多了些,但是,通过这个艰苦创业的过程,的确使我们得到了锻炼,在研制设备的过程中,掌握了不少技术知识,这对以后独立开展研究工作将会带来很大的好处。"事实正是如此。

(三)

建所初期,我们国家正处在从新民主主义向社会主义过渡时期。在这个伟大的历史变革中,如何做好科研人员的思想政治工作,加强党对科学工作的领导,一直受到中科院党组的重视,由中科院党组和中宣部直接负责这方面的领导工作。当时我所同其他研究所一样,积极响应党的号召,参加了土地改革、抗美援朝、"三反"、"五反"和知识分子思想改造等一系列活动。王淦昌、朱洪元、金星南等被批准下乡,参加了土改工作;钱三强参加了世界和平大会和国际反细菌战调查团的活动;王淦昌、林传骝与日坛医院吴桓兴教授被派赴朝鲜战场,携带由我所自己研制的射线探测器调查美帝国主义是否在战场上投掷放射性物质。他们在战火弥漫的前线环境下工作达 3 个月之久。这些活动,对促进知识分子的思想改造、激发爱国主义热情、提高社会主义觉悟,都起到了积极的作用。

为了普及原子能科学技术知识,打破对原子能科学的神秘感,根据周恩来总理的指示,于 1954 年在中科院领导下,由钱三强所长带队组织全所科技人员,在全国范围内开展了一次大规模的原子能科普宣传活动。这次科普宣传活动,为后来核工业的创建和发展作了一定的舆论准备。

刚组建研究所时,党员只有李寿枬、黄祖洽两人,党支部设在中科院。

1952 年，同应用物理所、古脊椎动物所联合成立党支部。1954 年迁中关村后，才单独设立了党支部，并开始在科技人员中发展党员。第一任支部书记为胡翼之。

为了加强党对研究所的领导，从 1955 年起，经中央同意，选派了马俭、李毅、刘书林、苏振芳、郑林等同志先后来所工作。任命李毅为副所长兼党总支书记。马俭任所办公室主任，刘书林、苏振芳任副主任，岳起、李寿枬任学术秘书。与此同时，分别在研究大组、实验工厂和行政部门建立了 3 个党支部，配备了专职或兼职的党支部书记。1956 年冬，李毅主要负责西南郊新科研基地的筹建工作，郑林接替李毅任党总支书记。

1956 年 1 月，中央召开了知识分子问题会议，周恩来总理就党在科研单位的任务、知识分子政策以及党政工作人员的职责等等，作了明确指示，为党在科研部门的工作指明了方向。经过党组织的认真传达、学习和贯彻，党的工作得到了进一步加强，并初步建立了各项政治工作制度和健全了科技管理制度。

第二章　纳入规划　蓬勃发展

优质高速建成一堆(反应堆)一器(加速器),开辟新的科研领域,使我国第一个核科学技术研究基地初具规模。

(一)

新中国在经过几年经济恢复之后,制定了第一个五年计划,开始了有计划的经济发展时期。1954 年,地质部门已在我国中南和西北地区探明有铀矿资源。国际上,苏、美、英、法等国准备在日内瓦召开原子能和平利用国际会议,苏联政府表示在促进原子能和平用途的研究方面,愿意给予其他国家科学技术上的帮助。在这样的形势下,1955 年 1 月 14 日,周恩来总理向李四光、钱三强详细询问了我国核科学研究人员、设备和铀矿地质资源的情况,还认真、细致地了解了核反应堆、原子弹的原理和发展核能技术所需要的条件。薄一波、刘杰参加了谈话。周恩来告诉他们,不久中央要研究发展原子能事业问题,届时请他们带些铀矿石和简单的探测仪器,进行汇报和操作演示。

第二天,即 1955 年 1 月 15 日,毛泽东主席在中南海主持召开了中共中央书记处扩大会议。出席会议的有刘少奇、周恩来、朱德、陈云、彭德怀、彭真、邓小平、李富春、薄一波及刘杰等。会议听取了李四光、刘杰、钱三强关于铀矿资源和原子能科学研究基本情况的汇报。根据周总理的嘱咐,李四光、钱三强将铀矿石标本和探测铀矿石放射出射线的仪器带到会上,向中央领导人作了操作表演。听到盖革计数器探测到铀矿石发出嘎嘎的响声时,大家都高兴地笑了。接着,毛泽东主席询问了发展原子能的有关问题。周总理坐在他的身旁,一边介绍情况,一边提醒李四光、钱三强,重点地方应该汇报得详细一些。毛主席听完汇报后,十分高兴地向到会的人说:“解放以来,我们也训练了一些人,科学研究有一定的基础,创造了一定的条件。过去几年其他事情很多,还来不及抓这件事(指原子能事业——编者)。这件事总是要抓的。现在到时候了，该抓了。只要排上日程，认真抓一下，一定可以搞起来。”毛主席还强调说：“现在苏联对我们援助，我们一定要搞好！我们自己干，也一定能干好！我们有人，又有资源，什么奇迹都可以创造出来。”

党中央和毛主席的英明决策，坚定了我国发展核事业的信心，而苏联的援助则加速了我国核事业的进程，使我所开始进入一个新的发展时期。

1955年1月31日，国务院作出了《关于苏联建议帮助中国研究和平利用原子能问题的决定》，正式接受苏联的援助。并于同年4月27日派刘杰、钱三强、赵忠尧三人组成中国政府代表团，在莫斯科与苏联政府签订了《关于为国民经济发展需要利用原子能的协定》。《协定》规定，在核科学方面，苏联将向我国出售一个7 000千瓦的重水型实验性反应堆和直径1.2米的回旋加速器，并接受我国工程技术和科研人员去苏联考察学习反应堆和加速器的理论、运行、维修以及在这些设备上进行科学研究的有关技术工作。

由于原子能事业发展需要特殊条件，决定另建新的科研基地。1955年10月，经中央批准，选定在北京西南远郊坨里地区兴建一座原子能科学研究新基地（代号为“六〇一厂”，1959年改称为“四〇一所”），并将苏联援建的一堆一器放在这个基地中。为了加强建设工作的领导，国务院成立了以刘伟为局长，张献金、钱三强、冯麟、罗启霖、力一等为副局长的国家建设委员会建筑技术局，直接负责新基地的建设和各类人员的选调工作。

这座原子能科研基地是在国家第一个五年计划时期兴建的。在建设过程中，得到了党中央、国务院的关怀和各有关部委、省市的大力支持。从选址到土建、安装，从大量调集科技骨干到各类物资的供应、运输等，只要是新基地需要，无处不给“开绿灯”。整个建设工地从上到下，从施工、安装到使用各方面，大家都心往一处想，劲往一处使，完全被一派紧张、热烈而又有秩序的气氛笼罩着。早期进入工地参加勘探、物资供应、生活后勤和党政管理等筹备工作的李国柱、刘俊孚、龚志源、郑存祚、武连魁、刘长有、张寿通、路青云等同志和以后陆续到达的一大批骨干，在刘伟、罗启霖领导下，与建筑、安装的广大工人、干部一起，为了早日建成新基地，他们不怕严寒酷暑，风吹雨淋，夜以继日地艰苦奋战，表现出高度的国家主人翁精神。早期进入工地的工程技术与设计人员，他们本着建成学会的宗旨，代表甲方从一开始就参加了反应堆和加速器的土建、设备安装和调试活动，并从中做好质量监督检查工作。应该说，这是一项极为难得的技术实践活动，它不但对保证堆、器的工程质量起了积极作用，也使工程技术人员能够熟悉这些重大设备的土建、安装全过程，为他们后来进一步掌握堆、器的技术管理,保证其正常运行准备了条件。当基地进入全面施工阶段时,彭德怀、贺龙、聂荣臻副总理和彭真市长都曾亲临现场指导工作。为了确保工程质量,按时完成建设任务,根据聂荣臻副总理指示,决定由北京市委书记、副市长郑天翔挂帅,三机部(1956年11月国务院成立三机部,同时撤销建筑技术局)副部长刘伟、建工部副部长杨春茂、北京市土建二公司经理赵英豪、建工部第一设备安装公司总工程师李延林等人组成工地党委会,统一指挥新基地的建设。工地党委每周一次例会,及时解决施工中遇到的重大问题,使甲乙丙三方协调一致,统一思想,统一计划,统一行动,从而保证了这座新基地高质量、高速度地建成。

这座新基地占地800亩,实验设施建筑面积为48 000平方米,并配有相应的办公和生活设施。从1956年5月破土动工,到1958年7月,仅仅用了两年稍多一点的时间,一座新的原子能科研基地就在那昔日荒滩田野上奇迹般地屹立起来了!我国第一代核工业建设者追忆当年,浮想联翩,工地景象,历历在目。

这里使人难以忘怀的是,以索洛诺夫(Н·В·Солонов)和阿列克谢夫(А·Г·Алексеев)为代表的苏联专家组对这个基地建设所作的贡献。他们把新基地的建设当作友谊的象征,在施工安装过程中,同中国专家一起,哪里施工安装紧张,哪里有技术难题,哪里便有他们的身影。从苏联专家们的身上,反映出苏联人民对我国人民的友好情谊和国际主义精神。

(二)

1956年4月,在周恩来总理,李富春、聂荣臻副总理的领导下,组织全国各方面的专家学者,制定了《1956—1967年全国科学技术发展远景规划》(简称《十二年规划》),把原子能和平利用列为全国六大重点科研任务之一。其中原子能科学发展规划,当时由王淦昌主持,召集了有关专家,研究制定了规划初稿,然后由王淦昌副所长带到莫斯科,同在那里考察的钱三强、赵忠尧、何泽慧、力一、杨承宗等共同修改定稿。规划中除了要建造重水反应堆和回旋加速器外,还包括低能核物理、应用核物理、宇宙线、高能物理、放射化学、辐射化学、同位素制备等研究领域的一些安排。这个规划就成为当时本所大发展的重要依据。

考虑到原子能事业即将蓬勃发展的需要,国家在建设新科研基地的同时,采取了多层次、多渠道的方式来培养原子能科学技术人才。1955年秋冬，由钱三强率领39名科技人员（包括在苏留学生13人）组成考察学习团，分两批到苏联考察学习。考察学习反应堆物理及其运行维修的有：彭桓武、冯麟、连培生、籍孝宏、黄祖洽、屈智潜、左湖、符德璠、刘允斌、沈俊雄、胡华旦、李乐福、范迪之；考察学习加速器理论及其运行维修的有：力一、王传英、谢羲、吴铁龙、黄兆德、申青鹤、顾润观；考察学习在反应堆和加速器上开展核物理研究的有：何泽慧、杨桢、钱皋韵、项志遴、罗安仁、黄胜年、顾以藩等。此外，还有顾国英、朱培基、王蕴玉、关景素等去苏联学习放射化学和分析化学。后来，肖伦、孙懋怡、苏峙鑫、朱跃兹、丁负吾、刘兆乾、滕克俭等，也去苏联考察学习过放射性同位素制备技术。

设在苏联杜布纳的原子核研究所，1955年改为社会主义国家联合原子核研究所，由各成员国共同投资开展研究工作。我国承担该所经费的20%，每年支付人民币1 500～1 600万元。按照该所章程，我所从1956年起，先后派出王淦昌、胡宁、朱洪元、张文裕、何祚庥、吕敏、方守贤、丁大钊、王祝翔、罗文宗、王乃彦等一批又一批的科技人员到联合所，同各国科技人员一起工作。我国还派人参加联合所召开的各种国际性的学术会议。在1958年成员国全权代表会议上，王淦昌副所长被选为该所副所长。在这期间，他们不仅取得了一批有意义的科技成果，而且也得到了锻炼与提高，增进了同各国人民之间的友谊。

为了有计划地正规培养人才，1955年，钱三强遵照上级指示，推荐浙江大学胡济民、北京大学虞福春、东北人民大学朱光亚、复旦大学卢鹤绂等人，负责筹办一个归北京大学领导的“近代物理研究室”，设原子核物理、放射化学两个专业，科研和教学器材由我所负责，开始从全国几所重点大学抽调一些高年级学生来这里学习专业课程，后改为北大技术物理系。1956年，由清华大学何东昌负责筹办了“工程物理系”，我所在教材和实习等方面给予了积极支持。1958年，根据科学院“由所办系”的原则，我所在中国科技大学开办了原子核物理和放射化学两个系，由赵忠尧、郑林兼核物理系正副主任，杨承宗、苏振芳兼放化系正副主任，两系的教学、实验和毕业实习等等完全由我所负责。这三所学校先后为我所输送了大批优秀毕业生。

为使新基地建设与科研准备紧密结合并进一步落实《十二年规划》，1956年9月，经国务院决定，将我所与正在建设中的新科研基地正式合并，仍称中国科学院物理研究所。所长钱三强，副所长李毅、赵忠尧、郑林、王淦昌、彭桓武、罗启霖、力一、梁超。研究机构从原来的5个大组发展成为8个研究室和2个工程技术单位：

1室主任赵忠尧(兼)，副主任梅镇岳、李整武、谢家麐，从事静电加速器和其他加速器研制，以及在加速器上进行低能核物理研究工作；

2室主任钱三强(兼)，副主任何泽慧、力一(兼)、朱光亚、连培生(兼)，从事使用反应堆、回旋加速器开展中子物理实验工作和反应堆有关工作；

3室主任王淦昌(兼)，副主任张文裕、肖健，从事宇宙线和高能物理方面的工作(1956年冬，王淦昌去联合所工作后，主任由张文裕代理)；

4室主任彭桓武(兼)，副主任胡宁(兼)、王承书、胡济民(兼)、朱洪元，从事理论物理研究工作；

5室主任杨承宗，副主任郭挺章，从事放射化学以及与原子能有关的化学方面的研究工作；

6室主任王竹溪(兼)，副主任李林，从事与原子能有关的金属材料方面的研究工作；

7室主任贝时璋(兼)，从事放射生物和卫生防护方面的研究工作；

8室主任杨承宗(兼)，副主任冯锡章、张家骅，从事同位素应用方面的研究工作。

此外，由连培生任总工程师，籍孝宏任副总工程师，负责反应堆(代号"101"室)的建造、运行、维修和发展方面的工作；由力一任总工程师，王传英任主任工程师，负责回旋加速器(代号"201")的建造、运行、维修和发展方面的工作。

全所成立了统一的所务会议和学术委员会，同时将合并后的中关村部分称为所的"一部"，坨里部分称为所的"二部"，并健全了科技行政和后勤管理系统。"一部"设行政办公室，主任马俭，副主任刘书林、苏振芳；学术秘书室，主任李寿枬。在"二部"成立了9个职能处室：

办公室：主任赵斐钦；

干部处：处长胡国春，副处长乔协旺；

保卫处：处长范玉庭，副处长张寿通；

行政处：处长许子敬，副处长路青云；

财务处：副处长魏跃川；

器材处：处长王金才；

基建处：处长李国柱，副处长孟昭师；

机械动力室：主任龚志源，副主任魏庆享；

学术秘书室：主任范迪之。

1956 年 12 月，经三机部党组与中科院党组联席会议决定，对我所实行部、院双重领导，以部为主。所里设“分党组”性质的“党员干部领导小组”，负责全所的领导工作。组长钱三强，副组长李毅。在中关村“一部”设党总支，书记郑林，副书记马俭；在坨里新基地“二部”设党委，书记李毅，副书记梁超、武连魁。

同年，根据周总理关于“应在兰州设一原子核科学研究点”的指示，在我所成立了由杨澄中为主任，有金建中、王树芬、邬恩九、张恩厚、叶龙飞等人参加的兰州物理研究室。该室于 1957 年迁往兰州，后来发展成中国科学院兰州近代物理研究所。

根据《十二年规划》，我所又将陈芳允、黄武汉等大部分电子学方面的科技人员调出，参加筹建中科院电子所；将夏培肃、吴畿康、范新弼等全体计算机组人员调出，参加筹建中科院计算机所。

1958 年 6 月，传来了令人振奋的消息：6 月 10 日，我国第一台回旋加速器第一次得到了质子束并且第一次打到内靶上；6 月 13 日 18 点 40 分，我国第一座重水反应堆首次达到临界。6 月 14 日，二机部(1958 年 2 月，三机部改为二机部)党组向聂荣臻副总理、周恩来总理并报毛主席、党中央，发出《关于原子能研究中心几件喜讯的报告》(包括“一堆一器”)。7 月 1 日，经二机部、中科院决定，将我所改名为“中国科学院原子能研究所”。8 月 14 日，宋任穷、张劲夫向陈毅、聂荣臻副总理发出《关于筹备原子反应堆与回旋加速器国家验收与落成典礼的请示报告》，日期预定为 9 月 25 日。一时间，这个地处北京西南远郊的偏僻山村就沸腾起来了。周恩来、朱德、董必武等中央领导和各民主党派的负责人以及人民解放军的高级将领、国家机关各部委、各省市党政负责人相继前来视察，对建成这座原子能科研基地表示了巨大关怀和殷切希望。9 月 27 日，在我所举行了隆重的堆、器移交使用揭幕典礼，由中科院副院长张劲夫主持，陈毅副总理剪彩，聂荣臻副总理和郭沫若院长先后讲话。苏方派了以叶夫列莫夫为团长的代表团参加典礼并讲了话。聂副总理在典礼仪式上说：“原子反应堆和回旋加速器的建成，将促进我国原子能科学技术迅速发展。原子武器并不是帝国主义所能垄断得了的。”他并且强调：“我国发展原子能科学技术是用来造福人民的。”参加典礼的中外来宾1 000多人以及全所职工喜气洋洋，热烈庆祝“一堆一器”的建成。9 月 28 日，《人民日报》在头版头条作了报道,并发表了《大家来办原子能科学》的社论。报道说:“我国第一座原子反应堆已正式运转,回旋加速器也已建成。它们的建成,标志着我国已经跨进了原子能时代。”

为了加强党对科学研究的领导,经二机部和中科院党组批准,在堆、器建成后的1958年10月召开了全所党员代表大会,由李毅同志代表“党员干部领导小组”作了工作报告,并围绕加强党的领导问题作出相应决议。大会选举产生了我所第一届党委会,郑林为党委第一书记,李毅、钱三强、罗启霖、梁超为书记处书记,实行党委领导下的所长分工负责制。原“党员干部领导小组”即行撤销。

(三)

早在堆、器建设进入紧张阶段,围绕堆、器开展的科研生产准备工作也同时展开。1957年底制定1958年工作纲要时,所党委明确提出:1958年的主要任务是以整风的精神进行基本建设,做好生产准备和科研准备,争取反应堆和加速器早日正式运转,用最新的设备开展培干与科研,以支援核工业建设。于是,101和201室在一季度订出堆、器的操作规程,二季度开展职工培训工作,有关研究室也抓紧进行科研准备。当时有个形象的口号叫“堵洞”,就是要在堆、器建成之时,能够充分利用堆、器的实验孔道开展研究工作。因此,当重水反应堆和回旋加速器等重大设备正式建成之后,新党委立即组织科技人员掀起了科学研究工作的新高潮。广大科技人员破除迷信、解放思想,积极投入到各方面的实验研究工作中。钱三强所长指导黄胜年等在反应堆上开展了铀钚裂变中子数的测量研究,较快获得成果,这是我所反应堆运行以后的第一项中子物理成果。与此同时,赵忠尧、何泽慧、戴传曾、肖伦等科学家也分别带领一批中青年科技人员在反应堆和加速器旁开展了多方面的实验研究工作。他们与实验工厂的技术人员、工人一起,采取科研、设计、加工三结合,利用原南京中央研究院留下的X光衍射仪度盘,研制成我国第一台中子晶体谱仪,很快在反应堆上获得了我国第一批热中子截面数据。同时又与长春光机所协作,利用高射炮转座,研制成一台精度达到当时国际水平的中子衍射仪,为固体物理研究建立了良好条件。他们还在反应堆旁建造了机械选择器中子飞行时间谱仪,在加速器旁建造了脉冲调制中子飞行时间谱仪,为在反应堆和加速器上开展共振区中子截面测量创造了条件。在反应堆上第一次试制成功33种放射性同位素，并为使用单位提供了少量同位素制品；在加速器上开展了(α，p)极化反应和轻核反应的物理研究工作。

此外，在其他实验条件和设施建立方面，也进行了大量工作。电子学和探测器方面，研制成功100道脉冲幅度分析器、毫微秒示波器、毫微秒脉冲产生器；还研制成光电倍增管、有机闪烁晶体、碘化钠(铊)晶体，并进行了小批量生产。在加速器研制方面，电子直线加速器突破了大功率速调管技术关，并于1963年建成我国第一台30兆电子伏的电子直线加速器；1958年制造了2台2兆电子伏电子静电加速器，1959年建成1台100千伏的高压倍加器。

1958年底，根据毛主席"要冷热结合"的指示，对全所科研工作进行了整顿，将全所科研工作归纳为十大方面，即：反应堆及核动力研究、放射化学(包括后处理工艺和废水处理)研究、分析化学、中子物理及有关技术、同位素分离、热核反应、原子核及基本粒子物理、电子学和探测器、同位素制备及其应用、放射卫生及防护等。1959年，全所职工在所党委的领导下，按照上述十大方面，紧张而又扎实地开展了多方面的科学研究工作。并于当年10月，举行了迎接国庆十周年献礼成果报告会，被推荐到大会上报告的优秀成果有96篇，其中对经济建设或学术上意义比较大的有46篇。应该强调的是，在这个时期，我们已完全掌握了堆、器运行维修技术，并有所改进，1960年实现了开堆自动化。所有这些，都为以后的科研工作打下了良好的基础。

浓缩铀的工艺技术是核工业的核心技术之一。为尽快掌握这项工艺技术，由苏联设计、为扩散厂过技术关和培训技术人员用的实验室(代号"615甲")于1958年开始在我所兴建。由于我所采取了甲、乙、丙三方密切协作、打总体战的方法，加速了建设进度，提前安装了苏联提供的扩散机试验机组，促使苏联专家也提前来所帮助工作。当1960年8月苏联专家奉命撤走之时，实验室已抢先于1959年3月建成，为开展试验研究与培干工作赢得了时间。

1958年10月，中央指示二机部负责核潜艇动力反应堆及其控制系统、屏蔽防护系统等研究设计工作，代号为"09"工程。部里决定这项工程由我所承担，并指示说：你们原子能研究所的"能"字，今后主要就是开展动力堆的研究。为此，所党委成立了"09"工程领导小组，组织了约200人的科研设计队伍，陆续开展了堆设计、堆物理、堆材料、材料防腐、元件工艺、热工水力、自动控制等一整套有关堆工程的科技研究工作。这时，我所自己设计制造安装的零功率反应堆东风1号、东风2号已在1959年达到临界，为"09"工程进行物理模拟研究的第三个零功率堆东风3号也于1960年4月达到临界。这些都标志着我国核潜艇动力堆研究工作迈出了重要一步。

1960年初，国防科委提出“以堆为纲”，要求把“09”工程列入1960年计划，并要求加快陆地模式堆（代号为“196”）的设计建造进度。为此，在领导小组下又设立了以动力装置为中心，理论、元件、材料试验、自控、器材、运行方式、剂量检测、堆化学和“196”工程等十个小组，分别开展各方面工作。同时，为建造生产堆进行元件和材料考验所需要的（也是为将来建造大型工程试验堆积累经验的）工程性试验堆——49-2游泳池式反应堆，也于1960年1月正式动工建造。该堆是我国自己设计、自己建造的第一座反应堆，功率为3 500千瓦，其核纯石墨、氧化铍、特殊铝材、热室铣床、机械手、特殊仪表等，都是国内大协作的产物。那时的氩弧焊还算新技术，工人自己纯化氩气，很快掌握了铝材焊接技术。6室和工厂合作，经过多次试验，解决了长铝管氧化镀膜技术。该堆于1964年12月20日达到临界。

1958年，我所还开展了受控核聚变的研究，这是当时国际上颇受重视的一项新能源的研究工作。1959年由王承书、钱皋韵、忻贤杰等负责，建成了一台磁镜型等离子体实验装置“小龙”，初步开展了等离子体物理工作。

在此期间，派往杜布纳联合所工作的科技人员，利用当时那里占优势的设备条件，做了不少工作，取得了一批成果。特别是王淦昌副所长领导的包括我国丁大钊、王祝翔和其他国家科技人员参加的科研小组，在1960年初成功地发现了反西格玛负超子（$\tilde{\Sigma}^{-}$），这是国际公认的一项重大科学成果，也是人们第一次发现的带奇异数的荷电重子的反粒子，是在基本粒子研究中取得的一个重要进展。这是相对论量子力学的一个理论推断。1960年前，国外科学家们在实验中发现了电子的反粒子——正电子以及反质子、反中子，证实了这一理论推断。之后，在基本粒子表上只剩下超子（带奇异数的重子）还没有找到其相应的反粒子。王淦昌等人的反西格玛负超子的发现，丰富了对基本粒子族的认识，并为粒子-反粒子及由此推广到物质-反物质这一对立统一普遍规律提供了新的论据。1982年荣获我国自然科学一等奖。

1959年12月，由力一率领方守贤、全金关、汪达基等人到联合所，在苏联专家指导下，自行设计了一台420兆电子伏中能电子加速器，回国后即组建了高能物理研究所筹备组，并经国务院聂荣臻副总理批准到中南各省选点，后因“文革”运动，筹建工作中断。1973年，高能所成立，这批人中的绝大部分划归该所。

经过1958—1959年的大发展，我所学科领域有了很大扩展，填补了大批空白学科，使核科学获得较快的发展，由1956年的8个研究室和2个工程技术单位发展为16个研究室和5个技术单位。新增加的研究室和技术单位是：

9室，从事稳定同位素分离技术研究工作，主任先是汪德昭，后为戴传曾；

10室，从事核燃料后处理和铀钚工艺化学研究工作，副主任刘允斌、刘静宜(兼)；

11室，从事直线加速器研制工作，主任先是李整武，后为谢家麐；

12室，从事反应堆工程研究工作，主任连培生，副主任孟戈非；

13室，从事核电子学和探测器研究工作，主任刘书林，副主任黄英伟、李德平；

14室，从事受控核聚变研究工作，主任先是王承书，后为李整武；

15室，从事原子能方面分析化学研究工作，主任陈国珍(兼)，主任助理朱培基；

16室，从事放射性同位素制备方面的研究工作，主任肖伦；

615室，从事铀同位素分离技术研究工作，主任吴征铠，副主任王承书、钱皋韵；

技术安全室，从事辐射防护技术研究工作，主任董汉雄，副主任李德平(兼)；

301室(筹备组)，从事放射性三废管理和处理方面工作，负责人刘清怀。

为了集中行政管理部门的职权，提高工作效率；为了使所领导能深入基层，具体指导科研工作；为了使党政干部熟悉业务知识，加强思想政治工作，1959年4月，经二机部批准，将所的职能部门调整为“四办三处”，将全所研究技术单位组成“四线一片”。各办各线均设立党的总支。

“四办三处”是：

第一办公室：负责行政管理、生活后勤，主任马俭；

第二办公室：负责学术交流、科技管理，主任李寿枬；

第三办公室：负责生产后勤、工厂加工，主任王金才；

第四办公室：负责基本建设，主任孟昭师；

干部处：处长胡国春；

保卫处：处长范玉庭；

保密处：处长张寿通。

还成立了防护医疗所，主任王一。

“四线一片”，开始由所长分工负责，到1961年逐步明确了业务领导人，并将“四线一片”(以后又增加了物理化学线)的名称改为研究部(中关村片,改为分部)。

中关村片(分部):业务领导人赵忠尧(兼),党总支书记苏振芳;

物理线(研究部):业务领导人何泽慧,党总支书记刘书林;

化学线(研究部):业务领导人汪德熙(兼),党总支书记赵斐钦;

堆工线(研究部):业务领导人孟戈非、连培生,党总支书记靳新可;

生物防护线:业务领导人梁超(兼),党总支书记董汉雄;

物理化学线(研究部):业务领导人吴征铠、王承书、钱皋韵,党总支书记武连魁。

在此期间,为了响应中央关于“大家办原子能科学”的号召,我所积极参加二机部组织的工作组,到全国各省(区)市,推动“大家办原子能科学”的工作,并由我所8室于1957年开始(后来又在中科院原子核科学委员会同位素应用委员会领导下),到1959年,先后举办了7期(每期2个月左右)同位素应用技术培训班、7期使用和维修同位素仪器培训班,由冯锡璋、张家骅等任教,为全国各省市培训了1 000多名科技人员,这些人大都成为我国同位素推广应用的技术骨干。此外,我所还接收了各省市有关科技人员和管理人员、一些大学有关原子能专业的毕业生,接收了部内兄弟单位技术人员来所实习和培训。在所内,还开办了“原子能知识讲座”,为调来我所从事组织管理的党政干部普及原子能基础知识,对推动全所管理工作起到了良好作用。

由于核事业的蓬勃发展,许多新学科的建立,本所职工人数增长很快。1955年,全所职工只有170名,其中科技人员不足100名;1960年上半年便猛增到4 345名,其中大专以上学历的科技人员1 884名,比1955年增长了近20倍。他们大多是青年同志,通过几年科研实践,得到了锻炼和提高,成长较快。他们与建所以来到所的科学家、成长起来的业务骨干一起,成为后来苏联专家撤走后我国自力更生建设核工业的重要依靠力量。

第三章　奋发图强　为国争光

顶压力抗灾荒，猛攻科技难关，为“两弹一艇”攻关作出重要贡献。

（一）

1957 年 3 月，二机部制定了第二个五年计划（1957—1962 年），要求在此期间建成一套完整的、小而全的核工业体系。同年 10 月 15 日，中苏两国签订了《建立综合性的原子能工业，生产原子武器和航空技术装备的协定》。1958 年 9 月 29 日，又签署了《关于苏联为中国原子能工业方面提供技术援助的补充协定》（以下简称《核协定》），从而使我国原子能工业在党中央、国务院的直接领导和关怀下，在全国各部门的大力支援下，进入了核工业建设和研制原子武器的新阶段。

正当我所广大职工意气风发、斗志昂扬、积极开展原子能科学研究的时候，苏联政府却把中苏两党间在意识形态上的分歧带到了国家之间的关系上，背信弃义，单方面终止了各项《协定》的执行。1959 年 6 月，拒绝向我国提供原子弹教学模型和技术资料。1960 年 8 月，将在华的全部苏联专家撤回。当时正在进行的工程项目中断了，计划由苏方供应的设备和物资取消了，连苏联专家在华期间制作的图纸、资料也一起带走了；再加上由于“大跃进”、“反右倾”和三年自然灾害的影响，年轻的核事业遇到了极大的困难。

凡事预则立。早在苏联专家撤退前的 1959 年 7 月，周恩来总理就传达了中央关于自力更生为主发展核事业的决策，要求大家“自己动手、从头摸起，准备用 8 年时间拿出自己的原子弹”。根据中央的正确方针，部党组于同年 12 月制定了原子能事业八年规划纲要，提出“三年突破，五年掌握，八年适当储备”的奋斗目标。当苏联专家全部撤走后，1960 年 12 月，部党组随即提出了“自力更生，过技术关，质量第一，安全第一”的方针。宋任穷部长曾在一次部党组扩大会上，分析当时我部的发展形势时，以风趣的语调指出：“天要下雨，娘要嫁人。老大哥不帮忙,有什么办法呢?我们就只有靠自己喽!"他号召全部职工应当像"摸着石头过河"那样扎扎实实地工作。自此,我所工作全面转入为建设核工业、研制核武器服务的轨道,并遵照二机部的决定,从1958年开始,先后将邓稼先、朱光亚、胡仁宇、唐孝威等一批科技领导干部和业务骨干输送到核武器研究所工作,后来又将副所长王淦昌、彭桓武等调去,参加核武器攻关的组织领导与研制工作。

1960年1月,在苏联专家撤走之前,所党委根据二机部的统一部署,有准备地召开了全所党员代表会议,李毅同志代表党委作了《高举毛泽东思想伟大旗帜,猛攻原子能科学技术关,为胜利完成1960年任务而奋斗》的报告。会议号召全体职工为实现所党委提出的"三年系统配套,五年全面掌握,八年攀登高峰"的宏伟规划而奋斗。会议决定授予123名共产党员为"党员模范工作者",要求全体共产党员向他们学习,充分发挥共产党员的模范带头作用,在各自工作岗位上做好本职工作。这次会议是一个攻关"动员令"。大会以后,各级党组织大力加强思想政治工作,提出了"把思想政治工作渗透到业务中去"、"共产党员要和非党员同志交朋友"等口号;教育广大科技人员发扬自力更生、奋发图强的精神,坚持边干边学、建成学会的原则,用"挤牛奶"的办法,把苏联专家的技术知识一点一滴地学到手,并独立地开展自己的技术攻关工作。所以,当形势发生变化时,并不感到突然。只是由于连续三年自然灾害,粮食定量减少,很多职工吃不饱,发生浮肿病、肝炎病,严重地影响了战斗力。仅以1961年3月份统计,全所浮肿病人就有901名,肝炎病人229名,两项几乎占全所职工总数的三分之一。针对这种情况,所党委根据部党组关于"大抓职工生活,保证职工健康"的紧急指示,认真研究了本所面临的困难,决定由罗启霖副所长负责,组织好农副业生产。由延永生带队到东北建农场,开荒种地;同舟山合股置船捕鱼;同时,号召群众自己动手,利用宅前屋后,种瓜点豆,以"瓜菜代"作应急措施;并选派了得力干部史济民等下食堂,抓伙房,在力所能及的情况下改善职工生活,以保证攻关任务。与此同时,为了分担国家的困难,根据国务院关于精简下放的指示,部党组决定要我所"必须精简现有人员总数的45%",并要求抽调182名党政干部参加国家机关"万人下放",到重灾区农村帮助工作。这项工作,经过所党委深入的思想动员和细致的组织工作,从1960年7月开始到1962年12月,顺利完成了任务,先后精简职工1 975人,占1960年底职工总数的45.9%。其中一部分人到农村安家落户,从事农业生产;大部分支援部内三线新建单位。在精简工作中,为保证攻关任务的需要,主要精简了机关行政后勤人员和辅助技术人员，尽量保存了科技人员，但仍然有些伤筋动骨，留下一些后遗症。

当时的形势是严峻的，既要打破美苏核垄断，顶住苏联赫鲁晓夫集团的压力，独立自主地发展我国核事业，又要克服自然灾害带来的困难，稳定队伍。党委动员全所职工，化义愤为力量，迎着困难上，投入到为建设核工业、攻克"两弹"科学技术关的战斗行列。

为了加强党的思想政治工作，党委决定从机关抽调处、科级党政领导干部轮流到基层单位担任党总支书记或支部书记职务，这对密切党政干部与科技人员的关系，做好思想工作，克服政治、业务"两张皮"的问题有很大的好处，也是对党政干部的锻炼与提高。

（二）

新的形势和任务要求我们对所内的科研工作作出重要调整，以缩短战线，集中力量，优先确保铀-235生产线及与"两弹"过关有关的任务，当时称为"一线任务"。在这项任务中，又把六氟化铀生产及质量分析作为重中之重，急中之急，同时抓紧点火中子源的研制、快中子参数测量、中子能谱测量等多项攻关任务。

第一颗原子弹的装料是铀-235，它是由六氟化铀经气体扩散法取得。原规定，在苏方援建的六氟化铀工厂投产前，由他们提供六氟化铀产品。1960年苏联专家撤走前，苏方停建了援建我国的六氟化铀生产厂，又中断了产品供应，核燃料生产处于"等米下锅"的困境。迅速建设一套生产六氟化铀的装置，生产出一批合格的产品，为扩散厂试车投产提供原料，在当时成了最紧迫的首要任务。为此，二机部党组决定由我所迅速建设六氟化铀的简易生产装置，拿出合格产品，及时为气体扩散厂提供原料。6月间，宋任穷部长亲临我所部署工作，限时半年拿出合格产品。所党委决定由李毅负责组成领导小组，以科学家吴征铠、汪德熙为技术指导，武连魁负责思想政治工作，由黄昌庆、常友等工程师与实验工厂的技术人员和工人组成攻关组。为保证职工安全，还决定由力一负责安全监督。在搞实验装置时，材料短缺，许多条件跟不上。如生产六氟化铀的关键设备——氟化炉，要用耐氟气腐蚀的蒙耐尔合金，而国内尚未生产，当时的形势当然容不得我们等待，便用钢管镀镍代替。就是这样，因陋就简、土洋结合，昼夜奋战，克服了一道道难关。10月第一次试生产时，钱所长亲临实验室,提出“只要拿出1克合格产品,就算成功”。结果生产出3.3千克合格产品。试验期间,国防科委张爱萍副主任、二机部刘杰副部长和二局总工程师曹本熹曾亲临现场检查指导工作,给大家以鼓励。当简法生产工艺初步试验成功之后,接着又进行了各种工艺试验和设备改造,直到1962年,共经历了13次试验,证明扩建成的“615乙”生产工艺是可行的,能够用于小规模生产。同年7月,我所正式承担了六氟化铀的生产任务,在二机部六氟化铀生产厂丁树藩工程师等同志的协作下,到1963年12月,胜利完成了18吨六氟化铀的生产任务。这项任务,不但为扩散厂整体启动试车和投产赢得了时间,并为我国制造第一颗原子弹提供了充足的原料。

在用615乙“简法”生产六氟化铀的同时,部党组又把解决六氟化铀生产厂的一批技术关键问题的研究交给我所。因为当时大厂高温电解生产氟气装置、氟化炉和单管冷凝器等项目尚未经过实际运行,也没有运行规程,所以在615乙旁边又建起了615丙工号,安装一套大厂生产六氟化铀的设备,用以研究和解决有关的技术关键,同时培训技术人员。这项任务是我所与部设计院和生产厂密切协作完成的。部党组对我所完成615乙、丙任务发来贺信,贺信说:“615乙、丙超额和提前完成了生产计划,按时完成了过技术关任务,并且培养了一支生产队伍,这对一线生产起了很大的保证作用。你们的成绩是很大的,特向你们表示祝贺!这是你所全体职工高度负责、艰苦奋战的结果,是科研与生产密切结合的良好体现,是我部贯彻自力更生方针的一次重大胜利。”

原子弹对核燃料质量的要求十分严格,而影响核燃料部件的核性能、机械性能等杂质元素很多,必须严格控制的就有37种。而从矿石中提纯得到的铀必须经过二氧化铀、四氟化铀、六氟化铀以及金属铀等几道工艺过程,每个过程和它所使用的物料都可能给最后产品带来杂质。严格检验工艺的优劣,鉴定产品质量,做到“分析先行”,已成为“急中之急”。正如人们通常所比喻的:分析是工艺的眼睛。因此,在进行工艺研究和建立生产装置之前,首先需要研究和确定各种物料和产品的分析方法。

为了能在短时间内建立起诸多的、可靠的分析方法,部核燃料局采用“集中优势兵力,打歼灭战”的措施,把全部的分析力量集中起来,统一安排各项任务。为此,建立了有陈国珍、汪德熙、吴征铠、董灵英、朱培基、孙振声等参加的部分析委员会,以加强分析技术攻关的组织领导,按阶段调整课题、检查计划、交流情况、组织协作、核对数据以及后期的成果鉴定和验收工作。当时规定:

只有经过部分析委员会正式鉴定并予以验收的分析方法，才准予在生产工艺中使用。

分析方法攻关任务的第一阶段，着重解决了八氧化三铀中30余种杂质元素的分析问题。由于没有标准样品，我所15室光谱组与五所合作，进行了铀基体纯化，用以配制含有已知量给定元素的铀“标准样品”。由于他们的密切合作，比较圆满地完成了任务。为了保证分析方法的准确可靠、万无一失，除了各自用标准加入法进行“回收率”检验来发现系统误差外，在部分析委员会的组织领导下，还进行了大范围的分析核对。尤其是对那些灵敏度要求高的、重要的、难做的元素（如硼等），都组织了两种以上不同原理的方法，在不同实验室、不同时间，由不同人员操作，分析核对。对核燃料铀及其质量分析，总结出包括蒸发法、载带法、化学-光谱法、分光光度法、极谱法等多种分析方法。到第二阶段，随即承担了六氟化铀产品的分析。在研究了六氟化铀气体的水解、进而转化成铀的氧化物之后，着重研究了铀中钨、钼、铬、钒等元素的分析，为生产工艺确立了简便易行的分光光度法。

在完成上述任务的过程中，我所同中科院的应用化学所、化学研究所、有机化学研究所以及清华、北大、复旦等大学通力合作，从1961年下半年到1963年上半年，在短短两年多的时间里，对六七种物料中近40余种杂质元素，拟定了数百个分析方法，及时地为生产工艺进行了分析鉴定工作，保证了工艺生产的顺利进行。它的速度之快、质量之好、水平之高、方法之严格，得到了主管部门的好评，为建立核燃料的工艺和分析方法作出了贡献。此外，在分析攻关过程中，15室还同各厂、所来的同志一道，坚持“边干边学，建成学会”的精神，为各厂、所培养和输送了一大批分析技术骨干。

在苏联撤走专家两年之后，我部各项攻关任务进展顺利。1962年下半年，部党组向党中央提出了争取在1964年进行第一颗原子弹试验的“两年规划”的报告。同年11月，毛主席批准了部党组的“两年规划”，并且指示“要大力协同，做好这项工作。”接着，政治局讨论决定建立以周总理为首的“专门委员会”，掌管此事。“两年规划”和中央决定，给了全所职工以极大鼓舞。尽管面前困难重重，但是大家憋着一股子劲，甚至把“奋发图强”改成“发愤图强”，以“愤”激志；把研制原子弹叫“争气弹”，将实验室当战场，为研制核武器奋力拼搏！

“分离膜”是核燃料厂气体扩散机的核心部件，它的功能是把六氟化铀中的铀-235和铀-238分离开来，提取铀-235作核燃料。这种分离膜，不但用量大,而且技术要求高,除了要具有足够的强度外,还要有足够小而均匀的膜孔,并需有耐腐蚀能力。那时只有美、苏、法三国掌握制造分离膜的技术,而且都列为绝密级。当年苏联政府在向我国提供扩散机援助时,对于分离膜的制造工艺始终保密,而当时能为我国第一颗原子弹提供装料的唯一途径就靠扩散法。因此,分离膜的研制自然就成为一线任务中的技术难关之一。为了突破分离膜技术,1960年,在二机部、中科院党组的领导下,由钱三强负责组织了部内、中科院和冶金部有关单位的力量,开展了以"真空阀门"为代号的联合攻关。我所抽调了以钱皋韵为首的20多名科技人员参加联合攻关组。研制过程中,采取的方案、途径也是相当广泛的。在材质上,进行过金属的、陶瓷的和有机的探讨;在结构上,进行了单层的、双层的和三层的探讨;在几何形状上,进行过片状的和管状的探讨。经过反复的改进、试验,于1962年初做出样品,在试验中又不断改进,1963年秋,国产的甲型分离膜获得了成功,并通过国家鉴定,开始投产。以后,又陆续试制成多种型号分离膜。"真空阀门"联合攻关的胜利,是我国核工业坚持独立自主、大力协同精神的生动体现。我所钱皋韵、吴征铠等5人以及外单位23人,由于研制乙种(片状)分离膜的成果,获得1985年国家发明一等奖。

在此期间,我所兴建的615甲实验室,在吴征铠、王承书领导下,为同位素分离理论和工艺实验研究做了很好的工作,并为我国培养了第一代浓缩铀的科技骨干,被誉为"浓缩铀的摇篮"。

点火中子源是原子弹引爆装置的重要部件之一。1959年开始研制时,钱三强所长就把这项任务直接交给10室王方定小组。他们开始设想用钋铍中子源方案,不久使用单位又先后提出用中子管与化合物等研制方案同时探索。接受任务时,条件十分困难,不仅没有仪器设备,连起码的实验室也没有。根据钱所长的建议,他们同修缮队王振恒带领的工人同志一起,只花了一个多月功夫,就盖起一个以沥青油毡作顶棚、芦苇秆抹灰当墙的工棚为实验室,拣了别人不用的旧手套箱,加工一些简单器具,便开始了实验工作。夏天室温高达三十六七度,还要穿上三层防护工作服,戴上两层橡皮手套。每次实验后,汗水浸透了全身工作服;严冬季节,有时把自来水管冻裂了,仍然坚持做实验。为了防冻,晚上做完实验还得把液体药品和试剂搬到有暖气的房间去,把水井里的阀门关好,把水管里的水放掉,第二天上班,又得重新复原。就这样工作了一年多,三种方案都取得了一些进展。1961年初,上级要求加快这项研究工作,所党委研究决定,将钋铍中子源的研制交给16室苏峙鑫小组,任务代号为“9503”；将中子管的研制任务一分为二，其中氚的制备由16室孙懋怡小组承担，中子管的研制交给中关村11室陈俊美小组，整个方案代号为“9502”；而化合物研制方案则留给王方定小组，代号“9501”。直到1963年下半年，经使用单位研究，才最终选定了“9501”方案。

这个方案由三部分组成，即：由10室王方定小组负责化合物制备，由6室王树人和朱家瑄等负责化合物包装和检测，由实验工厂李仲芳、李耀华等负责加工高精度的密封金属外壳。在整个攻关过程中，有关领导和科学家们十分重视，他们多次向研制人员反复说明承担此项任务的重大政治意义，关心和解决工作中遇到的难题。研制人员本着“质量第一”的方针，工作精益求精。为保持头脑清醒，有时要避开工作繁杂的白天，待夜深人静时才进行工作。他们对待产品质量的检验工作也非常严格，每当建立一种鉴定方法时，都必须用另一种不同的方法进行核对，只有达到准确、无误才算过关。他们就是这样，一步一个脚印，扎扎实实地解决了一个接一个的科学技术难关，三年中做了978次试验，终于找到了理想的生产工艺，制成了高标准的优质化合物。

在配合完成这项任务中，有些工人的事例也很感人。当工人同志得知这是一项紧迫的政治任务，“时间就是胜利”就成了激励他们行动的响亮口号，个个争分夺秒，不甘落后。郭坤把身患绝症的爱人送进医院手术室，甚至来不及说上几句宽心的话，便返回所里工作；李维安在相当长的时间里，每天工作17个小时以上，也从不叫苦。经过攻关小组的团结合作、共同努力，终于在1963年12月如期拿出了第一批合格产品，深得使用单位的好评，为研制第一颗原子弹引爆装置“锦上添花”。为此，部党组从试验现场发来贺电，表彰我所参加研制工作的全体同志为国防建设所作出的贡献！

此外，在肖伦、谢家麐指导下的第二、第三方案，当时虽然未能直接用于点火装置，但为此建立起来的“502”工号，成为氚生产工艺研究实验室，为大厂生产氚提供了工艺流程；“503”工号则多次为核试验制备了所需要的钋-铍中子源、模拟中子源和特种α源，不但满足了多种军用要求，也向民用敞开了窗口。

以上各项研究成果均获得了1978年全国科学大会奖。

（三）

在“大跃进”年代里，由于受到高指标、瞎指挥、浮夸风为特征的“左”倾错误的影响，我所在科研生产上也吃过不少苦果。1961年1月，所党委根据中央精神开展了整风运动。在整风中，认真总结了"大跃进"时期的经验教训，检查了对知识分子政策和领导作风问题，纠正了瞎指挥现象等等，进一步发扬了学术民主。并根据中央关于"调整、巩固、充实、提高"的方针和部党组"摸清底细、站稳脚跟、继续前进"的指示，调整了所内工作部署，明确重点，以科研为中心，按照国家科委颁布的《科研十四条》，调动一切有利于科研的积极因素，排除一切不利于科研的消极因素，确保科研生产任务的完成。为了保证科技人员业务时间，所党委于 5 月 12 日发出通知，规定科技人员每周必须有 5/6 的时间用于业务工作；从星期一到星期五的工作时间内，一律禁止在科技人员中召开各种非直接业务性会议或进行非直接业务性的活动……令行禁止，效果很好。

在整风中，通过对典型科研课题解剖"麻雀"，大抓了科研基本功训练。举办了科研基本方法讲座，由彭桓武、汪德熙、郑林生、李德平、李整武等科学家，就已发现的问题，先后给大家作了关于数据处理、误差分析、实验研究方法以及怎样撰写科技报告与学术论文等的报告，在全所科技人员中强调树立"三敢"(敢想、敢说、敢干)、"三严"(严肃性、严格性、严密性)相结合的作风；同时，制定和贯彻了"研究室组织体制和工作职责实施细则"，实行室主任负责制；制定了成果管理办法和科技档案管理制度等，促进了科研工作正常秩序的建立，活跃了学术气氛。

1962 年，为贯彻中央扩大工作会议精神，对在反右倾运动中受到批评、处分的同志进行了甄别平反，加强了党的民主集中制教育，健全了党内民主生活，进一步调动了科技人员的积极性，增强了责任感，使攻关战斗在纠正"三风"之后有了新的进展。

1963 年，在战胜了苏联撤退专家和三年自然灾害带来的困难之后，人们的精神面貌为之大振。当年 4 月，我所召开了第二次党员代表大会。郑林代表所党委作了工作报告，总结了 1958 年第一次党代表大会以来特别是苏联专家撤走以后，我所在各条战线上所取得的成绩：填补了大批空白学科，扩大了研究领域，进一步改善了实验设备和技术条件，使科技人员的政治素质和业务水平有了较大提高；广大职工对苏联政府撕毁合同、撤走专家，表示出极大义愤；许多科学家向党表示"愿把毕生精力献国家"；党政后勤部门的同志，明确树立了"前线观点"、"服务观点"和"群众观点"，纷纷表示愿为科研生产创造便利条件。代表大会还作出了在全所范围内开展增产节约和"五反"(反贪污盗窃，反投机倒把，反铺张浪费，反分散主义，反官僚主义)运动、加强党的建设和政治思想工作的决议，号召全所职工努力学习毛主席著作，开展“向雷锋同志学习，争当五好职工，创造五好单位”等活动，为完成党交给我所的各项任务而奋斗。大会选举了以郑林为书记，李毅、钱三强为副书记的第二届党委会。这次党代会给攻关正酣的广大职工以巨大鼓舞，众口称它是一次“加油站”。

为落实党代会决议而开展的增产节约和“五反”运动，取得了显著成绩。特别是随着事业的迅速发展，在人、财、物的积压、浪费方面揭露出的问题令人吃惊。那种不计成本、不讲效益的大手大脚作风随时随地可见，有的借口“保重点”，自恃优越，铺张浪费，不以为耻。“五反”运动给了大家以深刻的教育，增强了勤俭办科研的事业心和责任感。

在此期间，为适应事业发展需要，经二机部党组和中科院上报中央组织部批准，又任命了汪德熙(1960 年调所后，二机部就任命其为副所长)、张文裕、何泽慧、马俭、刘书林、苏振芳为副所长。这时，全所职工人数为 3 900 人，其中科技人员1 700人。科研技术部门扩展到 20 个，在多学科、综合性的科研基地上又跨进了一大步。

1964 年 10 月 16 日，在我们祖国的大西北，一声巨响，震撼了五洲四海，一朵蘑菇云腾空而起，我国第一颗原子弹试验成功了！就在核爆的第二天，我所将直接测定的核武器当量和效率，即燃耗测定“快报”送到了刘杰部长办公室，得到了领导的赞赏。当然，要使部长能及时获知燃耗测定评价，需要作出艰苦的努力！早在两年之前的 1962 年，所党委便在 10 室建立起燃耗测定小组，开始了攻关战斗。参加这场攻关战斗的，虽然以 10 室郭景儒研究组为主，然而，它却联系着所内外的一个大协作网。在所外，有使用单位核武器研究所、测试单位国防科委二十一所的人员直接参战；在所内，又有 2 室的裂变数测定，13 室的电离室研制，技安室的 4π 绝对测量装置的建立，10 室 6 组的裂片衰变率测定等相结合。

燃耗测量攻关工作一开始，10 室副主任刘允斌就要求郭景儒小组在技术上要稳妥可靠。规定对样品中铀含量数据采用放射化学分析和 13 室电离室测定两种方法进行核对；对燃烧掉的铀，采取 4 个裂片推算；对绝对测量采用 4π 和小立体角法相互对比，最后算得燃耗值。他们以能用自己研制的方法，为我国首次核爆炸试验给出定量评价感到无上光荣。工作中，为使所测数据准确无误，就反复论证；时间不够用，就开夜车加班加点，放弃节假日休息，终于在 1964 年 6 月胜利完成了建立测定方法的任务。在临爆炸前的一个月，还利用空白的样品在操作台上模拟“练兵”，大家想困难，找漏洞，提措施，做到万无一失。这种严谨的科学态度和扎实的工作作风，深得领导好评。刘书林副所长曾称赞他们是“能打硬仗的小分队”。

“λ”值的精确测量是热测试的关键项目之一，对原子武器设计改进有重要意义。所谓“λ”值是指原子弹爆炸前瞬间链式反应过程中的中子增殖率，而中子增殖率的高低则是鉴别原子武器性能的重要依据之一。1964年，我所13室承担了“λ”值测量重要设备的研制任务，它包括电子倍增器和SB-12单次快脉冲照相示波器两部分。电子倍增器就是把核裂变放出的γ射线转换成电讯号，经过放大，变成适合于示波器记录的γ探测器，要求效率高、灵敏度高。对示波器，要具有足够宽的通带、足够快的单次记录速度、足够高的灵敏度和具有可靠的按特定程序工作的自控系统。用这套设备所获取的数据，将为进一步研究改进原子武器性能提供可靠的依据。

承担研制任务的有我所、国防科委二十一所和中科院上海科学仪器厂，以研究、使用、生产三结合的形式进行。示波器是由我所席德明小组在原毫微秒技术基础上开展研究的。他们用了一年左右的时间，研制出符合要求的示波器样机。经过多次试验均取得正常数据，仪器工作可靠，并于1964年4月生产了5台不同量程的示波器。电子倍增器是由王承博小组在该组光电器件研究基础上开展研究的，于1964年上半年完成，也生产了5台量程不同的电子倍增器与示波器配套，送往现场使用。1965年，根据现场实际情况研制出更符合要求的电子倍增器，后来又用光电管替代电子倍增器。这套测量设备制成后，紧接着就是现场测试。席德明小组的杨承杰承担了现场测试任务。当时适逢盛夏，戈壁滩骄阳似火，10个人挤在一座帆布帐篷里，犹如钻进高温烤箱，饮用水又咸又涩，但任务的光荣感却激励着他咬紧牙关，足足干了4个月。从设备的检查、组装、校正、标定，到总控制站的联试，直到建立暗室，将所拍摄的12盒胶卷全部冲洗出来。这项成果曾先后荣立了国防科委授予的三等功，获得了中国科学院郭沫若院长签发的奖状。在这以后，这套设备又在试验基地连续服役近20年，参加过10多次核试验，均准确无误地完成了任务，被试验基地的人们誉为“功勋示波器”。

此外，为及时掌握核试验期间我国广大地区的环境安全状况，我所选派许廷宝等科技人员，会同总参防化兵院一起，于核试验前专机飞往指定的机场待命。核爆成功后，负责执行核试验场外高空放射性烟云追踪测量与取样任务，从祖国的西北一直追踪测量到东海岸，为我国首次核试验的环境安全状况作了及时测报。

人们都说这一时期是我所的“黄金时代”。整个职工队伍朝气蓬勃，奋发向上，工作时大家总是早来晚走，每天吃过晚饭继续干工作，有时要由领导催促几遍才肯离去。后来，人们常用“灯火辉煌”来形容当时挑灯夜战的盛况，不少人至今仍难以忘怀。艰苦奋斗换来丰硕成果，4 年多来，广大职工坚持科研生产实践，攻克了一道道技术难关，既完成了国防任务，又成长了大批科技人才。因此，所学术委员会在 1964 年 4 月举行了第二届科技成果报告会，会上评议出比较优秀的科技成果报告 170 篇。同年还举行了第二次业务考评，邀请所内外专家学者几十人，分别组成答辩委员会，经过论文答辩考评、上级审定，共晋升了何祚庥、罗文宗、席德明、徐谦、陈维敬等 11 人为副研究员和副总工程师。

第一颗原子弹爆炸不久，1965 年 2 月，我所又接受了一项绝密的紧急任务，即配合氢弹研制部门进行轻核反应数据测量，代号“35# 任务”，它对选择氢弹技术路线具有重要意义。当时氢弹研制单位从查阅国外文献资料中，发现不同文献所载轻核反应截面数据很不一致。为了避免工作失误，要求我所通过系统测量氘和锂各种同位素的核反应截面来核对文献数据。前来下达任务的刘西尧副部长成功心切，引用毛主席诗句“一万年太久，只争朝夕”，要求在第二季度先提供一部分数据。为此，所党委把它当作最紧急的政治任务，决定采取集中兵力打歼灭战的办法，从 1 分室、2 室共抽调了 30 人，组成以副所长何泽慧为指挥、党总支书记吕广义为政委的 35# 突击队。实验工作由毛振麟、蔡敦九、徐永昌、曾乃工、洪润生等分工负责，201 室全力保证加速器、多道分析器的正常运行，协同作战。

其实，这方面的工作，早在 4 年前的 1960 年底就有所准备了。那时，钱三强所长曾在所党委书记会议上传达刘杰部长指示时说：“现在九院正忙于‘原字号’，你们四〇一所应在‘氢字号’方面先走一步，做些准备。”所党委根据这一指示，成立了“中子物理领导小组”，在钱三强所长领导下，抽调一部分理论骨干和数学骨干组成以黄祖洽（1962 年以后改为于敏）为主的轻核理论组，着手对氢弹中各种物理过程、氢弹作用原理和可能结构进行重点探索，先后写出有价值的研究成果报告69 篇，为了解氢弹中的一些现象及其规律，以及实现研制氢弹的各种可能途径的探索奠定了基础。直到 1964 年 11 月，由于原子弹爆炸成功，部党组便决定将氢弹理论探索工作及于敏、黄祖洽等的理论研究组全体研究人员合并到武器研究所，以集中力量突破氢弹技术关。与轻核理论组同时成立的轻核实验反应组成员 10 多人，先由蔡敦九后由丁大钊担任组长。对轻核反应截面数据进行调研,编写了轻核反应调研总结报告,并开始做了一些轻核反应测量和实验方法、实验技术方面的准备,加上 1 分室、2 室和 201 室等各方面的技术储备。所以时隔 4 年之后,当刘西尧副部长来所下达轻核反应数据测量任务后,35# 突击队仅经过四个半月的苦战,便攻克了一系列实验技术上的难关,提前半个月完成了第一阶段(35#-1)任务,包括入射粒子能量从 20~600 千电子伏 6 个反应道的反应截面数据的系统测量。第一阶段任务完成后,又陆续完成了由杨桢为主的 35#-2 突击队承担的^{6}Li(n,α)T 生氚截面测量,由中关村一部赵忠尧、郑林生负责的 P+^{6,7}Li 反应截面测量;5 兆电子伏、14 兆电子伏中子在铀-238 上次级中子数测量(35#-3 任务)和 Be(n,2n)中子能谱测量(35#-4 任务)。在不到半年时间里,完成了平时需要用二三年才能完成的任务。说到苦战,全体突击队员急国家之所急,工作夜以继日,常常放弃休息日,有的自动推迟婚期,有的自费探亲刚到家,见了电报便火速返回。他们这种不讲条件、不计报酬的忘我精神,充分表现出这支科技队伍的政治素质和思想风貌。为此,所党委向突击队和协作者 201 室发了贺信,表彰他们为氢弹研究工作所作出的贡献。

35# 任务的胜利完成,使我国有了自己可靠的实验数据,澄清了当时数据的混乱,为我国早期的氢弹技术途径选择提供了有价值的基础数据。

(四)

忆想当年,每当处在攻关的紧急关头,我所广大职工似乎总是踏在起跑线上,保持最佳竞技状态,随时准备向新的目标冲刺。这与当时的思想教育工作、宣传鼓动工作所起的重要作用是分不开的。1964 年,根据二机部党组指示,我所成立了政治部,进一步健全了思想政治工作系统。认真开展了学毛著、学雷锋、学大庆等活动,调动了积极因素,涌现出一大批学毛著积极分子、五好职工和先进集体,增强了队伍的活力。尽管这些活动在当时也受到一些“左”的干扰,但是它对激发广大职工自力更生、奋发图强、为国争光的政治热情,推动科技攻关工作起了积极作用。所以,当铀-235 生产线建设和原子弹研制等一线任务初战告捷后,又立即投入到以钚-239 生产线和核潜艇动力堆为主的二线任务的攻关战斗。

钚-239 生产线包括生产性反应堆和放射化工后处理厂两大方面。

苏联毁约停援时,生产钚-239 的反应堆刚刚破土动工,后来不得不依靠自己的专家进行建设。二机部任命戴传曾为顾问，指导堆的建设和科研工作，组织生产我国自己研制的生产堆元件、材料及部件，并先后在重水堆和49-2堆上进行辐照考验。一九四所[①]成立后，由连培生、戴传曾、胡国春、徐传效等组成的领导班子又把四〇一地区的反应堆试验手段和技术力量组织起来，为生产堆过技术关开展了工作。由45室承担了生产堆的次临界试验。由热工研究室进行了生产堆元、部件的传热及水力阻力试验，为大堆设计和建设提供了重要数据。1964年秋，由于新研制的元件包壳耐蚀性差，我所和二院、冶金部一〇一厂等单位联合成立了以我所许维钧为首的攻关小组，试制了3种牌号的新铝合金，经长周期动水腐蚀试验，确定303-1铝合金为标准用材。此外，周永茂还组建了元件考验研究室，承担了反应堆回路设计和堆内试验工作，从1965年到1966年，他们先后进行过5次堆内考验，元件不破不卡。经李林、姚士彬等对考验元件进行精心检验和性能评价，证明我国自行研制的元件能满足大型反应堆运行要求，这标志着我国生产堆元件的设计、制造工作达到了新的水平。

为了从生产堆中获取热核材料——氚，我所和二院、二〇二厂合作开展了氚靶元件的设计和材料试验工作。经过多次堆内试验和辐照后检验，选取最佳方案，为元件的设计定型及制造提供了依据，并获得了一批科研成果。同时，从氚靶元件中提取、纯化、浓缩氚的工艺流程研究也在我所进行着。

从辐照元件中提取钚是10室的主要任务。中苏关系恶化后，为了得到研究急需用的钚，在中央"奋发图强，自力更生"号召鼓舞下，1962年初，室领导刘允斌向吴克明下达了从101反应堆辐照过的铀(也称热铀)元件中提取和分离钚的任务。任务下达后不久，由3组的吴克明，2组的胡景炘、胡怀忠，1组的王世城和五组的刘玉英组成了突击组。他们分别承担钚和铀的分离、净化和分析工作，由室主任助理罗文宗具体指导。根据林漳基提出的TTA萃取、反萃液经阴离子交换净化钚的建议，突击组很快制定出了从热铀中分离和净化钚和铀的流程。101的热铀元件尽管冷却了两年，但放射性仍然相当强。强放射性的分离实验临时安排在46乙工号8号实验室。1962年2月26日，

① 1964年初，根据二机部党组决定，将我所反应堆研究部的6室、12室、45室及49-2反应堆划出，成立动力机械研究所(研究反应堆工程)，代号一九四所。之后，该所隶属关系几经变迁，到1978年由部批准，大部分人员又回归我所。因此，本院史仅将一九四所成立前后利用本地区的实验条件所开展的部分反应堆工程研究工作作了一些记载，其他研究设计工作本院史未作记载。

吴克明和胡景炘在实验室通风柜内用铅砖和铅玻璃围成具有一定防护能力的实验场所，用萃取法从辐照的101元件定量分离出微克量级的钚和常量的铀。胡怀忠将分离出的钚在离子交换柱上进一步净化。这是我国首次从辐照元件中分离出钚。之后又进行了6次分离提取实验，证明设计的流程可以重复达到分离净化的目的。此后，根据确立的流程工艺条件，由李世伦、尹士政和王秉富3位工人在101热室内安装了一套包括溶解、萃取、离子交换等化学分离的玻璃设备。每批热铀处理量约100克左右。通过从热室前区输入到热室内的正压和负压并借助机械手操作，实现了液体的输送和比较复杂的化学分离操作，每批提取和纯化约40毫克钚。这也是我国首次在热室内用机械手实现比较复杂的化学分离，为1965年的“717”(提取和分离军用钚的中试厂工程，代号“717”)流程的热实验提供了宝贵的设备安装和操作经验。他们在101热室前区先后操作了6个月，共分离和纯化了数百毫克的钚。这些钚，不仅满足了10室当时研究之急需，而且为国内有关大学和研究单位开展钚化学研究提供了足够量的钚。时任二机部部长的刘杰曾亲临101热室前区考察和指导工作，对10室科研人员艰苦奋斗、自力更生的精神和一丝不苟的科学作风以及工人的聪明才智大加赞赏。

从辐照生产堆元件中提取钚-239的放射化工后处理厂是二线任务的另一个重要工程，工程规模大而且复杂。当时由苏联提供设计的一座用沉淀法工艺流程的后处理厂(八〇二厂)正在兴建中，可是美、英等一些国家的元件后处理厂此时已开始改用萃取法代替沉淀法。苏联专家撤走以后，我国究竟采用什么工艺流程，又成为至关重要的当务之急。二机部党组决定由我所汪德熙副所长任组长、二院叶德灿任副组长组成调研组，进行了广泛的调查研究。根据国外报道的各种资料、清华大学汪家鼎教授领导的萃取铀冷实验的结果以及萃取法在前处理方面实际应用中的乳化情况等，调研组认为，萃取法在经济上优于沉淀法，而萃取法的技术问题在我国也不难解决，故建议将后处理厂工艺流程改为萃取法。部党组及时采纳了这个建议，并要求1965年9月底之前，在我所热室内用Purex流程从辐照101元件中进行分离和净化钚的热验证。为此，以清华大学和我所为主，生产厂和二院参加，组成联合攻关的“717”突击队，由清华大学朱永贝睿为队长，我所10室林漳基为副队长，罗文宗为指导员。此后在第二期任务中又增加了胡景炘为副队长。在汪德熙副所长的直接领导下，从1965年2月至4月，在101热室内完成了流程第一循环的4次钠、钚共萃取槽和4次钚的分离槽的热验证实验。第一期任务完成后，又于同年6月，在我国新建成的第一座甲级放射化学实验室46戊热室中完成了钚净化循环的第二期任务。在两期热实验中，10室投入了几乎整个室的人力，为热实验提供了溶解101元件的溶解液，进行了钚的离子交换净化、草酸盐沉淀和灼烧成二氧化钚的后端工艺工作，并与15室一起分析了数以千计的热实验的分析样品。101室为配合这次任务，提供了大量的协作。参加攻关任务的同志，在5个月中几乎没有休息过一个星期天，不少同志为了抢时间，宁肯吃在办公室，睡在仪器房。艰苦的拼搏换来了一批可喜的成果，证明萃取法流程的各项指标经济、合理、可靠，并为"717"中试厂的设计提供了工艺参数。不久，"717"中试厂建成，成功地分离出一批钚，并用于新的核试验中。"717"两期任务完成后，清华大学师生离开我所，以10室为主的新突击队又在1966年1月完成了为后处理厂（八〇二厂）"718"工艺流程进行的8次溶剂返回热实验，同时提取和分离了一定量的钚。8次热实验后，根据二机部的部署，在原来的设备上又进行了21次生产性热实验，历时1年，于1967年1月结束，期间已是文化大革命，大家克服了不少困难，先后处理了270根101元件，提取和分离了一定量的钚，圆满完成了部里交给的任务。与8次热实验分离出的钚一起经过后端工艺处理转化为二氧化钚。这些二氧化钚由部里调拨到相应的研究单位，为后续的钚的化学和冶金实验提供了宝贵的材料。

当广大职工在"两弹"过关艰苦奋战的同时，我所承担的核潜艇动力堆研究试验工作也取得了重要进展。

1960年4月，袁成隆副部长邀集我所副所长李毅、反应堆线负责人孟戈非与海军政委苏振华，商谈由我所研制核潜艇动力堆的任务。这就是大家熟知的"09"任务。1961年11月成立了以彭士禄为主任的"09"研究室（47-1室）。该室在完成第一个船用动力堆的初步设计方案后，即开始了堆芯各系统主要部件的设计工作，并在1963年经上级决定，将47-1室全体人员连同设计任务，一并划归海军七院。但是，我所承担的"09"任务并未因体制归属变动而停顿，有关科技人员借助已建设起来的条件，继续为动力堆的研制做了大量工作，还曾派孟戈非会同有关部门筹建陆上堆并到东北选了点。

1960年，我所自行设计制造的动力堆零功率装置（代号"东风三号"）已建成，同时还建成了高温高压热工水力试验台架，进行了元件传热及临界热流密度等试验。我所自行设计建造的第一座材料试验堆49-2堆，经过几年的艰苦努力，也于1964年达到临界，投入运行，为"09"压力钢和其他堆材料考验提供了条件。此外，还建成了检验材料力学性质和金相结构用的半热室，并进行了

“09”燃料、材料、二氧化铀、压力壳钢、锆-2合金不锈钢等辐照行为研究。进行了二氧化铀裂变气体堆内测量试验,建成了高温高压水静态腐蚀试验装置;并筹建了高温、高压动水回路,对锆-2合金等主要结构材料的腐蚀行为进行了较系统的研究。在此期间,“09”动力堆元件组件和单棒的堆内考验准备工作,堆内高温、高压考验回路的设计和加工,元件破损监测及检出装置的研制等,也在加紧进行。这些设备的建立和研究工作的开展,为核潜艇动力堆的设计、制造和运行提供了试验基础。但由于当时国家正处于暂时困难时期,为集中力量突破“两弹”技术关,国家一时还无力将“09”任务正式列入计划。1964年第一颗原子弹试爆成功后,经济情况有所好转,中央“专委”才决定加速核潜艇动力堆建设。由于前几年的技术储备,试验条件有了基础,因而“09”任务一经下达,广大科技人员便以饱满的政治热情投入到试验工作中,直到“文化大革命”前,在堆物理、热工水力、材料元件、辐照、腐蚀等研究试验方面已作出了不少成绩。

临界安全的研究是保证核试验的安全、提高流程设备利用率不可缺少的重要环节,它涉及整个核工业系统的扩散、后处理、元件制造、冶炼加工等许多研究设计部门和十几个工厂。我所在彭桓武、黄祖洽指导下,由8室黄锦华、阮可强等和4室蒙特卡罗计算数学组合作,为整个核工业各项工艺流程设计和审查进行了大量临界安全理论研究和计算,为二机部事业作出了贡献。

中苏关系公开破裂之后,联合所在苏联的控制下,对我们的态度便每况愈下。我们每年承担联合所的经费照例占20%,而接纳我国的工作人员却寥寥无几,且又百般刁难,无法继续工作。在这种情况下,力一副所长奉命出席联合所1965年7月的非常全权代表会议。会上,力一同志在历述了我国在联合所的不平等待遇,表明了我国的根本立场之后,愤然表示退出联合所。自此,我国在该所工作人员全部撤回。

(五)

经济困难时期,在“缩短战线,集中力量,确保一线”的前提下,虽然将一些与一线任务无关的如104同位素生产工号和205中能加速器等工程停建了,但是从事基础研究和其他工作的同志还是发扬艰苦奋斗精神,节约挖潜,在力所能及的条件下努力多做工作。

电磁分离器(代号“616”)是生产稳定同位素的大型设备。在苏联拒不向我国提供核心部件离子源和接收器的情况下，9 室同志发愤图强，自力更生，研制成分离器的所有配套设备，并于 1965 年生产出第一批稳定同位素。

614 工号原是苏联援建的一台 2.5 兆电子伏的质子静电加速器。苏联毁约后，厂房土建尚未完成，还有一些设备未到，苏方也不给了。201 室的同志们顶住巨大压力，部分部件自己设计，由国内加工制造，使这台加速器于 1963 年建成投入运行，完全达到了原来苏联设计要求，为核物理研究工作创造了良好条件，也为后来顺利完成 35# 任务打下了物质基础。我所自制的 30 兆电子伏电子直线加速器在 1963 年正式建成，为我国电子直线加速器的发展培养了干部、积累了经验。16 室因陋就简，利用工棚积极开展同位素生产，1965 年生产了 17 种同位素和放射源，为有关部门解决了急需。201 室研制成 2 台 200 千伏毫微秒离子加速器，交给九院等有关单位使用。研究宇宙线高能物理的大云雾室(311 工程)，在 3 室张文裕倡议下，1958 年由肖健具体负责，经力一、龚志源、吴铁龙等人参与设计和审查，所实验工厂加工和安装，中间虽因财力所限，放缓了进度，后在国家科委 8 局的支持下，终于在 1965 年 11 月建成。该云室由上、中、下 3 个大云室组成，中间的磁云室高、宽各1.7 米，磁铁重 200 吨，云室建在云南落雪山海拔 3 222 米的高山上，成为当时世界上为数不多的最先进的宇宙线高山实验室之一。

1966 年，我所朱洪元和胡宁(北京大学)、何祚庥(我所)、戴元本(中国科学院数学研究所)等人先后在《原子能》杂志上发表文章，报道他们作出的“层子模型”这一重大科研成果。20 世纪以来，理论物理学家们曾先后开辟了研究原子结构和研究原子核结构的领域，进而又开辟了研究强子结构的新领域，而朱洪元等人的“层子模型”第一次比较系统地研究了强子的结构及其和强子的性质、强子的转化过程之间的关系。这是属于强子结构这个新研究领域的开创性工作，受到国际理论物理界的好评，1982 年荣获我国自然科学二等奖。

此外，在快中子物理方面，建立了毫微秒(3～5 毫微秒)脉冲束型飞行时间谱仪，在若干核上进行了中子散射能谱测量，接近当时国际水平。在辐射测量方面，初步建成了比较完整的辐射监测体系与监测技术，1964 年研制了 β 剂量基准仪器——外推电离室等一批先进设备，建立了内外个人剂量监测方法，为保证我所科研生产的安全进行起了重要作用，并在部内厂、所推广应用。

这个时期，我所除了全部完成各项部里交给的攻关任务、建成一批重要科研设备、开辟许多新的研究领域外，还派出了很多科技骨干到部内外一些其他单位，帮助建设生产线、建造大型设备、攻克技术难关等，并为许多兄弟单位输送和培养了一大批科技业务骨干。

二〇二厂原是苏联帮助建设的,苏联毁约后给该厂带来极大困难,很多生产线刚刚开工后就停下了。1961 年年底,二机部将我所 10 室副主任刘允斌和 9 室部分同志借去,帮助锂同位素生产车间进行设备安装、调试和生产工作。1962 年年初,理论物理学家金星南带领严柏龄等,负责该厂锂同位素生产工艺的理论计算工作。经过一年多的研究,创造性地应用迭代追赶法,求解了非线性偏微分级联方程,结合二〇二厂实际,解决了一系列问题,确定了分离塔数,定出了产品达到指标要求的时间等等。1963 年年底,部里决定将原来借去的刘允斌等全部人员调给二〇二厂,同时又从 6 室抽调大组长张永禄等 100 多人到该厂去组建反应堆燃料元件工艺研究室。

兰州近代物理所的一台直径 1.5 米的回旋加速器,原来也是苏联帮助建造的。苏联专家撤走后,整个工程无法进行,部里决定由我所帮助续建。从 1960 年底到 1963 年,先后派去吴铁龙、汪达基、谢羲等帮助安装、调试和试运行生产。上海原子核所的回旋加速器原是按照我所 201 室回旋加速器仿造的,由我所谢羲协助该所将加速器调试成功。

1961 年 3 月,遵照二机部的决定,由副所长梁超带领董汉雄、李德平、秦苏云及 7 室全部人员、技安室和 5 室部分人员,赴太原组建了华北辐射防护研究所。同年 4 月,将 5 室主任杨承宗及放射化学一个小组调往五所,杨承宗担任该所的业务领导人。1962 年,8 室副主任张家骅带领全室人员和 5 室林念芸一个组与上海理化研究所合并,成立上海原子核研究所。1964 年,由吴征铠、王承书、钱皋韵等带领物理化学部("615")全体人员参加组建了华北六〇五所,后改为天津第三研究设计院。由李整武、王金才带领 14 室全体人员和 201 室部分人员,与东北物理所合并,在四川乐山组建了西南物理研究所。在此期间,还将技安室以于凤翘为首的辐射计量小组调给国家计量院,参加组建了计量院辐射计量研究室。将过去参加研制"分离膜"的桂叶伟等 23 名业务骨干调到上海,参加组建了核工业部"八五六"厂。

在成建制地分化出去组建或参加组建新的科研单位的同时,为应国家急需,我所一直把输送和培养科技人才当作自己的光荣使命。1962 年年底前后,将忻贤杰、陆祖荫、吕敏等业务骨干调给国防科委二十一所,开展核试验热测试的筹建工作。原子弹爆炸成功后,将黄祖洽、于敏等轻核理论组的一批理论和数学骨干调到武器研究所,以集中力量攻氢弹技术关。据不完全统计,自 1959 年到 1965 年 7 月,我所先后输送出去的科技人员有 900 多人,其中正、副研究员和正、副总工程师 28 人，助研、工程师 147 人，研究实习员和技术员 700 多人，分别到部内 30 多个单位和部外的科技大学、二十一所、冶金研究所等单位工作。此外，还利用我所研究和试验条件，为部内外兄弟单位培训了 1 700 多名科技干部，分布全国各地，为广泛开展原子能科学技术的研究、教学和推广应用工作奠定了基础。

综上所述，如果说苏联赫鲁晓夫集团背信弃义，激发了我们发愤图强、为国争光的革命激情，那么，党中央的英明决策和强有力的思想政治工作，更加速了核科学事业的进程，使一座新型的综合性的原子能科研基地在参加“两弹一艇”攻关中逐步形成，使我国的核科学研究跻身于世界核国家的行列。正如叶剑英元帅的《攻关诗》中所称赞的那样：“攻城不怕坚，攻书莫畏难。科学有险阻，苦战能过关。”我所的实践正是如此。

第四章　十年内乱　曲折前进

遭浩劫深受摧残，为国家忍辱负重，我所科研事业在逆境中得以保持和发展。

（一）

1966 年，正当我国原子能事业乘胜前进，全所广大群众斗志昂扬、满怀信心地参加到二机部研制氢弹和核潜艇动力堆的战斗行列，向原子能科学技术新的高峰进军的时候，“文化大革命”的风暴席卷了我们这座远离市区的原子城。霎时间，群众组织蜂拥而起，黑白颠倒，同室操戈；领导被揪斗，先进遭打击，抢、抄、抓成风。当时的各级领导干部有 40 多名被揪斗，上百名基层干部和工人受到冲击。1967 年 1 月 21 日，“造反派”在混乱中夺取了全所党、政、财、文大权。

随着揪斗“走资派”、批“资反路线”、批“反动学术权威”等“横扫一切”的恶性发展，“造反派”内部也很快地发生了分裂，互相攻击，大打派仗。为了控制局势，部军管会于 1967 年 5 月派人民解放军来所实行“军管”，这对稳定局势曾起到一定作用。但是，由于这场“文化大革命”从根本上说是一个“左倾”错误的产物，受命于控制局势的军管会也只能是左的路线的推行者和维护者，他们的到来并没有使派性斗争有所收敛。1968 年 4 月又派来了第二届军管会相替换，结果依然如故。同年 11 月，又增派了一支由 230 人组成的“首都工人毛泽东思想宣传队”进所。从此，“军管会”、“工宣队”结合在一起，沿着左的方向愈走愈远。

在“清队”中，他们大搞“逼供信”、“群众专政”，有 39 名同志被关进“牛棚”，60 多人被隔离审查，加上清查“516”被审查者近 200 人，制造了大量的冤、假、错案。在知识分子中，批“专家路线”、“洋奴哲学”、“反动学术权威”，打击排斥业务骨干。他们歪曲“工人阶级领导一切”，在知识分子中“掺砂子”，把全所的研究室改为连队，用带兵的方式管理科研，废弃了原来的科技管理体制，破坏了正常的科研生产秩序。1969年下半年，又在林彪一号命令背景下，强迫进行所谓“战备下放”，把上千名干部、科技人员、工人及其家属，不分老小，下放到湖北五·七干校无限期的“劳动锻炼”，可算是“扫地出门”了。所有这一切，使我所各级党的组织、领导干部、业务骨干以及科研生产，遭受到空前严重的摧残。

1970年8月，国防科委召开了“8.15”会议(国防科委计划会议)，会上提出的“三赶两超”(即三年赶上、两年超过世界先进水平)的高指标，可谓瞎指挥达到了登峰造极的地步。会议期间，经部领导与各研究单位磋商，列出五个重点项目，名曰“五朵金花”。我所便占了两项，一项是核燃料后处理工艺要用干法取代溶剂萃取法，一项是用加速器生产核燃料。这完全脱离了当时的实际可能。在讨论方案过程中，有的科技人员对于加速器能否生产核燃料表示异议，而军管会领导竟在会议的黑板上画了一个大大的“人”字，虽然未加半句解释，但人们透过会场上的气氛很快领悟了：想用“人的因素第一”这个命题来压制不同意见。在“8.15”会议基础上产生的我所1971年计划和《四年规划》，自然也是高指标、瞎指挥的产物。它不仅搞乱了科研方向，而且严重干扰了职工的思想。不久，由陈伯达鼓吹的“电子中心论”，也在我所泛起一层浪花，最后因搞不出什么名堂，也就不了了之。

(二)

面对林彪、“四人帮”的这些干扰和破坏，广大职工早已反感，尤其对没完没了的派仗，也早已厌倦。他们把祖国的前途、事业的兴衰放在第一位，身处逆境，忍辱负重，顶住林彪、“四人帮”的压力，以高度的政治责任感和事业心，始终把那些直接与国防和核工业发展有关的重点科研任务抓紧完成。

在核武器研制方面，首先把力量集中到承担氢弹和核潜艇有关的攻关任务上。广大科技人员继攻关时期完成氢弹理论设计有关任务(“35#”)之后，又在物理方面集中解决了 $d+{}^{7}Li$ 和 $n+{}^{6,7}Li$ 诸反应道的系统研究，为核武器的研制和基础理论研究提供了成套可靠的数据。同时还测量了30多个其他核素的多种核反应参数，并开始了核数据的编评工作。

氢弹的燃耗测定是1965年8月由国防科委下达给我所和二十一所共同研究的一项任务。所里组织了9室的刘永福小组、15室的刘明章小组和7室的朱善根小组分工攻关。实验工作开始不久,就爆发了“文化大革命”,但是承担这项任务的同志以国家任务为重,坚持工作。他们采用质谱法测定锂的燃耗和铍-7核数绝对测量法,测定氢弹燃耗。为了提高质谱的分析灵敏度,由13室研制了电子倍增管作为离子探测器,15室作了材料筛选,并进行了取样器的设计、组装及样品分离分析等工作,9室、10室、615等单位负责测量给出分析结果。开始试验时因本底很高,无法测量锂的燃耗。后经多方努力,共同研究,在质谱分析、化学分离和取样方式方面采取了一些卓有成效的措施,使建立的方法在多次氢弹试验中成功地完成了燃耗测定任务。这一工作由于方法上的创新,1982年荣获国家发明三等奖。

结合数据测量,2室建立镭铍(Ra+Be)中子源绝对测量装置,在13室和201室的配合下,逐步建立了$E_n=0.01\sim18$兆电子伏能区的一套中子通量测量方法与标准,并完成了一批快中子激发曲线核数据测量任务。还为核武器研制生产了一批电子仪器和各种探测器,保证了现场核试验的各种测试要求。

在核潜艇动力堆研制方面,由我所与一九四所共同承担了“09”动力堆的堆物理、热工水力、堆安全、屏蔽计算与实验、燃料材料辐射与腐蚀性能、元件综合考验、检验等研究试验工作,取得了一批重要的科研成果。1967年至1971年,先后进行了5次“09”动力堆元件堆内综合考验以及辐照后检验工作,并作出了全面性能评价,为核潜艇动力堆的设计、制造与运行提供了重要依据。1970年5月,第一艘核潜艇堆启动之前,我所承担的启动、运行所需要的强中子源及有关测试仪表、探测器等都提前制成,运往现场,为第一艘核潜艇下水作出了贡献。

在人造卫星和洲际导弹方面,我所完成了小型紫外光电管、塑料晶体探测器、高纯氦-3的研制任务;完成了导弹再入时等离子鞘的研究;完成了等离子体的电离度、导电性、黏性、导热、扩散、电磁辐射等性质以及电磁波在等离子体中衰减、极化等方面的研究。还为卫星的元件和部件进行质子束辐照考验。

化学化工方面,继攻关时期生产堆元件后处理改为萃取流程以后,1967—1970年又完成了生产堆元件后处理三循环改为二循环的热试验及其分析测量方法的研究任务。1967年,完成了生产氚的提取、纯化、浓缩等全部工艺流程及其测试方法的研究任务,为四〇四厂建立氚生产线提供了数据和经验。在此期间,所内基本解决了弱放废水处理的难关,使弱放废水处理得以顺利进行。为了适应国防、医疗和工农业生产方面的需要,还在“104”工号恢复了两条生产放射性同位素和放射源的生产线。1970年,国防科委下达一项为人造卫星核电池生产一个大于1 000居里的钋-210同位素热源的任务,101室为此大功率开堆150天以上,到1971年一季度,16室503组连续生产一个月,终于制成一个1 110居里的钋-210热源,按时交有关单位试用。

1970年初,工宣队全部撤离我所。翌年6月,军管会主持召开了第三次党员代表大会,选举了军管会主任郑家璜为党委书记,副主任霍振泽和原所党委副书记范玉庭为党委副书记。这是十年内乱中产生的一届党委会,由于当时"左"的影响,自然没能给我所带来生机。

1971年9月,林彪叛逃事件败露后,周恩来总理提出了批判极"左"思潮、落实党的干部政策和知识分子政策的正确指示,使1969年下放湖北的职工及其家属得以相继回所。一批干部被结合到各级领导班子,重新恢复了研究室和职能处室的建制,有些科技骨干和党政干部也开始走上了各级领导岗位。

1972年12月,二机部在北京远东饭店召开了科研工作会议。会上传达了全国科技会议精神,安排了部内科研单位的方向任务,规定我所科研方向为"二主六从"("二主"为核物理、放射化学;"六从"为加速器、反应堆、同位素、核探测技术、三废处理、安全防护),建立两个中心(分析中心、计算中心)。这对明确我所下一步发展方向、纠正"文化大革命"搞乱了的科研秩序是个重要步骤,使我所科研生产出现转机。从这个时候开始,军管会根据上级决定,已不再参加所党委的业务领导工作,所内的科研生产由刘昌主持。

远东饭店会议后,所党委研究并报请部党的核心小组同意,从国外购买一台百万次计算机,引进一台2×13兆伏串列静电加速器,并决定将101重水反应堆进行改建。为了有计划地开展这些工作,1973年1月确定由李寿枬主持编制了本所1973年至1980年科学技术发展规划(即《八年规划》)。这个规划,虽然注意纠正了"文化大革命""左"的影响,将"8.15"会议列入我所的"两朵金花"下马,明确《八年规划》的主体部分以核数据编评与测量、动力堆元件后处理工艺研究、101重水堆改建等16个重点课题为主要内容;并拟由自己建造一台100兆电子伏强流电子直线加速器和一个5 000平方米的强放实验室,加上引进的串列静电加速器和百万次计算机,作为实现《八年规划》的条件保证。但是由于"四人帮"的干扰,有的项目没有实施,有的没有如期完成。1973年,根据二机部工作会议决定,将赵忠尧、彭桓武、张文裕、何泽慧、苏振芳等副所长与中关村分部全体人员,连同仪器、设备、房屋资产等,全部从我所分出去,交给中国科学院组建成高能物理研究所。同年7月,第二届军管会奉命撤离。8月2日,二机部党的核心小组任命刘书林为所党委书记,刘昌、范玉庭为副书记;还任命刘昌、范玉庭、力一、吴征铠、李寿枬、王传英、延永生为革命委员会副主任。12 月,二机部召开了“核参数测量讨论会”,研究决定建立我国比较完整的核数据系统,同时决定在我所成立核数据机构。这次会议对建设我国核数据工作是个有力的推动。1974 年,将 13 室光电倍增管组的全体人员连同仪器设备全部调给北京综合仪器厂。同年,刘书林调“二二一”厂工作,所党委工作由刘昌主持。

(三)

林彪反革命集团被粉碎,并没有中止“左”的路线的干扰和破坏。以江青为首的“四人帮”反革命集团,假借“批林批孔”,掀起了“反击右倾翻案风”的恶浪。我所有些人把所党委取消连队、恢复研究室、起用业务骨干、制定《八年规划》说成是“复辟回潮”,是推行“专家治所”、“洋奴哲学”等等。在这种极“左”思潮冲击下,使刚刚复苏的科研生产又受到了干扰和破坏。

1976 年初,新任党委书记赵琅到任不久,也就是大反右倾翻案风的 1976 年清明节前夕,在一次传达国务院电话通知时,他讲到:“周总理在人民的心目中享有崇高的威望……现在确实有人反对周总理……反对周总理不会有好下场。”赵琅同志的肺腑之言,博得了全所广大职工的热烈掌声,不料这竟成了所党委“犯路线错误”、“批邓没有转过弯子”的罪状。“四人帮”姚文元根据诬告信,4 月 15 日派《新华社》记者到所内进行调查后,写出文章登在《新华社内参》上,说我所“在 1976 年清明节前后发生的这一事情[①]和‘天安门反革命事件’遥相呼应,新任党委书记 4 月 3 日讲话带有煽动性……”王洪文在《内参》上批点:“四〇一所的领导权究竟掌握在哪个阶级手里?应充分发动群众揭发,查清这个所的问题。”部领导迫于当时形势,不仅召开了部属京区单位党员大会,公开指责我所党委“犯了路线错误”,而且还派来工作组进行清查。于是,又一场清查运动在我所展开。这场清查运动,以广大群众在天安门悼念周总理为背景,牵涉的面非常之广,可以说上至党委书记,下至普通群众,几乎都要受到盘查,甚至谁路过天安门抄来什么诗词、传播过什么所谓的“谣言”等等,都得作出交代,搞得人心惶惶。这层笼罩在广大群众头上的恐怖气氛,直到 1976 年 10 月,才随着欢庆“四人帮”垮台的声浪被吹得烟消云散,而赵琅同

① 指群众自发地在北区二道门口摆花圈祭奠周恩来总理。

志却在忙于消除“四人帮”所造成的后果时，于10月16日上午从南区赶往北区上班的路上不幸遇车祸身亡。

在这期间，广大职工化义愤为力量，顶着“四人帮”干扰破坏的压力，默默地做了不少工作。

在化学化工方面，恢复了湿法后处理研究。1972年至1973年完成钍元件后处理工艺的热试验及其分析方法的研究，生产出12克铀-233；1976年开始了“09”元件后处理工艺研究，不久又开展了高通量工具堆元件后处理工艺研究及超钚化学研究；1975年为九院完成100居里锔-242的生产任务；开展了中放沥青固化的工艺研究等。

在核技术应用方面，1972年以后，开展了堆中子活化分析和快中子活化分析在国民经济应用方面的研究工作，获得了明显效果。如对单晶硅的超纯分析，“珠峰”水样的多元素分析，几百种食品含钍量分析，陨石和地球深部物质组成的分析等等；完成了缓发中子勘测铀矿方法研究；与大庆合作开展了锗(锂)γ能谱法测油井的方法和测油井装置研究；恢复了中子散射在固体物理中应用的研究；开展了固体径迹探测器应用在测定地质年代、周口店猿人年代、马王堆汉墓年代等方面的研究并得到较好的效果；研制成功HW_3、HW_4细颗粒电子灵敏核乳胶，其性能达到国际水平，为开展双标记放射显影工作创造了条件。

在反应堆方面，承担完成了材料试验用高通量工具堆(已在一院建成)的设计以及堆物理、热工水力、材料元件、辐照腐蚀、堆控制等方面上百项课题的研究，为建成高通量工具堆作出了贡献。与此同时，还建成了快中子堆的临界装置、钠纯化、热工材料试验台架、钚粉末冶金试验室，开展了快中子堆设计前期工作，兴建了燃料材料辐照后检验热试验室，从而在四〇一地区形成了较完整的堆工及堆材料试验基地。此外，还先后进行了生产堆事故元件及重水试验堆元件检验，开展了卫星能源用的裂变热转换为电能的堆内热离子二极管的研制，开展了氢化锆慢化的反应堆的调研和设计前期工作，并取得了一定经验。

在电物理方面，根据《八年规划》和核数据测量要求，1977年完成了自制高压倍加器的加工、安装和调试，并提供物理实验使用。1974年开展了强流短脉冲电子直线加速器模型的研制，于1976年审定了设计方案，开始加工、制造。串列加速器研制组协助上海原子核研究所完成了2×6兆伏串列加速器设计。

在电子学和探测器方面，1976 年研制成功 PIN 电流型半导体探测器，为核武器地爆试验测量中子能谱提供了条件；开展了 Ge(Li)探测器的研制工作，并于 1974 年研制成同轴型锗锂探测器和多丝正比探测器；开展了 NIM 标准核电子仪器插件研制工作，研制成时辐变换器、上升时间幅度变换器、恒比定时电路等快线路电子仪器插件。

在放射性同位素方面，1972 年建成了以生产医用同位素为主的“144”生产线，品种、产量逐年增加。1973 年，根据上级决定，承担了放射性标记化合物的研制与生产，使放射性同位素和放射源的生产获得较大发展，到 1976 年，生产的放射性同位素达 123 个品种，强度为4 407 居里，为上千家的使用单位提供服务。

在大型设备的大修改建方面，从 1973 年起正式开始为重水反应堆大修改建进行预研，1975 年完成了中子阱型紧栅格布置的堆芯改建物理设计，1976 年开始为重水反应堆改建进行多种方案的实验研究。回旋加速器从 1974 年起进行改造为等时性可变能量加速器，质子能量3～20 兆电子伏，氘核能量仍在 3～14 兆电子伏范围内可变，提高了多项性能的预研工作。1975 年完成了 F-3 电磁分离器的改建并投入运行。

这个时期，还根据我所《八年规划》所列重点任务，在李寿枬的组织领导下，开展了核数据的编评和测量工作。1975 年 10 月，二机部召开了第二次全国核数据会议，会后在我所建立了核数据中心，组织了有我所、九院、南开大学、吉林大学等 13 个单位参加的全国数据协作网，制定了十年规划，开展了第一期 16 个重点核素全套核数据编评和理论计算工作，开展了钚-239 ν 值测量工作。与此同时，还开展了放射性防护与环境监测工作，逐步建立了低本底 β 和 γ 测量装置，建立了“全身计数器”；开展了核工业环境放射性监测与评价工作，对八一四厂、“09”地区、八二一厂和“09”的“196”工程进行了定点后的环境初步评价。

基础研究在这个时候也有所恢复，重新组成核理论研究组。在回旋加速器上建立了在线带电粒子鉴别装置；开展了准自由散射和三体反应研究；在静电加速器上建立了一个新型的带有磁分析器的半导体谱仪，开展核反应机制研究。在此期间，比较突出的研究工作有：杨桢的关于“α-碘酸锂外场衍射增强效应的发现”和阳明珠的“迁移算子的占优本征值的研究”，均获得了我国自然科学三等奖。

为了促进知识更新，从 1973 年开始，连续举办英语学习班，每期约八九个月。这对提高科技人员的阅读和口语能力，为后来的对外开放，广泛进行国际学术交流很有帮助。

十年动乱，对我所的破坏是严重的。正如党的十一届六中全会决定所指出的："文化大革命不是，也不可能是任何意义上的革命和社会进步。"它同人民群众建设社会主义的愿望是背道而驰的。但是，身处逆境的我所广大职工，基于对林彪、江青反革命集团的义愤和对核事业的高度政治责任感，不仅确保了国防建设急需任务的完成，而且也使我所各项科研工作取得不同程度的进展。

第五章　拨乱反正　保军转民

三中全会端正航向，军民结合带来生机，我所科技工作开始走上为经济建设服务的轨道。

（一）

1978年，党的十一届三中全会是新中国成立以来我党历史上具有深远意义的伟大转折。全会冲破了长期“左”倾错误的严重束缚，端正了党的指导思想，果断地把工作重点转移到社会主义现代化建设上来，在坚持四项基本原则的前提下，实行对外开放、对内搞活经济等一系列方针政策，开创了振兴国民经济的新局面。

拨乱反正使我所各方面工作获得了新的转机。1977年开始平反冤假错案，落实党的政策。当年7月，经二机部批准为汪德熙副所长恢复了职务；接着用了两年左右的时间，为张允昌等51位被迫害的同志平反昭雪，恢复名誉；为1957年错划成右派的12位同志彻底纠正了错案，并开始清理新中国成立以来的历史积案；1978年7月，撤销了“文革”中产生的革委会，恢复了党委领导下的所长负责制；经中央批准，调二机部副部长王淦昌兼任所长；不久，恢复了学术委员会，为发挥科技业务骨干对学术方面的领导作用创造了条件。这个委员会，由所内外86名专家组成，主任王淦昌，副主任汪德熙、李寿枬、王传英、戴传曾。这一时期，我所领导人有：党委书记刘昌，副书记范玉庭，副所长汪德熙、王传英、李寿枬、田子钦、延永生、戴传曾、任和、桓水清。不久，李毅也恢复了党委副书记、副所长职务，任命了徐乃欣、吴永顺、叶锡范为副所长，杨申为副书记兼纪委书记，张吉卿为政治部主任。所领导的充实和加强，增强了全所职工拨乱反正、改变我所面貌的信心。

1978年全国科学大会的召开，迎来了科学的春天。邓小平同志在科学大会上的讲话，像和煦的春风，温暖了广大科技工作者的心，加速了拨乱反正、恢复科研秩序的步伐。刘昌等6位同志参加了这次盛会，我所有76项科技成果受到了大会的奖励，约占大会奖励成果的1%，它反映了全所职工特别是科技人员在过去20多年中为社会主义建设和科学事业艰苦奋斗所取得的卓越成就。

在科学大会以后，国家批准我所引进一台串列静电加速器的建设计划；开始了“146”、“147”同位素生产线的基建工程；在“49-2”反应堆上成功地试生产了4个品种的短寿命同位素；经二机部批准召开了全国第三次核数据会议，由副所长李寿枬主持，总结验收了第一期16个核素的核数据编评工作，部署了第二期编评工作。在此期间，还开辟了一些新的科研领域，主要有：在王淦昌所长领导下，开展了惯性约束核聚变研究，用强流电子脉冲加速器进行了相应的高功率脉冲技术研究；由戴传曾副所长倡导开展的单晶硅中子掺杂的研究，为开发半导体工业新工艺、建立转民支柱性产品创造了条件；开展了强中子源堆(后定名为微型反应堆)的研制工作；在汪德熙副所长指导下，开展了化学法分离同位素研究和其他分离技术研究工作；15室张仲生等研制的氧化锆测氧仪曾获得国家发明三等奖，后来又开发了氧化锆系列产品，其中烟道测氧仪对节能工作很有意义。1978年，我所举行了科研成果报告会，报告了近期科研成果398篇。所有这些成就，充分反映了全所职工特别是广大科技人员，在粉碎“四人帮”后焕发出来的高昂工作热情。

1980年春二机部工作会议后，刘昌调部工作，部党组决定由李毅代理党委书记，并调战毅军任党委常务副书记，王传英、杨申为副书记，任命王传英为常务副所长，黄祖洽为副所长。政治部主任张吉卿调部工作后，由任大明继任。

随着拨乱反正工作的开展，几年来的科研工作与“文革”期间相比，有了较大的变化，开辟了一些新的学科领域，增加了一批新的任务。为此，相继成立了一些新的研究室，分别承担核参数编评、轻水反应堆、堆材料和堆物理、材料腐蚀、电子直线加速器、反应堆元件、反应堆热工水力、惯性约束核聚变、堆材料辐射后检验、放射性同位素制备、放射源制备、标记化合物、计算数学和电子计算机、核探测器、中子散射等研究工作。为了适应所内科技单位不断扩充的形势，加强科研工作的管理，在1980年经部批准，又增设了研究部一级管理机构，协助所管理各研究室的科研工作。先后组建的研究部有：

同位素生产研究部：主任肖伦，副主任曹志兴、孙懋怡，党总支书记马美田；

反应堆工程研究部:主任戴传曾(兼),副主任任和(兼)、马福邦、胡国忠,党总支书记徐龙山,副书记苏兴普;

化学研究部:主任汪德熙(兼),副主任王方定、冯百川,党总支书记章斐;

电物理研究部:主任王传英(兼),副主任汪达基、徐义全、谢羲,党总支书记张寿通;

电子技术部:副主任杨斌、许廷宝,党总支副书记汤世英;

核物理研究部:主任李寿枬(兼),副主任丁大钊、金星南、王大海,党总支书记李建林,副书记曹世明。

到1984年,全所已有36个研究室,2个直属研究组,1个列入所行政编制的国防科工委一级放射性计量站,1个实验工厂和1个核电子仪器厂,共41个科学技术单位。

在这期间,最突出的成就是重水反应堆大修改建成功。早在20世纪70年代初期,这个由苏联50年代援建的重水反应堆,有些重要设备陆续出现严重缺陷,到1978年已达到设计使用年限,被迫降低功率运行。而随着我国核技术的广泛应用,又要求反应堆有更高的中子通量和更多的辐照空间,以适应开展多种物理实验、元件材料辐照考验和生产放射性同位素,实现一堆多用的要求。面对这一现实,是关闭老堆另建新堆,还是改造旧堆?曾有过不少的争论。最后在101室总工程师马福邦等人主持下,经过专家们的综合分析论证,作出了改造旧堆的正确抉择。为保证改建工程的顺利进行,成立了以刘昌为首、由各方面专家参加的“反应堆改建工程领导小组”,全面指挥有关堆改建的工作。改造旧堆虽对国家有利,但工作难度非常大。特别是在具有强放射性现场施工,设备和人身防护的安全保障难度更大。以更换反应堆内壳为例,内壳活性区是反应堆的心脏,旧内壳是一个直径1.5米、高8.5米、壁厚只有8毫米的桶形铝合金容器,具有很强的放射性。怎样将旧内壳安全吊出,妥善处理,是堆改建工程的重要课题。经反复论证,提出了在反应堆旁建造一个永久性的埋藏井,实行“整体吊出,就地埋藏”的施工方案。为了确保施工安全,经专家们认真研究,首先将具有强放射性的设备和管道进行化学去污,降低它的放射性强度;对内壳外围石墨层辐照后的变化,进行了理论计算和实地观测;对吊具做了载荷实验,用假内壳进行全模拟演习;为防止放射性粉尘脱落,研制了一个自动防护罩。在一切准备就绪、万无一失的条件下,一举安全顺利地吊出了旧内壳,连同自动防护罩一起放入埋藏井封闭,并将新内壳装入堆内,顺利解决了这一难题。反应堆大修改建工作也得到了全所有关部门的大力支持，其中大部分设备和部件由所内自己设计加工制造。党支部的思想政治工作紧密结合改建工程的每个环节，抓得富有成效。从 1978 年 11 月开始停堆进行大修改建，经过一年零七个月的艰苦努力，胜利完成了一期改建工程。改建后的反应堆，在 1980 年 6 月 27 日凌晨达到临界。

重水堆改建工程在我国是首次，当时在国际上也不多见。它的改建成功，不仅使旧堆“返老还童”，而且其技术性能大大超过老堆的指标，最大功率提高了 50%，热中子通量及活性区内可利用的实验孔道均增加了一倍多，而总投资却只有新建堆的十分之一。更可贵的是，培养与锻炼了一支堆工程建设队伍。《人民日报》在 1981 年 1 月 15 日就此进行了报道，盛赞我所广大科技人员和工人的聪明才智。这项工程先后获得了国防科工委重大成果奖、国家建委优秀设计奖、国家科学技术进步奖一等奖，并由中华全国总工会授予 101 室技术革新先进集体的光荣称号。

为了加速思想政治工作上的拨乱反正，贯彻执行党的四项基本原则，党委加强了党的建设，恢复党课制度，有计划地组织学习了新党章、《党内政治生活若干准则》和六中全会《关于建国以来若干历史问题的决议》，制定了我所具体贯彻执行《准则》的规定，强调领导干部以身作则，从自己做起。注意了在知识分子中发展党员，著名的核物理学家王淦昌就是在这个时候被接收入党的。这些活动，对清理“左”的影响，进一步增强党性，端正党风，健全党的生活，加强思想政治工作起了积极作用，涌现出多道组等一批先进集体。其中多道组的“铺路石”精神，成为大家学习的楷模，二机部和北京市授予该组为文明集体称号。

此外，还把科技人员的技术职称评定工作，作为落实知识分子政策的重要任务抓紧进行。从 1979 年至 1982 年间，经认真考评，按部规定的审批程序，先后晋升高研、高工及其他高级职称 97 人，中级技术职称 1 323 人，初级技术职称 618 人。1983 年又评定高级技术职称 94 人(其中正研 15 人)，中级技术职称 20 人。这对建立技术职称序列，正确评价科技人员的贡献和水平，调动科技人员的积极性，起到了良好的作用。

(二)

随着国民经济的恢复与发展，核科学技术同其他自然科学一样，面临着如何面向经济建设这一新的迫切需要解决的重大课题。为了解决好这个问题，根据党的十一届三中全会精神，所党委初步调整了科研方向，编制了《1978年到1985年科技发展规划设想》，开始将我所的科研工作从以军为主逐步向军民结合、为国民经济建设服务的方向过渡。经过所学术委员会、所务委员会和所党委反复酝酿讨论，于1981年7月报请二机部党组批准，以“加强应用研究，重视应用基础研究，巩固发展基础研究，注意新领域新技术的探索”为我所科研工作方针。根据这一方针，汪德熙副所长指导化学部，积极开展了γ辐照加工的应用研究，并决定在我所建设一座30万居里强钴源辐照装置。在戴传曾副所长指导下，开展了核电安全分析研究，为国内开展核电安全工作创造了条件。与此同时，我所还积极开展了同位素新产品、新制剂的研制，以及新的测井技术研究等多项应用研究。

1981年10月，我所召开了第四次党员代表大会，由战毅军代表党委作工作报告。根据部工作会议决定的“核工业要在战略转变中，在优先保证军用的前提下，把工作重点转向为国民经济建设和人民生活服务”(简称“保军转民”)方针，结合我所工作实际，进一步阐明了在新形势下实行“保军转民”的必要性、迫切性，使大家认识到原子能的和平利用，不仅是国民经济建设的需要，而且也只有同国民经济发展相结合，核科学事业才能获得自身的更大发展。代表大会围绕着核工业的这个战略转变，统一了政策思想，通过了相应的决议。大会还选举产生了新的党委会和纪委会，由战毅军任党委书记，王传英、任大明、杨敏章任副书记(杨兼纪委书记)。李毅、杨申退居二线改任顾问。王传英调部工作后，任命范淑贤、陈松为副所长。1982年，根据王淦昌所长的请求，经中央批准改任名誉所长，任命戴传曾为所长。

1982年，所党委为落实党的第十二次代表大会和我所第四次党代会精神，加速“保军转民”工作，相继召开了党委扩大会议，举办了多期领导骨干学习班，认真学习十二大文献和赵紫阳总理关于“经济建设必须依靠科学技术”、“科学技术工作必须面向国民经济建设”的指导思想，研究了如何发挥我所优势，扬长避短，开创科研工作新局面的问题。在此期间，党委认真回顾了几年来在原子能和平利用上虽然起步较早，医用同位素生产有十多年的历史，其产品几乎占全国用量的70%，并开发出一些新的民用项目，但成效仍不够显著。其原因一方面是对“转民”的意义认识不足，另一方面是长期从事军工科研而养成的“供给制”思想，习惯于指令性任务，不注意横向联系，安于“坐等上门”。有同志担心发展短、平、快项目，会影响研究所的性质，主张“国家队要国家养”。通过学习，大家进一步提高了认识，看到了本所的优势(综合性强、技术力量比较雄厚、手段齐全、有较丰富的攻关经验等），也从全国形势发展当中找到了差距，看到了我们转民好坏、贡献大小，关系到我所在经济建设中的地位，也是争取生存和发展的重要条件。所长王淦昌在多次会议上强调，研究工作要面向经济建设，重视应用，巩固基础，多从生产发展中找课题，为经济建设作贡献。在此基础上，党委又在同年12月份召开了扩大工作会议，研究编制了《1983年至1985年科学技术发展目标规划》，进一步推动了“保军转民”方针的落实。《规划》要求：

1. 在二三年内着重发展应用研究和开发工作，力争在近期内取得一批有经济效益的重大科技成果。决定第一批开发出包括同位素、单晶硅中子掺杂、火灾报警器、微型反应堆、中子活化分析、热泵技术等10个项目，把转民的步子真正跨出去。

2. 对军工科研任务，要相对稳定力量，优先确保完成。

3. 把承担秦山核电站工程有关的任务提到转民的重要地位，狠抓核电安全分析、燃料元件考验、环境评价等项目的落实工作。

4. 在科研经费的使用上，要重点支持应用、开发项目，并预留机动费，以应急需。

5. 对基础研究，要从国民经济和学科发展需要出发，选题力求精干，以便为应用研究探索方向，建立技术储备，使科研工作有个纵深布局。

扩大工作会议要求尽快组织调研组，分赴部分省区，宣传核技术应用，了解技术市场情况，促进横向联系。

如果说，1980年、1981年的转民工作还处在起步状态，那么，经过上述工作，使1982年的转民工作比较扎实地开展起来了。1983年，同位素产值首次突破400万元，结束了三年徘徊的局面，当年全所转民总收入达到了600多万元。

1984年春，所的几位领导分别参加了核工业部、国家科委和中科院的工作会议。这些会议的基本点都在于解决“经济建设必须依靠科学技术”、“科学技术工作必须面向国民经济建设”这个根本指导思想。特别是中科院制定的“大力加强应用研究，积极而又有选择地参加开发工作，继续重视基础研究”的工作方针，比较切合我所实际，使所领导深受教育。所党委在抓思想转变的同时，一抓管理，二抓政策。从加强转民需要出发，进行了组织整顿，调整干部，增设民品科。根据部民品会议精神，于1983年召开了所第一次民品工作会议，总结交流了几年来转民工作的经验教训，研究制订了6个民品管理规定，修改了民品奖、成果奖的分配办法，同时在部分单位开始了经济承包责任制的试点工作。

为适应形势的发展要求，经核工业部党组批准，在1983年下半年对所的领导班子又作了一次调整，除战毅军、戴传曾、杨敏章、范淑贤留任外，任命李福恒为党委副书记，任大明为常务副所长，马福邦、徐义全、张正华为副所长。建立了由汪德熙任主任，李寿枬、忻贤杰、丁大钊、王方定为副主任的科学技术委员会，同时撤销学术委员会。经过这次调整，所级党政领导由原来的14人减为9人，平均年龄由58岁降到52岁。同年，遵照核工业部的指示，撤销了政治部，由党委直接领导党群工作部门；行政管理方面设置了14个职能处室。在各研究部和大的技术单位建立了党委或党总支，加强党的领导和思想政治工作，并相应地充实调整了各研究室的机构和领导成员。调整后的部、室一级领导班子的主要负责人，基本上由中青年科技人员担任，初步实现了中央关于干部“四化”①的要求，从组织上为贯彻执行“保军转民”方针创造了条件。

(三)

1984年8月，根据中央关于整党的决定，我所开始了全面整党工作，到1985年4月告一段落。经过8个月的整党工作，使领导干部及广大党员进一步清理了“左”的影响，提高了对彻底否定“文化大革命”的认识，增强了党性，消除了派性，提高了同党中央在思想政治上保持一致的自觉性，加强了党组织的战斗力。尤其是经过端正业务指导思想，广大党员认为：在新形势下实行“保军转民”，不仅符合核事业的发展规律，也是我国核工业第二次创业的战略方针，它对促进核技术的全面发展具有重要意义。应当说，这次整党的重要收获之一，是推动了“保军转民”工作方针的落实，加快了转民步伐。党委首先把重点放在抓好思想转变上，主要解决好各级领导思想，把实行这一战略转变提到执行党的十一届三中全会路线的高度去认识，并从研究方向、组织领导和科技管理上，转向为国民经济建设服务的轨道，以应用研究和开发工作作为重点，少而精地抓好基础研究(在近二三年内把基础研究经费控制在科研费的10%)，使三者的发展有个纵深布局，同国民经济的发展相协调。在转民上要坚持以核为主，多种经营，核与非核一起上。既要发挥本所技术优势，抓好支

① 干部“四化”，指干部革命化、年轻化、知识化、专业化。

柱性产品和技术项目，以保持后劲；又要注意中小企业的技术需求，发展短、平、快项目，争取 1990 年民品产值和技术性总收入在 1984 年的基础上“翻两番”，达到 3 000 万元。1985 年首先突破 1 000 万元，纯收益超过 400 万元。并确定在整党的基础上，继续加强整顿工作，以巩固整党成果，发展转民工作。整顿的主要任务是：进一步调整领导班子，简政放权，改革拨款制度，有选择地分类搞好科技体制改革试点，为我所全面开展体制改革创造条件。

为适应对外开放，加强横向联系，促进国内外学术交流和技贸合作，1984 年 11 月，核工业部批准将我所改名为“中国原子能科学研究院”，国务委员、中央军委副秘书长张爱萍还特意为我院题写了院名。接着，蒋心雄部长等部、局领导在 11 月末来院检查整党和科技工作，国家科委主任宋健也于 12 月来院视察。部局领导支持院党委在整党中对“保军转民”所采取的措施，称赞我院经过整党把大家的积极性发动起来了，要求院领导重视院的技术潜力，因势利导，发挥优势，继承“两弹”过关时期的优良传统，继续发挥“老母鸡”作用，把“保军转民”当成执行十一届三中全会以来路线、方针、政策的大事，加快转民工作，为核工业的第二次创业作出贡献。

整党不仅推动了转民工作，而且进一步提高了党员对党的建设和社会主义精神文明建设的认识。在整党后期，党委研究制定了《加强思想政治工作的决定》和《巩固发展整党成果的决定》。组织党员重新学习新党章，加强了党风、党纪教育，建立了抓党风的责任制，打击严重经济犯罪，推动综合治理，及时地处理了一批违纪事件，开展了以“五讲四美三热爱”①为主要内容的精神文明建设活动。这些工作，对我院发展科研生产大好形势，起到了积极的作用。

为了进一步落实知识分子政策，在此期间，特别是经过 1983 年、1985 年两次落实政策大检查，平反冤假错案的复查工作已告一段落，“文革”遗留的政治问题全部处理完毕。为解决夫妻间长期两地分居的困难，几年来，采用调进、调出、对换等多种方法，使 215 名同志获得了家庭团聚。住房困难问题，在中级以上的知识分子中也基本解决，有 700 多户搬进了新居。但是，还有部分高研、高工尚未达到住房标准，一部分新婚职工住房还难以满足，大部分家住市区的职工住房困难尚未解决。全院在整党以后共接收了新党员 203 名，其中知识分子占 76%。截至 1985 年，全院有党员 1 328 人，知识分子占 59.6%。

---

① “五讲四美三热爱”，指讲文明、讲道德、讲礼貌、讲卫生、讲秩序，心灵美、语言美、行为美、环境美，热爱祖国、热爱社会主义、热爱中国共产党。

有计划地选拔了大批优秀知识分子进入各级领导岗位，在228名处级以上干部中，知识分子占83%。

从整党后期我院参加国防科工委和核工业部先后在杭州、青岛、北京举办的“军转民”经济技术交易会的情况看，整党使转民工作有了可喜的进步。三次交易会签订合同近百个，成交额约2 000万元，而且进一步经受了锻炼，积累了经验。正是由于全院职工特别是广大科技人员的艰苦努力，1985年，全院民品产值和技术性总收入实现了整党要求，突破1 000万元，达到1 170万元，纯收益超过400万元。年终举行了第三次民品工作座谈会，检查总结转民工作，大家认为一年来的思想比过去活跃了，路子走宽了，转民工作水平有了新的提高。

为了适应科技体制改革，进一步提高院级领导班子“四化”程度，经部党组批准，在1985年下半年又对院的行政领导班子进行了自十一届三中全会以来的第四次调整。任命孙祖训为院长，任大明、张正华留任副院长，任命严叔衡、田亚民、郭子文为副院长，王德绵为院纪委书记。原院长戴传曾改任名誉院长。

1985年是我院建院35周年，9月27日在我院举行集会，热烈庆祝。大会由党委书记战毅军主持，名誉院长、院庆筹委会主任戴传曾作了《继承“两弹”过关优良传统，为开创我院科研工作新局面而奋斗》的报告。国务委员张劲夫，全国政协副主席周培源，北京市副市长陈昊苏，中科院副院长周光召，国防科工委、国家科委和核工业部有关部、局领导，房山县党政领导及兄弟单位负责同志到会祝贺。国务委员张劲夫的讲话给大家很大的鼓舞，刘伟、赵宏代表新老部党组讲了话，并对今后工作给以指示。原二机部部长、河南省委书记刘杰，因有公务先期到院祝贺并题词。原二机部副部长李觉、牛书申、刘书林、姜圣阶、王淦昌都亲临大会。原副部长、我所老所长钱三强由于身体欠佳不能到会，特意写信祝贺。在院庆之际，还分别举行了第四届学术报告会和劳动模范、先进集体代表大会。学术活动范围是空前的，也是我院发展史上又一次科学盛会。报告会由科技委主任汪德熙主持，院长孙祖训参加并讲话。他要求我院在“保军转民”方针指导下，加速调整科研方向，把核能、核技术应用开发工作作为重点，形成两个拳头，少而精地搞好基础研究工作；以核为主，多种经营，充分发挥多学科综合性优势，推进科技体制改革，把我院办成方向对、贡献大、水平高、环境美的科研基地，为国民经济建设和国防建设，为核工业的第二次创业作出新的贡献。会议在各研究部举办学术报告会的基础上，推荐汪德熙、金星南、肖伦、黄胜年、罗文宗等 14 位同志作了学术报告，受到与会者的好评。在劳动模范和先进集体代表大会上，授予了王方定等 38 名同志为劳动模范称号，授予 101 室等 6 个单位、变电站等 6 个集体分别为先进单位和先进集体。

（四）

自党的十一届三中全会以来，我院在拨乱反正、落实政策、贯彻执行核工业“保军转民”方针等一系列重大决策之后，科研生产有了较大发展。代表性的工作有：

1. 开辟了一些新的科研领域。在核电安全方面，引进了国际核安全法规和核事故分析的计算程序，开展了核电安全的实验研究和程序开发研究，并取得一些研究成果，开始承担国内核电站安全评审工作；在强流脉冲相对论电子加速器技术、化学法分离同位素研究等方面均获得程度不同的进展，建成了强流脉冲相对论电子束加速器，开展了电子束泵浦氟化氪激光器研究，取得 17 焦耳能量，在国内领先。

2. 建立了一批支柱性民用产品和民用技术，即所谓“拳头”项目。其中放射性医用同位素，在品种、质量和供货数量上均有新的提高，并且发展了一批如钋-210、镅-241 等工业用放射源，有的已形成生产能力；开发了反应堆、加速器、强钴源辐照技术，其中反应堆辐照单晶硅中子掺杂工艺研究，已形成年产 10 吨的生产能力，投入常规生产，为提高我国半导体元件质量创造了条件；用镅-241 研制成功的烟雾火灾报警器，具有年产 10 000 个探头（包括巡检系统）的能力；研制成的微型中子源反应堆，已通过国家鉴定，开始国内供货。还有氧化锆系列产品、堆中子活化技术、金属防腐技术、化学分析技术、堆材料技术、三废治理和环境评价技术、计算机技术以及核电子学、核探测器技术等，均初步形成了一批为经济建设和科研工作服务的支柱性项目。

3. 改建和建立了一批大中型科研设施。其中除重水反应堆外，有 14 兆电子伏强流短波脉冲电子直线加速器，265°电磁分离器（该器建成后首先作为 β 谱仪，用于中微子质量测量），放射性废物库，30 万居里钴-60 强辐照实验室，沥青固化车间等，均投入使用；Cyber170/825 百万次计算机于 1984 年引进投入使用；串列静电加速器已安装调试出束，即将进行验收；强放废液玻璃固化处理工号正在建设等。还有同中科院、法国合作的三轴谱仪和四圆衍射仪，中科院光机所研制的中子衍射仪，均在重水反应堆安装就绪，投入使用，并取得了初步成果。

4. 完成了一批指令性任务，取得了一些重要科研和开发成果。核数据编评已完成了 3 期 37 个核素的评价任务，建立了中国核数据库，并向全国提供服务，填补了我国在这个领域的空白。1985 年完成了以 36 个重点核全套评价中子数据为主体的《中国评价核数据库第一版》，荣获国家科学技术进步奖二等奖；开展了裂变中子数据、裂变产额、快中子产生截面及能谱等测量；完成了 49-3 和“09”元件后处理工艺流程研究；出口的六氟化铀分析方法研究和实际产品分析；镅-铍中子源、静电消除器和十几种医用放射性药盒的研制与生产以及钡-131—GTP 石油测井微球研制；电子直线加速器盘荷波导相位测量；数据获取与处理自动化测磁仪研制；重水堆辐射防护评价和大修改建辐射安全研究；Ge(Li) 快中子非弹性散射 γ 能谱测油井方法与装置的研究等等。这些都是这个时期取得的重要成果。

5. 在基础研究方面，也取得了可喜的进展。比较有意义的有：低能氘核与某些轻核反应存在中间结构的研究；氘与锂反应存在链式分子态的研究；α、P 三核子转移反应和预平衡发射研究；α 与 Mg 同位素大角反常散射的研究；$^{197}Au(\alpha,n)^{200}Tl$ 在束 γ 谱学研究；锎-252 自发裂变过程各种断裂现象及其关联特性的系统研究；中微子测量等核物理实验研究；迁移理论的定性研究；轻核集团结构，微观光学势，激子模型计算角分布的改进，福克-普朗克方程研究裂变机制和集体运动方面的应用数学和原子理论研究，以及六维相空间粒子动力学研究，波导中空间电荷效应研究等，也都做了很好的工作。

此外，为了加强在职职工的培训，促进知识更新，搞好科研工作，于 1980 年建立了以王传英、汪德熙、陈松为正副主任的职工教育委员会，并成立了教育办公室(后改为教育处)，具体领导和管理职工教育和中小学教育工作。先后举办了计算机应用和算法语言等培训班 34 期；英、日、德、法等外语培训班 31 期；还有多期蒙特卡罗方法学习班；机械、电子、工业会计、企业管理、工业与民用建筑、图书馆管理、中文等 7 个专业的广播电视大学教学班等。为了提高青年工人的文化水平和技术水平，还开办了多期脱产的和业余的文化技术补习班。加强了中小学教育管理工作，重视师资队伍的培训，提高教学质量。1985 年，我院被核工业部评为“六五”期间职工教育的先进单位。从 1978 年恢复研究生制度以来，先后招收研究生 119 名，取得硕士学位的有 60 名，其中 46 名分配在我院工作。

1978年对外实行开放以来，我院本着“请进来，派出去”的原则，广泛开展了国内外学术交流与合作。应邀来我院访问、讲学或工作的外国专家达到564批、1 374人次，由我院派出进修实习和访问（或参加国际学术会议）的科技工作者330人次，逐渐使我院成为核事业对外交流的窗口。1985年5月6日至31日，国际原子能机构与我院联合举办了核技术元素分析国际高级培训班，有14个国家的专家参加。这对我们开阔眼界、获取信息、增长才干，很有意义。

在这里要着重强调一下后勤工作。由于科研工作的发展要靠强有力的后勤工作作支持，特别是我院地处远郊，城市的动力供应、交通运输、文教卫生、财贸粮油、社会福利乃至治安消防等设置都无法依靠或借助，如同三线地区工业企业一样，要自己建设一个完整的、独立的“小社会”。其中每一方面工作好坏，都直接关系到科研生产能否发展，职工队伍能否稳定。30多年来，后勤战线的广大职工为科研生产服务，为改善职工生活条件，坚持不懈地做了大量工作，付出了辛勤的劳动。

党的十一届三中全会以来，基本建设上得较快，除完成一批像串列加速器、147同位素生产线、钴源辐照室等10多个工程项目28 000平方米以外，还建造了职工宿舍24栋、土建工程57 000平方米。在保证水、电、气、暖供应上，新建了南区锅炉房，改造了北区61号锅炉，翻建了近万米地下管线。节能工作与安全送电，获得了市级表彰。尤其比较突出的是抢建水线工程。由于1977年到1980年连年干旱，地下水位急剧下降，建所时期打的几口浅水井，有的已经枯竭，严重威胁科研生产及职工和家属的生活用水，枯水季节不得不实行定时供应。为此，所党委决定请北京市地质局水文队进行勘察，在距离本院10公里以外的磁家坞开辟第二水源地，一连打了4口深井，获得日涌水量10 000吨。紧接着动员全院力量，大力支持，以叶锡范副所长为首，由戚才兴、韩明禄、田振明、李希俊、肖瑞卿、李吉增等参加，组成了施工领导小组，以动力、基建工人为骨干，带领70名民工，在凛冽的寒风中开始了管线铺设工程，他们一连苦战了184天，没有休过一个星期天，就连元旦、春节也都是在施工现场度过的。老工人李吉增、李更新、谢冠三、张玉荣等，以身作则，哪里有困难就在哪里干，工作一丝不苟。有的负伤不下工地，使民工深受感动。整个铺设工程只用了一个冬天，先后穿过9个生产大队，建成了10 100多米长引水管线，于1981年3月27日扬水试验成功，解决了供水紧张状况。器材供应也有效地保证了科研生产和基本建设，并在物资管理上获得了华北部属系统厂际评比先进单位称号。交通运输改善较大,补充了车辆,改进了管理,增开了班车,令广大职工比较满意。实验工厂生产任务也完成较好,从实行经济责任制后,在保证科研生产任务的前提下,外协收入逐渐增加。在中小学和幼儿园的教育方面,逐步改善了教学条件,充实调整了教师队伍和领导班子,教育质量有了明显提高。食堂、招待所的管理工作在困难条件下不断有所改进。尤其文化福利设施改善较大,加强了市政建设,整修马路,开展环境治理,初步改善了南北区的环境,翻修了俱乐部,新建了南区煤气站、离退休职工活动站、闭路电视站、游泳池、图书馆、露天舞场、营业餐厅,扩建了商店、农贸市场、自选市场,增加了牛奶供应站。特别是解决了家用石油液化气,扩建了商场,深得群众好评。职工医院在防病治病方面取得较好成绩,兴建了住院部。已建立的劳动服务公司广泛开展生产经营活动,基本上解决了职工子女就业困难。后勤战线上的这些努力,对支援科研生产、方便群众生活、稳定职工队伍起到了积极的作用。

由于全体职工在科研生产、后勤战线和各个岗位上的积极努力,从1978年到1985年,全院获得各种奖励741项。其中1978年获得全国科学大会奖76项;1982年在全国科学奖励大会上获自然科学大会奖4项(一等奖1个,二等奖1个,三等奖2个);获国家发明奖6项(二等奖1个,三等奖4个,四等奖1个);获国防科工委重要成果奖411项(二等奖23个,三等奖112个,四等奖276个)和核工业部重要成果奖62项;获国家1980年、1981年和1985年技术改进奖182项。1985年,我院荣获部授予的先进单位光荣称号。

第六章　积极探索　改革转型

实行多种形式责任目标承包制，积极推动科技体制改革和业务方向转型。

（一）

1986 年至 1990 年，是我院执行“七五”科研生产发展规划的五年。振兴经济，实现四化，是党和国家一切工作的中心，科学技术工作必须围绕这个中心，服务于这个中心。《规划》是院党政领导以党的十二大精神为指导，在认真分析形势的基础上，按照国家“七五”计划的要求和核工业部“七五”期间工作总的指导思想而制定的。主要目标和任务是：要坚持改革开放，保军转民，以核为主，多种经营，充分发挥多学科综合性优势，巩固和提高我院在核科学研究和国民经济建设中的地位，把我院建成一个方向对、贡献大、水平高、环境美、在国内外有一定影响的科研生产和经营开拓型科研基地，为国家的四化建设和核工业的第二次创业作出新的贡献。要把改革放在一切工作的首位；要确保军工科研任务，重点发展核能、核技术“两个拳头”；少而精地搞好核物理、放射化学几个基础学科研究；并结合我院优势，发展多种经营，争取到 1990 年，全院民品产值在 1985 年 1 170 万元的基础上翻一番，达到 3 000 万元。

为完成“七五”工作目标和任务，院党政领导在调查研究的基础上，认为我院原有的研究部一级的管理机构已不利于进一步贯彻“保军转民”方针和分类管理的要求，不利于发挥我院多学科的综合优势。因此，于 1986 年 2 月 14 日提出《关于原子能院科研机构调整的几点意见》，并上报核工业部。核工业部于 1986 年 3 月 15 日批复我院将核物理研究部、反应堆工程研究部、化学研究部、电物理研究部、同位素生产研究部、电子技术部等单位，调整为“五所、一部、一厂”：

核物理研究所：所长王乃彦，党委书记徐爱华。所下属 8 个研究室。

反应堆工程技术研究所：所长陈叔平，党委书记王永乐。所下属 8 个研究室。

放射化学研究所:所长林漳基,党委书记孟宪毅。所下属 6 个研究室。

核技术应用研究所:所长孙汉城,党委书记沈荣林。所下属 6 个研究室。

同位素研究所:所长王翌善,党委书记王时举。所下属 7 个研究室。

通用技术部:主任曲凤山,党委书记白兴炳。部下属 4 个研究室。

电子仪器厂:厂长刘平山,党支部书记杨承杰。

1986 年 7 月 16 日至 18 日,我院召开了第五次党员代表大会。会上,李福恒作了党委工作报告,王德绵作了纪委工作报告,孙祖训作了“七五”规划报告。大会还选举产生了新的一届党委会和纪委会,李福恒任院党委书记,杨敏章任副书记,王德绵任院纪委书记,战毅军改任院党委顾问。这次党代会对推动改革、促进民品开发和生产起了重要作用。1988 年,院任命李恒勤为院长助理。1988 年,张正华调中原公司工作。

院党政领导已经意识到事业费将会大量削减,科研经费将会严重不足,4 000多人的工资福利待遇将需要自己逐步解决。而要解决这些问题,就必须大力开发民用技术,大力发展民品。1988 年 10 月,中国核工业总公司下发了《中国核工业总公司深化科技体制改革四个文件的通知》,要求我院将 1987 年底在册的 4 490 人的事业费,到 1990 年减少到 2 100 人的事业费,其余人员的费用由我院从横向收入中解决。

随着全国科技体制改革的深入开展,为了落实“把改革放在一切工作的首位”,1988 年 3 月,院里决定成立由院长孙祖训、院党委书记李福恒为正、副组长,院党政领导及各职能处室负责人参加的院科技体制改革领导小组。领导小组下设体改办公室。1988 年下半年,体改办公室提出了试行改革的初步设想,形成以下五点重要内容的改革方案:

一是按照工作性质实行分类管理。将全院工作分为基础学科研究、技术开发经营、技术服务和科研生产保障、公益性事业单位、生活后勤服务、机关管理六种类型。

二是试行以“四保一挂”为主要内容的多种形式责任目标承包制。“四保一挂”的主要内容是:一保完成任务,二保工作水平,三保工作后劲,四保精神文明和安全;一挂是承包单位实得的奖金或实际分得的利润同“四保”任务指标完成情况挂钩。

三是全面落实经济核算制。各单位核定承包任务指标时,同人员结构和固定资产占有情况挂钩;各单位占用的房产、仪器、设备,按规定要缴纳一定的占用费或折旧费；院内各单位（院机关除外）之间的技术咨询、技术服务、任务委托、设备加工以及水、电、暖、电话等，均实行有偿占用、有偿服务、全成本核算的办法。

四是经费管理和奖金福利开支，实行纵横分开，各得其所。按分类管理原则，划小核算单位，实行纵横分开，每类工作的经费和奖金、福利开支都从自己的经费来源中解决。除了院级管理机关外，院里不再统包任何单位的奖金、福利开支。

五是院级管理机关要简政放权，实行宏观管理，将经营实体和管理职能分开。所有运行、经营实体同机关管理部门分开；实体部分，实行有偿服务、独立核算。

为使上述各项改革措施付诸实施并能具体操作执行，体改办公室拟就了《中国原子能科学研究院关于推行多种形式责任目标承包制试行办法》（总体方案）和《科研生产单位实行责任目标承包制的实施细则》，并制定了有偿服务、有偿占用管理办法等 12 个配套改革文件。经过院体改领导小组多次讨论、院职代会审议，最后经院务会讨论通过后，于 1989 年起正式执行。同年，院先后同五所一部、两厂（实验工厂、电子仪器厂）、三处（动力处、器材处、安防处）、一站（放射性一级计量站）共 12 个单位签订了承包合同。运行机制的改革，大大调动了全院职工的积极性，增强了责任感。

在进行科研机构调整的同时，1986 年，全院实行三级（院、所、室）领导管理体制，财务由院统一管理，分级核算。1987 年 5 月 15 日，根据核工业部的要求，实行了由党委领导下的院（所）长负责制向院（所）长负责制的转变。党委与行政领导共同研究，制定了一系列规章制度和实施措施：建立了党委、行政、工会、科技委领导参加的院务会制度；院长定期向党委报告工作制度；院的重大问题征求党委意见制度；干部任免由党委决定制度等。同时，还制定和颁布了《院长工作条例》、《党委会工作条例》、《职代会工作条例》。至此，基本上建立起了党委政治核心、保证监督，院（所）长负责，党、政、工各司其职、各负其责、协调一致，职工民主管理的领导体制。

1990 年 9 月 13 日至 14 日，我院召开了第六次党员代表大会。会上，李福恒作了党委工作报告，王德绵作了纪委工作报告，孙祖训就《“八五”科研发展纲要》作了说明。大会选举产生了第六届党委会和纪委会，李福恒任院党委书记，朱天玉、王时举任副书记，汪志勤任院纪委书记。

(二)

“七五”期间,正是我院处在国家深化科技体制改革、削减科研事业费的最困难时期。但是,广大科研人员发挥自己的聪明才智,充分利用现有条件,开展了许多研究工作,并取得了一些有较高水平的科研成果。

在核理论研究方面,“热核破碎与相变现象的空间蒙特卡罗模拟”研究,获1989年度部级科技进步一等奖;“原子核裂变动力学模型研究”,获1990年度部级科技进步一等奖;“连续伽玛谱学中高能磁偶极跃迁”、“自发裂变和中子诱发裂变的瞬发中子多重性研究”获得1991年第二届吴有训物理奖。

实验核物理研究工作大部分是在HI-13串列加速器上完成的。串列加速器是1972年提出建造,1978年经国家计委和国家建委批准从美国订购的;1981年动工,1986年10月安装调试完成,开始试运行;1987年8月,通过国家验收,正式交付使用。1988年5月,财政部同意拨款保证加速器的运行费用。串列加速器的建成所起的作用,正如王淦昌院士1986年5月在北京国际串列加速器核物理讨论会上致辞所说:“串列加速器核物理国家实验室的建成,是我国核物理发展史上的里程碑。”“七五”期间,我院在串列加速器上开展的主要研究工作有:“垒下重离子熔合反应”、“新核素的合成”、“原子核高自旋态研究”等,均取得阶段性成果。1986年在串列加速器上完成的一个实验工作,首次观察到镥-167三轴超形变带,这是国内核物理实验中发现的第一个超形变带,也是国际上找到的第三个罕见的三轴超形变带。《科技日报》以“率先发现镥-167三轴超变形——我国核结构研究获重大突破”为题,报道了这一发现。1988年,经国家科委批准,HI-13串列加速器核物理实验室被正式列为国家实验室。

核物理所还承担了快中子激发函数测量、快中子能谱测量及衰变数据测量等工作。其中,快中子激发函数测量是从1972年开始的,经历近20年的努力探索和刻苦顽强的工作,测量并部分评价了58个核反应道的截面数据,弥补了部分能区所缺少的数据,澄清了国际上的一些数据分歧,得到使用单位的高度好评和国际同行的称赞。数据被IAEA数据库、中国核数据库等多家核数据库所收录,1992年获国家科技进步奖二等奖。还与放化所合作完成了裂变谱中子诱发铀-235、铀-238裂变的碎片质量分布测量。

热中子散射开放实验室是我国唯一的热中子散射实验研究基地。“七五”

期间，建成了四圆单晶中子衍射仪、中子三轴衍射谱仪、粉末中子衍射仪、双转子中子飞行时间谱仪、小角中子散射谱仪、广角铍过滤探测器、非弹性散射中子谱仪等。开展的“Y—Ba—Cu—O的中子衍射研究”、“稀土—过渡金属间化合物的结构与磁性、高Tc氧化物超导体Y—Ba—Cu—O的声子研究”、“热中子非弹性散射定氢化物超导体的声子效应研究”、“优良永磁体钕铁硼系中替代部分铁的中子衍射研究”等，均取得很好的结果。

为了扩展中子散射研究的范围，中、法两国合作，由我院和中科院的物理所、低温技术实验中心承担，于1982年开始，在101重水反应堆建造冷中子源装置。经过6年的努力，1988年10月建成了亚洲第一个研究堆冷中子源装置，并于同年10月27日在我院举行了建成庆典，由孙祖训主持，钱三强、王淦昌和法国原子能总署基础部主任克里比埃剪彩。

在放射化学、放射化工方面，放化所开展了辐照核燃料后处理研究、放射性三废处理研究、分析化学研究、裂片元素化学研究、超钚元素研究、辐射化学研究、化学分离同位素研究等，取得了较好的成果。

1986年3月2日，王大珩、王淦昌、陈芳允、杨嘉墀四位科学家，针对美国的“星球大战计划”，向党中央提出了《关于跟踪研究外国战略性高技术发展的建议》。1986年3月5日，邓小平对此作了批示：“此事宜速作决断，不可拖延。”在邓小平的支持和推动下，中共中央和国务院于1986年11月批准了《高技术研究发展计划纲要》，简称“863”计划①。准分子激光和自由电子激光研究项目就是“863”计划的重点项目之一。

强激光束泵浦百焦耳级氟化氪准分子激光研究，是王淦昌院士提倡并亲自领导，由王乃彦和单玉生主持工作的研究室承担的。工作始于1978年，1980年建成1兆伏、80千安高功率电子束加速器，1983年开始电子束泵浦KrF准分子激光研究，1987年经论证后，列入“863-410强激光领域国家高技术研究计划”，并于1990年建成国内第一台百焦耳级、100 ns电子束泵浦KrF准分子激光加速器，技术指标在国内领先，并在能量输出（百焦耳）上达到国际先进水平。1990年4月25日至28日，北京国际准分子激光学术讲习班与研讨会在我院召开，中国、美国、日本等国的80位学者出席，王淦昌院士作了“原子能院氟化氪准分子激光研究”的报告。

---

① “863”计划选择了对中国未来经济和社会发展有重大影响的生物技术、航天技术、信息技术、激光技术、自动化技术、能源技术和新材料的7个领域作为突破重点，在这些重要的高技术领域跟踪世界水平。

自由电子激光在国外发展较快,王淦昌院士积极主张在我国开展自由电子激光的研究。1985年,他亲自与我院有关领导和科技人员谈话,提出利用已有的加速器条件做自由电子激光的研究工作。在他的推动下,1987年,我院开始了自由电子激光研究工作,被国家列入高科技“863-410-2专题”,目的是跟踪国际上以射频加速器(RFA)为驱动器的高功率、高亮度自由电子激光(FEL)技术。

国防科工委放射性计量一级站承担着国防放射性计量最高标准的建立与维护,跟踪放射性计量的国际先进水平,制定国防系统放射性计量的发展规划,开展量值传递、人员培训以及计量技术管理等任务。“七五”期间,取得的重要成果有:建立了我国第一套0.1～15兆电子伏的单能中子注量率的测量装置,此项成果获1988年度国家科技进步奖二等奖;建成了国内第一台用于测定中子源发射率的循环式球形锰浴装置,获1986年度国家科技进步奖三等奖;与军事科学院合作建成了一套双剂量测量装置,获1991年度国家科技进步奖三等奖。

核技术应用所完成的“束流传输的普遍理论”课题,1987年获国家自然科学奖三等奖。安防环保处(保健物理部)与湖南稀土金属材料研究所邱清泉等人联合研究建立了“稀土中^{227}Ac的测定”方法,1987年获国家发明三等奖。

计量工作是国家经济建设的一项重要的技术基础工作。1986年7月1日,我国颁布了《计量法》。为使我院的非放计量工作能迎头赶上,1987年,院成立了非放计量室,管理全院的非放计量工作,对民品开发生产单位的计量开展定级、升级工作,对科研单位的科学技术成果报奖的计量进行审查等。

(三)

“七五”期间,在核能方面,我院在确保完成核工业部下达的任务的同时,积极承担对外工程项目,并努力探索和确立我院核能开发的长远业务方向,使我院在我国核能事业中能明确方位,并能长期、稳定、主动地发挥作用。

及时地配合秦山核电站的建设,是我院一项重要任务。秦山核电站是我国自主设计、自行建造的第一座核电站,能否成功建成并安全运行,关系着我国核电事业的发展前景。因此,从中央到从事核电事业的领导和科技人员都非常重视,提出了诸多的研究课题。其中,堆工所承担了“30万千瓦核电厂燃料组件的堆内综合辐照考验及辐照后的检验”项目,由石永康副所长全面负责，组成了燃料组件实验组和辐照后的检验组。燃料组件实验组采用了(3×3-2)实验燃料组件，将其放入101重水反应堆内辐照，历时378天。辐照后，检验组采用无损、有损和力学实验等方法对比验证，检验所获得的数据，为秦山核电站安全评审和运行提供了依据。该项目获1992年度国家科技进步奖二等奖。

反应堆热工水力安全研究是压水堆核电站安全研究的重要课题。堆工所针对反应堆设计基准事故中的热工水力现象，率先在国内开展了实验研究，跟踪国际发展情况，并取得一些有特色的成果。为配合秦山核电站的安全分析，建造了全压力、全高度1∶1 000比例的整体模拟实验装置，研究了各种小破口工况下的反应堆事故响应特征；建造了再淹没试验台架和中温中压回路，对反应堆事故中一些重要热工水力现象开展了单项深入研究。除此之外，堆工所还开展了“事故工况下燃料包壳与水蒸气反应研究”、“压水堆蒸汽主管道应力腐蚀研究”、“压水堆水化学与材料相容性研究”、“核电站一回路泄漏检测技术研究”、“用电化学方法研究结构材料与水质的相容性研究”、“棒束瞬态临界热流密度试验研究”等。

堆工所承担的核工业部“七五”专项“堆芯传感器研制”，研制成了测量元件中心温度的热电偶、裂变气体内压测量传感仪及气体平衡测量系统、测量元件变形及燃料密度的堆内差动变压器、测量γ发热及功率分布的γ温度计和高温涡轮流量计，为今后进一步研究元件堆内行为创造了条件。特别是“压水堆故障早期诊断的噪声分析技术研究”，成功地用于101堆功率异常中子噪声分析、高温高压回路沸腾探测和水泵故障诊断模式识别时序分析。这些堆内诊断技术，填补了国内空白。这些技术应用于核电站反应堆运行中，大大增强了核电站反应堆运行的安全性。

“七五”期间，我院在核电安全评审方面也做了许多开创性的工作。早在20世纪80年代中期，根据戴传曾院士的建议，重点引进和开发了一批核电安全分析程序，并利用这些程序对秦山核电站进行了追溯性的安全审评。还对从美国引进的有关程序进行了修改、改进和程序配套，分别用于核电安全评审、安全分析、核燃料元件行为分析、核事故放射性后果分析。

“核设施事故应急对策研究”是国家核安全局根据我国核电发展状况而提出并组织实施的国家“七五”攻关科研课题，由我院安防环保处负责，中国辐射防护研究院、清华大学、国家气象局北京气象中心等单位参加。通过对秦山、大亚湾两个核电站的实地调查、研究、分析计算等，对应急对策进行了优化分析,提出了相应意见和建议;制定出了《我国的应急干预水平和导出干预水平》;对我国应急计划区的划分及相应应急情况下的气相参数获取及其传输问题等均提出了分析和建议。其中"核事故辐射时对公众防护的干预原则和水平"及"核事故辐射应急时对公众防护的导出干预水平"被国家核安全局、国家环保局作为我国核安全导则发布实施。这些研究对我国核事故应急工作的起步和发展起到了重要作用。

"七五"期间,国家"863"计划的提出和实施,为我院核能开发的长远业务明确了方向,提供了机遇。"863"计划含 7 个领域,其中能源领域由国家科委领导实施。在能源领域核反应堆主题中,文件规定:"要在快中子堆、高温气冷堆和聚变—裂变混合堆三种堆型中,选取一个既能发电又能增殖核燃料的堆型予以发展。"即所谓"三取一"。1987 年 2 月,能源领域第一届专家委员会成立,清华大学王大中任首席专家,7 名委员中有我院孙祖训、陈叔平。我院被国家科委指定为先进核反应堆主题和快堆专题依托单位,陈叔平任该主题和专题专家组组长;在我院成立该主题和专题办公室,由李中平任主任,专题专家组成员有陈叔平、徐銤、石永康等。1987 年至 1990 年,在国家科委领导下,专家委员会组织全国有关专家学者对三个项目的科学、工程、安全、经济可行性进行了数十次论证,并多次向国家科委等 6 个部委汇报。由于快堆能够增殖核燃料、大幅度提高核燃料的利用率,在科学、工程、经济和安全等方面都具现实可行性,对我国核能利用的长期可持续发展具有重要意义,1990 年,第一届专家委员会根据"三取一"的要求,终于明确能源领域以快堆为重点的方针;在经费分配上,快堆占总经费 6 亿元的 65%(3.9 亿元),高温气冷堆占 20%(1.2 亿元),混合堆占 15%(0.9 亿元)。尽管如此,其经费与当时快堆总投资估算 6.8 亿元相比,仍缺2.9 亿元。为了解决 2.9 亿元的缺口,我院开始了艰难漫长的筹款之路。经各方努力,到"八五"期间才逐渐得以解决。

伴随"863"计划快堆项目的启动和初步落实,我院快堆研发基地的基础设施和队伍建设也紧锣密鼓地开展起来。快堆在我院曾有过一段起起落落的历史。20 世纪 60 年代中后期,从原子能所分出的一九四所已开始了快堆的研究工作,研究重点放在物理、热工、结构材料、钠工艺、小型设备等专业。至 1987 年约 20 年间,总共建成 12 台套小型钠回路和实验装置,其中包括 1970 年周恩来总理亲自批调用高浓缩铀建成的快中子零功率装置。

1971 年 12 月,一九四所的快堆研究工作(当时的 12 连)在支援三线建设、建立统一堆工基地的思想指导下,带着高浓缩铀的快堆零功率装置,拖家带口搬迁到四川省夹江县的核动力工程研究基地。一起搬迁的还有负责快堆控制与仪表设计的一九四所5连，总计200余人，成立了快堆研究所(核动力院三所)。

到三线后，由于条件所限，只能在每年部里下拨的150万元经费的情况下，因地制宜地开展钠技术的科研工作和部分软工作。工作不能开展，队伍又不稳定，使被誉为20世纪70年代初部里“五朵金花”之一的快堆研究工作濒临停顿。为扭转快堆搬迁三线后长期处于举步维艰的局面，让快堆事业能够发展下去，在认真调查研究的基础上，沈汝纯于1986年向部科技核电局提出“重新调整组建快堆队伍，促进落实快堆技术开发研究工作”的建议。建议部里尽快下决心撤销基地快堆所建制，将快堆技术队伍迁回北京中国原子能科学研究院，利用原子能院的综合研究能力和技术力量上的优势，重新调整组建快堆技术队伍，在原子能院堆工所建立快堆研究室；继续充分发挥过去建成的一些钠工艺设施的作用，尽快将快堆的一些基础研究工作恢复起来；研究制定一个切实可行的发展计划，使快堆事业能够走上健康发展的道路。这也是挽回快堆局面最为现实可行、又快又好又省的方案。考虑到“863”计划快堆项目的逐步落实，核工业部领导在听取了原子能院意见后，同意将快堆再从三线迁回北京发展，并决定由原子能院调整院里年度基建计划，增建一栋宿舍楼，以备安置快堆回来的同志。还决定：凡原一九四所到三线从事快堆的人员，只要夫妻中的一方有北京户口的，都可以回原子能院；有关设备由原子能院与核动力院双方协商解决。

根据上述精神，1987年6月，由孙祖训、李福恒带队，赴成都与核动力院领导协商。协商确定，凡是与快堆研究有关的设备、仪器、资料等都无偿移交原子能院，108名科技人员也随之调入原子能院。1988年顺利完成移交工作。为使快堆回京后科研工作落到实处，在回迁的同时，1987年制定了《快堆“七五”发展计划》。该计划经我院上报后，得到了核工业部的支持，并安排落实了相应的科研经费，为快堆科研的恢复和“863”计划快堆项目的起步发挥了重要作用。

1989年5月，国务委员、国务院核电领导小组组长邹家华等到我院视察快堆工作，孙祖训、李福恒和前院长戴传曾等院领导汇报了我院的发展情况。1990年11月，我院举行了快堆研究中心工程奠基典礼，由孙祖训主持，国务委员、国家科委主任宋健为快堆研究中心工程奠基揭幕。参加奠基典礼的还有中核总总经理蒋心雄、国家科委副主任兼核安全局局长周平、能源部副部长陆佑楣、我院前院长王淦昌、中核总副总经理黄齐陶以及各部门领导和专家学者共70多人。这标志着我院快堆基础设施建设的正式启动。

“七五”期间,我院启动的另一大项目是中国先进研究堆工程。1989年5月11日,国务委员邹家华来院视察,在听取孙祖训汇报并参观101重水反应堆等核设施之后,针对101重水反应堆超期服役问题指出,“中核总与原子能院商量,要早一点向国务院提出来,早写报告,不要等堆都停了才写报告,那就来不及了。”为此,院领导和堆工所以及有关单位领导于1989年提出建造一座新型研究堆的设想,得到中核总的支持。堆工所组成方案论证组,提出了多种方案。在“七五”期间主要进行了方案论证工作,并召开了两次有物理、化学、生物、材料、同位素等方面的国内专家学者参加的堆中子应用学术会议,为新堆堆型和指标的确定提供了依据。

从1987年起,在核工业部领导下,我院积极承接了几项对外工程,如“援外15 MW多用途重水反应堆的设计建造”(871-I工程),这项工程在“八五”期间出色完成,创造了较好的效益。

除堆工外,我院核能研发工作的另一重要领域是放射化学。根据国家确定的“发展核电必须发展乏燃料后处理”的方针,核工业部确定“七五”期间核燃料后处理研究应从以生产堆为主转向以动力堆为主,并以建立动力堆乏燃料后处理中间试验工厂为中心来开展科研工作,为设计和建造中试厂提供工艺流程及设计参数。放化所承担的比较重要的研究课题有:“元件亚沸腾浸取工艺”、“氧化还原流程中Zr、Nb、Ru及I的行为状态研究”、“Gd的萃取行为研究”、“Np的走向及其回收研究”、“Pu的草酸盐连续沉淀及其设备研究”等。为减少高放废液固化体积,还开展了“后处理工艺无盐化流程研究”,主要有“N_2O_4调节Pu价态研究”、“四价铀作四价钚还原剂研究”、“溶剂净化及肼盐电解氧化研究”、“铀酰光化学还原研究”、“三价钚光氧化及离心萃取中硝酸羟胺还原反萃钚研究”等,其中“钚的草酸盐连续沉淀研究”和“三价钚光氧化研究”都到四〇四厂做了扩大热实验并取得满意结果。

发展乏燃料后处理研究就必然要开展高放废液安全处置研究。1986年初,核工业部下达的重点任务之一,就是“八二一厂和四〇四厂高放废液的安全分析”任务。除八二一厂、四〇四厂和核二院相关科技人员参加外,放化所由金立云负责,以33室为主,31室、34室等近60人参加。他们分别建立了28种分析测定方法,进行了50个项目的分析测定工作,其中包括25种阳离子、5种阴离子、13种放射性核素,以及总α、总β、总γ、总含盐量、总氧化物、比重、酸度等等，并对四〇四厂和八二一厂6个高放废液罐取出的11个样品进行了实际分析，于1988年给出了分析结果和分析报告，为高放废液处理处置研究设计提供了完整可靠的分析数据，为今后高放废液分析提供了适用的分析技术和方法。该成果获得1991年度国家科技进步奖三等奖。

为配合高放废液最终处置，放化所继续开展了高放废液玻璃固化的研究工作，将原来的罐式玻璃固化工艺改为高温陶瓷电熔炉工艺，并建立了实验设备，筛选出216基础玻璃，再用八二一厂高放废液模拟组分做包容量实验，表明$216FR_{16}$（色容量为16%）玻璃的各项性能均可满足最终处置的技术要求。1985年，核工业部科技局下达给我院的为“四〇四厂大体积浇注水泥固化”任务由放化所完成，经部科技局组织专家鉴定和国家环保局评审并批准用于工程实施。此项研究为三废研究领域的重要成果之一，并在国际会议上作了交流。1984年至1987年，放化所开展的固体废物压缩减容工作，自己设计、加工、安装了一套固体废物压缩封装机，用于我院放射性固体废物压缩减容，1987年通过部级鉴定。此项成果获得国际原子能机构官员的好评，先后两次应邀在国际会议上作了报告。

101重水反应堆大修改建的关键是能否解决强辐射场下的安全操作，确保工作人员的健康和周围环境的安全。为此，安防处开展了101重水反应堆辐照防护评价及反应堆大修改建强放射性拆卸的辐射安全研究，该研究成果于1986年获国家科技进步奖三等奖。核技术应用所建立的用缓发中子计数法测铀的装置和方法，于1988年获国家科技进步奖三等奖。30万居里钴源辐照装置的设计和建造，于1986年获部科技进步奖一等奖。放化所完成的“百居里镅-243的提取和百居里镅-243的制备”，于1986年分别获国家发明三等奖和四等奖；1987年，张怀庆等研制的节能电磁阀获第25届布鲁塞尔尤里卡世界发明博览会金质奖。情报处完成的声像作品“反应堆计算机监控系统”于1988年获部科技进步奖一等奖；同位素所完成的“^{57}Co穆斯堡尔源和^{57}Co-γ射线源的研制”于1990年获国家科技进步奖三等奖。

（四）

“七五”期间，我院核技术应用和民品生产的重点集中在同位素所、电子仪器厂和核技术应用所。《规划》要求把同位素产品、电子仪器、单晶硅中子辐照掺杂、中子及γ测井技术、微型反应堆等作为第一代支柱型产品，给予大力支持;争取将辐照加速器、放射性同位素检测仪表及自控仪表、核微孔膜及过滤装置等建成第二代支柱型产品,竭尽全力支持其开发与生产。

放射性同位素及其产品的推广应用,是核技术应用的一个重要方面。根据国内医学和相关行业对同位素产品需求发展的趋势,经慎重考虑和选择,1989年决定同澳大利亚合作,引进了澳方的免疫放射性分析药盒的生产技术,主要有:“促甲状腺激素”、“滤纸干片促甲状腺激素”、“游离甲状腺素”和“游离三碘原氨酸”四种药盒生产技术和单克隆抗体实验室的建立。这几种药盒都是国内医院常用、对就诊人员作甲状腺功能检查以及对甲状腺病患者治疗评估不可缺少的药盒,其推广应用,不仅有较好的经济效益,而且具有重大的社会效益。

为适应我国核测井和核分析技术发展需求而兴建的^{241}Am-Be中子源生产线,基本实现了生产工艺、质量控制和辐射防护的有效结合,达到半自动化生产水平,使^{241}Am-Be中子源无需再从国外进口,对促进我国石油工业发展起了重要作用,成为同位素所支柱产品之一。此外,同位素所还同大庆油田合作,研究开发了适合我国陆相油田吸水剖面的钡-131微球测井示踪剂,建立了具有中国特色的钡-131微球测井技术。并利用国家贷款,建成了钡-131微球生产线,1989年正式通过国家验收,满足了全国各个陆相大油田的测井需求。除上述几项重点项目外,同位素所在“七五”期间还研制和兴建了碘-131诊断胶囊生产线、金钯镅-241火警源生产线,这些都为提高同位素产品的产值打下了良好基础。

电子仪器厂开发出了J600、J1000火灾自动报警系统和火灾自动消防控制系统,1985年产值达到118万元。作为院的支柱型民品单位,院领导非常重视,于1988年对电子仪器厂的领导班子进行了调整,任命杜成宝为厂长,李吟琴为党支部书记。他们团结全厂职工,调整生产机构,建立规章制度,规范生产工艺,加强质量管理,扩建厂房,开发新产品,由手工艺生产改建成半自动化生产线。当全国大多数厂家还在生产销售“多端制”产品的时候,他们已开发出“四总线”消防产品,其技术达到国内领先水平,一次性通过公安部消防检测中心的检测试验。与此同时,厂领导还重视产品质量,建立了产品质量管理机构,通过了公安部消防局组织的质量认证检查,主要消防产品JB-QB/1102地址编码报警控制器和JTY-L2/1051离子熄烟探测器还获得了公安部优质产品荣誉。到1990年,电子仪器厂产值达到740万元。

射线技术的应用是我院核技术优势之一。“七五”期间,形成并作为重点发展的电子束和γ辐照技术、中子辐照单晶硅掺杂、工业上应用的射线检测仪器仪表、核测井技术，均取得了初步成效。1987年初，核技术应用所将静电加速器和高压倍加器改成质子、电子两用加速器，开展材料辐照研究，承担来料辐照加工。与此同时，还将我院自行研制的一台14兆电子伏强流短脉冲电子直线加速器改建成辐照加速器，并从俄罗斯引进了一台强流电子辐照加速器，用于电子器件的辐照改性。“七五”期间，有几十家科研单位和生产厂家来核技术应用所辐照过晶闸管、快速可控硅、快恢复二极管等。1989年，核技术应用所又率先在国内研制成功一台4兆电子伏驻波电子直线探伤加速器，结束了我国不能生产电子直线探伤加速器的历史，为兰州化工厂、武汉锅炉厂及核工业总公司五二四厂各生产了一台探伤加速器。该项成果先后获北京市世界博览会银奖、金奖，1993年获国家科技进步奖三等奖。

我院第一台回旋加速器于1984年停止运行，光荣退役。1987年，该室副主任张兴治在与比利时鲁汶大学合作交流基础上向孙祖训提出“研制一台生产同位素的回旋加速器”的建议。考虑到该加速器代表当时国际上最先进的水平，引进其技术有利于我院加速器专业的发展和利用加速器生产中短寿命放射性同位素，该建议得到了重视和支持。1987年12月，院邀请比方来华探讨合作意向事宜。经过可行性分析和论证后，1988年3月，院务会议决定向国家计委科技司申报项目，争取经费，在我院建造一台强流质子回旋加速器及生产中短寿命放射性同位素的装置。4月初，院向国家计委正式发文申报。同时，王淦昌老院长和孙祖训亲自向国家计委副主任甘子玉、科技司司长蔡大烈和秦声涛汇报。孙祖训同意我院自筹部分款项并确保完成任务。经多次汇报和行文请示后，1988年8月，国家计委发文正式批复我院建造生产中短寿命同位素装置和引进回旋加速器技术和设备。应比利时IBA公司的邀请，1988年12月20日到25日，孙祖训一行6人访问比利时，双方正式签订合作建造回旋加速器的合同，决定引进离子源、控制系统、轴向注入系统等部分部件和引进全套技术图纸、资料和计算机辅助设计(CAD)软件，自建磁铁和磁轭装置、真空室、高频装置和其他装置等。为了加强对该项目的领导，1989年1月，院成立了工程领导小组，由孙祖训任组长，李公攀、王翌善任副组长。下设回旋加速器工程组，由张兴治任组长，李振国、樊明武任副组长；同位素组，由李大康任组长，周正和任副组长。1989年4月，国家计委和财政部联合发文，为我院建造回旋加速器拨款500万元(含80万美元额度)，我院自筹800万元，建造一台30兆电子伏、300～500微安的强流质子回旋加速器。1989年7

月,IBA公司提供了技术转让图纸、资料和计算机辅助设计(CAD)软件共67本。1989年9月,主磁铁开始加工,中短寿命同位素生产技术和装置也同时启动。

按照“以核为主,多种经营”的指导思想,各单位发动广大科研人员积极开展民用技术研究。核技术应用所承担的螺线管线圈的研制就很具有代表性。螺线管线圈是北京谱仪的重要部件,北京谱仪又是国家重点项目“正负电子对撞机工程”的重要组成部分。螺线管线圈体积大,总重量50多吨,制作工艺复杂,要求“精度高,工期短”,必须一次研制成功。为此,院领导非常重视,组成以任大明副院长为组长、26室主任李长春为工程技术总负责人的工程领导小组,由实验工厂、动力处、11室、12室、14室、26室和101室等7个单位的27人参加。他们以“为四化出力,为国争光”和“发扬拼搏精神,保质、按期一次成功完成工程”的决心,经过300多个日夜的奋战,于1987年2月研制成功。经专家测试验收,各项技术指标符合设计要求,达到了世界先进水平。1987年4月5日,国务院副总理方毅对“北京谱仪螺线管线圈”的研制成功作出重要批示:“此事做得很好,证明我国是有人才,可以造重大设备的。必须树立独立自主、借鉴外国经验的思想。”中国科学院高能物理研究所以“北京正负电子对撞机和北京谱仪”为题,荣获1990年度国家科技进步奖特等奖,我院还受到国务院李鹏总理的嘉奖。

核技术应用所还研制出荧光分析仪、水分计、厚度计、密度计、探雷仪等,推广应用的有黄金成色分析仪、料位计、液位计、流量计、核子称等。其中,黄金成色分析仪是由46室开发研制的。该分析仪的各项技术指标得到中国人民银行管理司的确认,经过国内多个单位使用后,于1993年通过部级鉴定,1995年获中国高新技术产品博览会金奖。该仪器先后生产400多台,出售到全国各地以及新加坡、印度尼西亚和我国香港等国家和地区,获得良好的社会效益和经济效益。

1987年,核技术应用所启动了一项对外工程。根据中国和伊朗政府经济技术协议,我院和原子能公司向伊朗原子能委员会核研究中心提供全套生产型电磁同位素分离设备,合同于1987年3月正式签字生效。核技术应用所44室承担了分离器设计、加工安装、调试及培训伊方技术人员。该工程通过几年努力,在“八五”期间出色完成。

放化所将过去开发的微量氧分析技术,开发为民用锅炉烟道中氧含量测定技术,并研制出ZO系列氧化锆氧分析仪,此仪器在1989年北京世界博览会上荣获金奖。同年，电力部在北京召开的节能产品推广会上将此产品在电力部系统推广应用。该产品迅速推广到全国 25 个省市自治区的 81 个市的石油、化工、电力、冶金等行业的锅炉上使用，为优化燃烧条件、节约能源、保护环境等都起到了积极作用。氧化锆标准氧发生器荣获 1987 年度国家发明四等奖。

我国稀土元素矿产较为丰富，而且又有铀矿同稀土元素共生资源。稀土元素的开发应用很有发展前景，受到广泛关注。因此，在 1989 年，核工业总公司决定成立总公司的稀土元素分析中心，挂靠在我院放化所 33 室。1990 年，放化所为江西七一三矿研制成一台稀土元素快速分析能谱仪，这台谱仪可实现 13 种稀土元素同时测定，自动分析，快速给出分析结果。还开展了稀土金属卤化物灯用发光药丸的研制，产品达到当时从美国进口的药丸水平，并建厂生产。放化所和应用所联合研制的 L 系列电子针和 WL 系列肿瘤治疗仪，通过部级鉴定。

三醋酸锑是石油化工行业聚酯生产用的催化剂，我国过去一直以出口锑原料来换取三醋酸锑。放化所 31 室了解到这种情况后，便以他们在化工工艺方面的优势，在实验室开始研制三醋酸锑，很快开发出三醋酸锑生产工艺，并建立了中间试验工厂试生产，将中试产品拿到大的生产聚酯工厂去试用，效果很好，可以代替进口催化剂，从而为聚酯生产的催化剂国产化作出了贡献。后将该产品转让给了南京仪征化工总厂生产。

“七五”期间，堆工所在完成纵向任务和对外工程的同时，也积极推动转民工作。微型中子源反应堆的研制始于 1980 年，这种堆是一种具有特色的新堆型，可以建在城市的科研机关、高等院校和医院等部门，主要用于堆中子活化分析，可生产短寿命同位素，也可用于教学培训。该成果获 1986 年度国家科技进步奖一等奖。1988 年 10 月 30 日，我院开发的第一座商业用微型堆在深圳大学建成。堆工所还完成了为巴基斯坦建设一座微型反应堆的任务，并代表我院同伊朗签订了建设微型堆和重水零功率堆的协议，为我院横向收入作出了较大贡献。

中子嬗变掺杂技术是利用中子引起的核反应对半导体材料进行掺杂的一项新型核加工技术。堆工所在 101 堆和 49-2 堆上建立了中子辐照掺杂生产线，并配有先进的辐照损伤恢复的热处理技术。该成果获 1986 年度国家科技进步奖二等奖。

(五)

“七五”时期,我院在积极推进科技体制改革、调整科研生产结构和领导体制的同时,党的建设、思想政治工作和精神文明建设也得到了进一步的加强,确保了我院的改革、发展和稳定大局。

院党委结合改革和科研生产实际,组织各级领导干部和职工学习党中央、国务院关于改革的指示精神,以统一思想,增强改革意识。同时,结合体制改革、业务方向调整、工资调整、专业职务评聘等关系职工切身利益的问题,做了大量艰苦细致的思想工作,对稳定职工情绪、完成科研生产任务、促进安定团结起到了重要的保证作用。同时,制定了《党支部工作条例》、《关于加强党风建设的几项规定》、《抓党风负责制》等制度,开展了争先创优活动。“七五”期间,两次评选院劳动模范 38 人次、院先进班组 10 个。1988 年,张怀庆荣获首都“五一”劳动奖章;1989 年,汪幼梅荣获全国能源工业特等劳动模范称号,阳名珠、边文敬荣获全国能源工业劳动模范称号;1990 年,阳名珠、汪德熙、王方定荣获全国“五一劳动奖章”,王德绵获“全国优秀纪检干部”称号。1990 年,汪德熙、王方定、谢海洪、杨天禄、边文敬被评为中央国家机关优秀党员,周志宏被评为中央国家机关优秀党务工作者。

1989 年春夏之交发生在北京的政治风波波及我院。我院广大职工在院党委的正确领导下,坚持四项基本原则、反对资产阶级自由化,坚守工作岗位,保证了科研生产和各项工作正常进行,维护了我院的安定团结。

在政治风波平息之后,院党委根据上级的决定,认真开展了清查、清理和考察干部的工作。1990 年 2 月至 7 月,根据党中央和核工业总公司的部署,进行了历时 5 个月的党员重新登记工作。全院共有 1 445 名党员参加了重新登记,准予登记 1 440 人,占参加人数的 99.65%。通过党员重新登记,广大党员受到了一次深刻的党性教育,增强了党员的责任感和发挥先锋模范作用的自觉性。

坚持精神文明建设。在组织大家学习理解雷锋精神实质的基础上,1988 年 3 月,组织了规模较大的“学雷锋便民服务示范日活动”,当天就为职工群众提供各种服务共 14 093 人次,不仅为职工群众解决了生活中的一些实际困难,而且弘扬了雷锋精神,受到职工群众的广泛好评和欢迎。随后,院党委决定要把示范日活动深入持久地开展下去。

院党委还加强对工会和共青团的领导。为了贯彻全心全意依靠工人阶级的方针，加强民主管理，1987 年 12 月 8 日至 9 日，院召开了首届职工代表大会，正式建立了职工代表大会制度。工会以建设“合格职工之家”和创建“先进职工之家”为中心内容，全面推动工作的开展，1989 年建成中央国家机关“先进职工之家”。院团委组织开展了“理想达标，立志成才”活动；1987 年，与科技委联合创办了“五四青年学术报告会”，在培养青年科技人才方面开创了新路。

在全国经济和科技体制改革的推动下，国家劳动人事制度也在逐步改革，专业技术职称改革就是我国劳动人事制度的一项重要改革工作。1986 年 3 月，核工业部决定在我院、九院和四一六医院进行职称改革试点。我院按照国家和核工业部职称改革工作会议精神，在部的统一部署下，进行了专业技术职称的改革工作。到 1986 年年底，初步完成了科学研究、工程技术、实验技术三大职务系列高级和中级技术职务的考核评审工作，评出高级专业技术人员 220 名、中级技术人员 173 名，其中研究员 6 名、副研究员 111 名、高级工程师 101 名、高级实验师 2 名。1987 年，又对图书资料、经济、会计、统计、翻译、出版、档案、教育、医务等 14 个专业系列进行了技术职务聘任，共聘任高级专业职务 505 人、初级技术职务 815 人，其中研究员级 43 人。1989 年实行评聘分开，评出副高级职务资格 934 名，受聘 630 人。此后，专业技术职务聘任工作进入经常化、制度化、规范化的轨道。

1985 年，核工业部根据培养核科学技术高层次人才的迫切性与特殊性和必须立足自己培养的实际情况，经部党组决定，报教育部和国防科工委批准，依托我院成立核工业研究生部。1985 年初，我院派副院长汪德熙院士主持筹建工作并任第一任主任。1985 年 11 月 20 日，成立临时党委，成员由我院徐义全、汪德熙、黄胜年组成，徐义全任临时委员会书记。经过一年多的筹备，1986 年 9 月 6 日，隆重举行了首届研究生开学典礼，并祝贺研究生部的成立。从此开启了核工业部自主培养核专业高层次人才的历史。

研究生部是核工业部的直属事业单位，主要任务是为核工业培养包括硕士研究生和博士研究生在内的高级专业人才，同时利用其教学条件担负起核工业范围内的专业技术人员的培训与进修任务。依托我院办学，工作人员从我院抽调，党政一把手由核工业部党组任命，教师队伍以兼职教师为主体、以专职教师为主导。

根据我院中等专业技术人员缺乏，特别是反应堆、加速器以及大型设备的运行、维修人员急需补充,而国家的大专院校、中等专科学校又不能尽快予以补充的实际情况,1985年,决定自己办校培养中等技术人员,报上级主管部门批准后,1986年,北京核工业学校正式成立,校长崔凤吉。9月2日,举行首届开学典礼。北京核工业学校到2001年,共培养了中专生近1 000名。由于国家教育事业的发展以及生源、毕业分配问题,2001年4月7日,院务会决定停办北京核工业学校,除一部分职工继续将在校的160名学生带到毕业外,其余的全部到院属各单位工作。

(六)

我院远离市区,科研生产和生活条件必须自己解决,因此,形成了独立的小社会。后勤战线上的广大职工在设备老化、经费不足的情况下,克服困难,艰苦奋斗,勇于奉献,为院的科研生产和职工生活提供了重要保障,为院的发展作出重要贡献。

实验工厂利用现有设备,“七五”期间完成了微堆、百焦耳准分子激光、冷中子源、8312工程、140工程大线圈等重点科研项目。器材处以“紧缺器材不缺,常用器材常有”为目标,从订计划、找货源、搞采购、跑运输,千方百计为科研生产、民品开发、基础建设提供所需的器材。动力工程处在人员少、任务重、工作环境差的情况下,完成了615大院供电系统的改线,南区污水排水出口的改造,北戴河修养所的水、电、锅炉的整修等任务;完成了南区6台4吨锅炉的修理和1台4吨锅炉的安装;与有关单位合作完成了从丁家洼到我院的第二条水线的施工;节水节电,保证了全院水、电、暖、气的供应。基建方面,我院自筹800万元,建成职工医院住院大楼、急诊室、传染病房、中西药库房、医院锅炉房和食堂等,缓解了职工看病难、住院难问题;自筹资金340万元,建成北戴河休养所,从1988年开始,我院职工和家属分期分批到北戴河休养;还建成核仪器厂主厂房、测井办公室用房、社会图书馆、职工宿舍楼等。劳动服务公司完成了大量的维修任务,安置我院待业青年500余人,缓解了返城知青就业难的问题,解决了我院职工家属的后顾之忧。

交通运输以科研生产和职工需要为中心,严格管理,新购车辆12台,连续5年无事故,被房山区评为“安全行车先进单位”。生活管理处在院有限经费的支持下,为实现院有关“环境美”的施政方针,节约挖潜,治理环境,修建道路,植树种花,有计划地逐年对南北区的环境进行改造,在“七五”期间使我院的厂区和生活区环境得到了明显的改善。行政处围绕职工生活，努力办好幼儿园，保证商店的副食供应，在液化气紧张的情况下，扩大气源，保证了食堂和职工用气。职工医院两年一次对全院职工进行体检，做到早发现早治疗。

“七五”期间，我院在“科学技术工作必须面向经济建设”和“保军转民”方针的指引下，依照院第五次党代会确定的“要把改革放在一切工作的首位”的精神，积极探索，转变运行机制，划小核算单位，实行分类管理，推行“四保一挂”为主要内容的多种形式责任目标承包制的各项改革，大大激发了全院职工的积极性。全院上下一心，为保持我院在核科学研究和国民经济建设中的两个地位而奋斗，使我院在“七五”期间不仅完成了大量纵向科研任务，取得了许多重要科研成果，还为全院民用技术开发和民品生产开创了一个好的发展形势，全院民品产值从 1985 年的1 170万元增加到 1990 年的 3 860 万元，超额完成了我院第五次党代会确定的3 000万元的奋斗目标。

第七章 跋涉前行 纵深部署

提出科技创新平台，积极推进立项；瞄准世界科技前沿，进行纵深部署。

（一）

1991年至1995年，是我院执行“八五”科研生产发展规划纲要的五年。在这期间，邓小平视察南方发表了重要谈话；党的十四大确立了社会主义市场经济体制的改革目标；国务院出台了《关于建立社会主义市场经济体制若干问题的决定》；国家科委、国家体改委出台了《适应社会主义市场经济发展 深化科技体制改革实施要点》，提出了“稳住一头，放开一片”的方针；中核总制定了“军民结合，以核为本，发展核电，多种经营”的发展战略。

“八五”期间，我院的任务和目标是：在确保军用任务的前提下，切实搞好高技术研究，进一步发展核能和核技术应用研究与开发，加强基础研究与应用基础研究；结合我院技术优势与专长，大力开拓非核技术与通用技术，积极开拓涉外工程；进一步加强安防与计量工作；积极改进和加强生产后勤工作；努力改善职工生活后勤条件。

在上述背景下，要完成我院“八五”科研生产发展纲要提出的任务，实现奋斗目标，就必须深化改革。在总结“七五”期间12个承包试点单位经验的基础上，我院对《多种形式责任目标承包制》等文件进行了修改和补充，使改革管理的配套文件增加到14个，并在全院推广执行。同时，又对运行机制、领导体制、科研结构、管理机构、人事、工资、住房、医疗统筹等进行了改革。

1993年，我院实行“一院两制”的运行机制。纵向科研部分仍然实行全民所有制事业单位的管理办法，要稳住和加强，努力实现竞争与流动开放的运行机制；以市场与服务对象需求为导向的科技开发经营高科技产业（企业）和第三产业（企业）逐步实行事业单位企业化管理，加快实现经济独立。已经初步实现经费自给的单位要向高效益产业化发展，努力实现自主经营、自负盈亏、自我发展、自我约束的运行机制。全院实行三级管理两级核算，即院、所(厂、站、部、处)、室(车间、科)三级管理，院、所二级核算。为了进一步扩大院属单位的自主权，依法自主经营，我院对所属从事科研、开发、生产、经营工作的单位下放经营自主权、财务管理权、经费使用权、自有资金分配使用权、人事安排使用权、干部的聘任和解聘权、设备物资使用权。

深化改革，完成“八五”规划，领导班子是关键。为此，中核总党组根据需要多次调整充实我院领导班子。1991 年 2 月，中核总党组任命李玉崙为副院长，王乃彦为副院长兼院科技委主任，任大明改任调研员。1991 年，田亚民调中原公司工作。1991 年 8 月，中核总党组任命孙祖训为院长，郭子文、李路明、杨天禄、李玉崙为副院长。1991 年，院聘任许文珍为院长助理。1992 年 6 月，中核总党组任命王时举为副院长。1992 年 8 月 28 日至 29 日，院工会召开第五次会员代表大会，沈荣林当选为院工会主席，钱学强为副主席。1992 年，院聘任曹盘年为院长助理。1993 年，李玉崙调中核总工作。9 月，中核总党组任命许文珍、康日新为副院长，郭子文改任调研员。1993 年，院聘任董柳灿为院长助理。1993 年 9 月 16 日至 17 日，我院召开了第七次党员代表大会。会上，李福恒作了党委工作报告，汪志勤作了纪委工作报告。大会选举产生了第七届党委会和纪委会，李福恒任院党委书记，朱天玉、舒卫国任副书记，汪志勤任院纪委书记。1995 年 8 月，中核总党组任命樊明武为副院长。

(二)

基础研究贯彻“稳住一头，攀高峰，少而精地搞好核科技基础研究，在优势领域攀登核科技高峰，取得国内外有影响的科研成果”的方针，在设备老化、资金不足、收入偏低、人员不稳定的情况下，取得了一批具有较高水平的科研成果，荣获国家级奖励 16 项，省部级奖励 205 项。

为了满足科研工作对串列加速器各项性能的要求，科技人员研制成功了串列加速器的输电梯和高压电阻分压系统，其性能优于引进设备，达到世界同类设备的先进水平；自行设计了 6 条不同用途的束流管道，性能均达到引进束流管道水平；研制成功第二剥离器，提高了串列加速器重离子的能量，扩大了核反应实验的领域，性能好于美国 BNL 同类设备。由于上述部件的研制成功，使串列加速器的总体性能和年提供束流的时间，相当于或好于世界同类实验室的先进水平，并节省购买进口设备资金 1 200 万元。

串列加速器核物理国家实验室实行对国内外开放,国内有兰州近代物理所、中科院高能所、上海核子所、北京大学、清华大学、吉林大学、兰州大学和航空、地质、生物、气象、医学等领域的科研院所;国外有英国、美国、俄罗斯、意大利等国的科学工作者来这里工作。"八五"期间,我院在串列加速器上开展的主要工作有:低能重离子反应研究、高自旋态γ谱学核结构研究、多极巨共振研究、低自旋特殊核态研究、中子物理研究、核数据测量以及原子物理研究、中高能重离子及中能核物理研究,均取得了较好的科研成果。

"八五"期间,建设的重点实验室有核保障技术重点实验室、核数据实验室、热中子散射凝聚态物理开放实验室、1992年批准立项的放射性废物处理车间和1994年3月开始组建的国家同位素工程技术研究中心等。核保障技术实验室是1993年9月经中核总评估批准的总公司的第一个重点实验室,其主要任务是:围绕核保障及国家核材料管制的要求,开展相关的设备、技术和方法的研究。第一阶段开展了核材料的无损分析、有损分析,核材料实物保护和衡算技术等研究课题。

在强流质子回旋加速器及生产中短寿命放射性同位素装置项目的建设中,1990年5月,在同位素所破土建造厂房,由基建处负责,1991年10月建成。1990年至1991年,外协单位制造的真空室和主磁铁都出现严重质量问题,院里决定真空室由院实验工厂重做。实验工厂顾全大局,积极配合,主磁铁半成品从北重厂拉回,加工设备也从北重厂借来,工人师傅们以精湛的技艺终于加工完成主要部件。1994年2月,主机运入同位素所厂房,加速器进入全面安装阶段。7月,完成安装进入调束阶段,在IBA公司工程师的指导下,先由张兴治后由樊明武负责配合调束。1994年11月,完成30兆电子伏调束。1995年3月,生产出铟-111、镓-67、铊-201和钴-57四种同位素。

"八五"期间,101重水研究堆和49-2游泳池式反应堆,虽然满足了核燃料元件的考验和同位素生产以及科研工作的需要,然而,"两堆"的安全运行令人极为关注。1992年4月23日,国家核安全局下达了《关于要求中国原子能科学研究院对重水研究堆和游泳池式反应堆限期整治的通知》,要求"两堆"在两年内完成各自7个方面的整治任务。6月20日,国家核安全局向国务院提交了《关于中国原子能科学研究院101重水反应堆和49-2游泳池式反应堆运行安全问题的报告》,提出与停堆、堆芯冷却有关的重要安全物项的整治必须在半年内完成,如不按期完成,拟提出停堆整治的要求。11月2日,孙祖训主持召开了"两堆"整治工作动员大会,全面落实各项整治工作。任命张文惠为堆工所副所长，主抓“两堆”的整治工作，并组成专门队伍参加“两堆”整治工作，保证年底前完成“两硬（指‘两堆’应急补水系统和安全停堆措施）、两软（指制订应急计划和建立质保大纲及质保体系）、一承诺（指对7条限期整治项目作出全面技术承诺）”的任务。12月23日，我院向国家核安全局提交了《中国原子能科学研究院101堆和49-2堆安全整治技术承诺书》。由于有了国家核安全局有力的监督管理和国家对安全整治必要的经费支持，以及院、所、室三级领导的高度重视，经过参加“两堆”整治工作全体职工的努力，“两硬、两软、一承诺”的任务于1992年年底完成。1993年1月20日，国家核安全局周平局长亲自来我院向“两堆”颁发了有条件运行许可证。1995年年底，“两堆”安全整治工作全部完成。通过安全整治，大大提高了“两堆”安全运行的可靠性，并延长了使用寿命。

101堆自1983年大修改建改用二氧化铀燃料后，由于暂时不能进行后处理，卸下的乏燃料组件一直存放在乏燃料水池中。至20世纪90年代初，卸出的乏燃料组件已将乏燃料水池存放位置全部占满，如不运走，卸下的乏燃料将无处存放，反应堆将被迫停堆。根据中核总的部署，我院经过三年多的精心准备，1995年7月7日，第一批6罐72组乏燃料终于启运，7月13日下午胜利运抵四〇四厂干法暂存。这次乏燃料运输成功，开创了在我国采用公路运输乏燃料的先例，为今后我国研究堆和核电厂的乏燃料运输起到了示范作用。

重点实验室的建设、重要设备的研制成功以及“两堆”的整治，为我院科研、开发、生产提供了必要的物质基础和条件保证，使基础研究、应用基础研究、高技术研究和核能开发、军工纵向任务等工作都取得了丰硕的成果，巩固和提高了我院的核科学研究的地位。

“八五”期间取得的科研成果较多，大部分是“七五”工作的继续，有的在“七五”期间已基本完成，“八五”发表文章获得奖励。其中主要的项目有：

核物理所重离子核反应研究组，长期在HI-13串列加速器上做实验研究工作。他们利用云母探测器测量了$^{19}F+^{208}Pb$、^{232}Th、$^{16}O+^{232}Th$、^{238}U和^{237}Np 5个系统近垒和垒下熔合裂变的碎片角分布和激发函数，观察到碎片各向异性实验值大于裂变鞍点模型计算值的异常，且在$^{16}O+^{232}Th$等系统的碎片各向异性随质心能量变化中发现一个异常峰。他们首先将裂变碎片折叠角技术用于垒下熔合研究，实现熔合裂变与转移裂变的分开，在国际上最先获得全熔合裂变角分布，确证碎片角异性的异常，且从实验上找到了异常的物理原因，发现与入射道质量不对称性相关。基于他们的实验，他们提出了一个新的预平衡裂变模型,成功地解释了近垒和垒下全熔合裂变碎片各向异性的异常。发表论文总计20余篇,全部被SCI所收录,被国外同行多次引用,得到国外同行的高度评价和认可,在学术上达到国际先进水平。阶段研究成果“垒下重离子熔合裂变反应的碎片角分布异常”,获1991年度部科技进步奖一等奖;“近垒和垒下重离子全熔合裂变的碎片各向异性的异常”研究成果,获1999年度国家自然科学奖三等奖。

核物理所于1993年在HI-13串列加速器上建成了国内第一个次级放射性核素装置,产生了碳-11、氟-17次级放射性核束。该成果获得1994年度部级科技进步奖一等奖。1994年,又产生了氦-6、铍-7、氮-13次级放射性核束。1995年,利用铍-7束测量了$^{7}Be(d,n)^{8}B$反应角分布,在国际上率先使用渐进归一化常数方法,导出了与著名的太阳中微子丢失之谜密切相关的$^{7}Be(p,\gamma)^{8}B$反应的天体物理S因子。该成果受到国内外同行的高度重视,被评价为“一个杰出的实验”。论文于1996年7月发表在《Physical Review letters》杂志上,成为第一个被该期刊登载的在国内完成的实验核物理研究成果,并引发了若干类似的实验和理论工作。“HI-13串列加速器上次级放射性核束的产生和应用”获得1996年度国家科技进步奖二等奖,入选《光明日报》组织评选的1996年“中国十大科技新闻”之一。白希祥代表该课题组出席了1996年12月8日在人民大会堂举行的国家科学技术奖颁奖大会,受到江泽民等党和国家领导人的接见。该课题组的柳卫平获得了1996年度香港求是科技基金会“杰出青年学者(物理)奖”。

核物理所于1991年在HI-13串列加速器上建立了转轮装置,并利用核谱学方法,在利用氯-36离子轰击镍-56靶产生的熔合蒸发反应中,发现新核素钌-90。该成果获1996年度部级科技进步奖一等奖。同兰州近代物理所、上海核子所发现的铪-185、钍-237、铂-202、汞-208一起获第四届吴有训物理奖。1992年,赵葵在英国工作期间,根据自己在国内形成的“利用奇异的转移反应寻找新核素”设想,提出利用英国达勒斯堡国家实验室的氧-18离子轰击丰中子靶核铂-198,寻找新核素,得到英国科学家的响应。以赵葵为题目负责人,使用高分辨的QMC/2磁谱仪和焦面探测器对奇异的转移反应$^{198}Pt(^{18}O,^{17}F)$进行了仔细的实验研究,从而发现了新核素铱-199。该成果获1995年度部级科技进步奖一等奖。

核物理所原子核高自旋态研究课题组,在HI-13串列加速器上研究了钽-169和钽-175的带交叉反常现象,首次建立了包括83条和66条能级的钽-169

和钽-175的全新的能级纲图，并将钽-175 推向更高自旋态，增加了 18 条新能级。首次观测到钽-167、钽-169 和钽-175 三核素的质子 1/2[541]转动带第一带交叉反常推迟，观测到此核区的最大反常，并揭示了这一反常现象随钽核中子数变化的“V”字形规律。该成果获 1995 年度部级科技进步奖一等奖。核物理所还与兰州近代物理所以“A∽130，170，190 区核的高自旋态研究”获第五届吴有训物理奖。

热中子散射开放实验室经过“七五”、“八五”10 年的工作，已形成了一些世界前沿性的研究方向，培养了一批从事热中子散射应用研究的科研队伍。“八五”期间，利用粉末中子散射仪开展的“静电场作用下 α-碘酸锂单晶成为梯度晶体的实验研究”，利用广角铍过滤探测器非弹性散射中子谱仪开展的“热中子散射研究 $LaNi_3$的氢致相变”以及“三探头中子粉末衍射系统的研制”，均取得重要进展。

理论物理开展了中高能重离子物理及相关课题的研究、高自旋态核结构研究、凝聚态物理、自由电子激光理论的研究；应用数学开展了蒙特卡罗和数值方法的应用研究，以及迁移理论的主要数学问题的研究；放射化学开展了某些放射性元素的基础化学研究、长寿命放射性元素的环境化学研究、新型分离方法及分离试剂的研究、以锎-252 为主要对象的自发裂变的放射化学研究、新络合剂与新萃取剂的研究等，均取得较好的结果或阶段性成果。

“863”计划强激光束泵浦百焦耳级氟化氪准分子激光研究课题，1992 年获部级科技进步奖一等奖，1993 年获国家科技进步奖三等奖。自由电子激光课题在“八五”期间建成了一台 L 波段(频率为 1 300 兆赫兹)电子直线加速器，1995 年通过国家高科技专家办公室鉴定。

应用基础研究“八五”期间取得了一大批较高水平的科研成果，有的成为我院支柱型民品项目。

由同位素所研制的秦山 30 万千瓦核电站用的钋-铍启动中子源棒，是中核总下达的任务。为了实施压水堆的首次启动，秦山核电公司要求在 1991 年 5 月提供两根钋-铍启动中子源棒。研制人员在时间紧、技术难度大、质量控制严、承担风险大、缺乏文献资料、没有源棒生产设备的情况下，立足国内条件，于 1991 年 5 月 10 日制成一对^{210}Po-Be启动中子源棒，圆满完成了我国第一座核电站首次启动所用中子源棒，为我国自行设计制造的第一座核电站反应堆达到临界以及并网发电作出了贡献。该成果获得 1995 年度国家科技进步奖三等奖，之后又获得国防科工委发明专利和实用型专利。

堆工所围绕压水堆核电站开展了诸多研究工作。其中,“核电厂事故工况下热工水力综合实验装置(LOCA 回路)研制”,是中核总的重点课题,是针对秦山核电站设计制造的。1991 年年底完成,1992 年 6 月 17 日通过国家核电局和中核总联合组织的专家组鉴定验收。还完成了中核总重点课题“核电站压力壳钢使用性能中有关力学性能及辐照效应研究”、“60 万千瓦 PWR 电站压力边界材料应力腐蚀破裂(SCC)研究”、“600 MW 燃料系统设计与安全分析程序包的扩充与完善”、“反应堆事故工况下膜态沸腾传热研究”、“反应堆材料热物理参数数据的建立”等 10 多项研究任务。

加速器质谱学研究及应用课题组,在 HI-13 串列加速器上建成了国内第一台加速器质谱计。利用该装置在测量铍-10 的应用研究中,成功地测量了中太平洋5 100 米深海锰结核和深海沉积物的铍-10 剖面分布,获得锰结核生长年代、生长率等资料,为选定太平洋公海海域铁锰多金属结核矿资源提供了重要科学依据,并为申请联合国批准我国在中太平洋地区 30 万平方公里的海底相关资源优先开采权作出了关键性的贡献。该成果获得 1995 年度国家科技进步奖三等奖。

动力堆乏燃料后处理是我国核电可持续发展的重要研究课题之一。放化所积极开展了反应堆乏燃料后处理工艺研究,“八五”期间研究的重点是为动力堆乏燃料后处理中试工厂设计提供试验数据。高放废液处理处置是动力堆乏燃料后处理的重要研究课题之一。在“七五”期间开展高放废液玻璃固化的陶瓷电熔炉冷实验的基础上,“八五”期间同德国卡尔鲁厄核研究中心合作,利用该中心的实验条件,于 1993 年 3 月和 10 月先后两次对我院的固化工艺进行了冷台架试验验证,结果表明我院研制的玻璃固化配方达到了预期的效果。高放废液处理还开展了人造岩石固化处理的研究。1993 年,放化所建立了人造岩石固化装置,先后合成了高钠的高放废液人造岩石固化体,模拟了锕系核素的钙钛锆石型和富烧石型人造岩石以及锆英石人造岩石固化体,还建立了对各种人造岩石固化体各种性能的测试方法。为验证四〇四厂动力堆乏燃料后处理中间规模试验工厂的工艺流程,在 1995 年 3 月至 1996 年 7 月期间,以何建玉为实验领导小组组长,由我院牵头,加上核二院和四〇四厂共 3 家单位派出三批实验人员共 32 人,赴俄罗斯圣彼得堡赫洛宾镭研究院进行了中试厂铀钚共去污分离循环和铀纯化循环工艺流程的热实验验证。进行了铀线三循环流程到二循环流程的改进,验证了铀钚共去污段将大部分镎赶入高放废液的工艺措施,取得的大量数据和发现的问题为中试厂的运行提供了可靠依据,并为中试厂冷温热试阶段应用技术研究项目的申请提供了基础。

“八五”期间，核技术应用所的“六氟化铀同位素丰度系列标准物质的研究”，堆工所的“高热流密度电热元件的研制”、“不锈钢防氚渗透材料的研制工艺”，放化所的“钚同位素或钚含量标准物质四水硫酸钚的制备与定值”，电物理与激光所的“电磁软件的开发及其在加速器磁铁工程中的应用”等均获得国家科技进步奖三等奖。堆工所的“728 考验组件辐照后检验”、放化所的“静电式准液膜分离技术”获部级科技进步奖一等奖。

中国评价核数据库第二版(CENDL-2)是核工业部下达的重点专项，由中国核数据中心和全国 14 所大学、研究院所的 50 多名核数据工作者大力协同、坚持不懈、历经 10 年共同完成。CENDL-2 比 CENDL-1 有重大发展，并全面与国际核数据库接轨，成为国际五大核数据库之一。该成果 1994 年获部级科技进步奖一等奖。

国防科工委放射性计量一级站，在“八五”期间，继续完善提高放射性活度标准、中子测量标准、剂量测量标准以及放射性标准物质，部分计量标准达到国际先进水平。完成了国防科工委下达的任务“4～9 MeV γ-参考辐射场的建立及注量和空气比释动能的测定”，1994 年获部级科技进步奖一等奖，1995 年获国家科技进步奖三等奖。

随着我国对外开放的不断扩大，我院作为核工业系统对外交流窗口的地位越来越显著。“八五”期间，我院成功举办了“北京串列物理国际讨论会”、“快中子物理北京国际讨论会”、“国际核物理大会”、“国际固体径迹大会”等大型学术会议。1995 年 5 月 7 日至 12 日，在北京召开的由我院承办的国际同位素大会，是我国组织的首次大型国际同位素会议。1995 年 8 月 21 日至 25 日，由我院承办的在北京召开的IUPAP国际核物理大会，是国际核物理界规模最大、级别最高的系列学术会议。能够承办的国家，都是在核物理研究中成果显著、水平高、在国际上有影响有地位的国家，而且是首次在我国召开。孙祖训任大会主席并代国务委员宋健宣读开幕词，北京市市长李其炎、中科院院长周光召、中核总副总经理李玉崙和国际物理学会(IUPAP)主席莅临大会并致开幕词。参加大会的 579 位代表来自 43 个国家和地区，有 30 名世界知名核物理学家作了大会邀请报告。我院核物理所马中玉作了《核子关联和相对论多体理论》的大会邀请报告。

(三)

“八五”期间的民品开发工作，在“七五”的基础上，以上规模、创效益、上新台阶为指导思想，以“保八争亿”①为奋斗目标，年最高产值达到了1.76亿元。1993年3月，我院获得“对外经营科技产品经贸权批准书”，是国家授权的首批科研院所科技产品对外经营单位之一。1994年荣获国家第二届金桥集体奖、北京市金桥集体一等奖。

为“保八争亿”，全院要建成放射性同位素、消防电子产品、氧化锆系列产品、辐照医疗器械产品、核电子仪表产品等5个千万元级项目；精细化工、防伪印刷技术、电子电力器件、温度监测计量仪表、NTD硅、肿瘤诊断治疗仪、加速器及辐照应用新材料等8个百万元级的项目。要求在“八五”期间的后三年，全院50％以上的职工进入国民经济主战场，从事产品开发、生产销售、科技服务和其他业务工作，创办高技术产业(公司)，建立技工贸一体的经营实体，兴办第三产业，同时给以优惠政策。为了加强对民品开发、生产经营工作的管理，1994年3月30日，院务会决定将综合计划处民品科分离出来，成立民品处，由唐祖梅任处长。

在放射性同位素的研制与生产方面，为了满足我国核医学领域对高活度锝-99m发生器日益增长的需要，扭转该产品长期依赖进口的局面，1991年经国家科委批准，把“^{99m}Tc放射性药物研究”列入国家“八五”科技攻关项目。在各级领导和主管部门的关怀和支持下，同位素所于1996年完成了各项科研任务和目标要求，研究解决了高纯医用裂变钼-99提取技术、锝-99m发生器的制备、两种新型锝-99m显像药物的合成以及锝-99m药盒的制备等一系列关键技术，建成了钼-99料液生产和高活度锝-99m发生器以及药盒制备的生产线，生产工艺和产品的技术指标均达到国际同类产品的先进水平。高活度锝-99m发生器和锝-99m药盒产品被国内140多家核医学单位临床使用，并在北京、上海、广州、沈阳等地建立了4个锝-99m即时标记药物供应站，年销售额超过1 500万元，结束了我国裂变钼-99料液、裂变锝-99m发生器和锝-99m药盒依赖进口的局面。该成果于1998年获国家科技进步奖一等奖，缪增星代表课题组参加了1999年1月8日在人民大会堂召开的国家科学技术奖颁奖大会，受

① “保八争亿”，即到1995年，全院民品总产值(含涉外工程收入)确保8 000万元，力争1亿元。

到江泽民、朱镕基等党和国家领导人的接见。

在建成的30兆电子伏强流回旋加速器上，建成了相应的钴-57、铊-201、镉-109、镓-67、锗-68核素的生产线和生产工艺，钴-57、锗-68出口美国。随着加速器的建成，还开展了国家自然基金支持的“加速器制备正电子显像药物^{18}FDG的研究”的重点项目。放免药盒的开发、研制也获得较快的发展，年产值达到2 500万元，成为我院长期支柱型产品，其技术在国内处于领先地位。

1992年12月3日，我院与俄罗斯列宁反应堆研究所合资建立了北京双原同位素技术公司，这是核工业系统与俄罗斯建立的第一个合资公司。从俄罗斯引进了锎-252自发裂变中子源的制备技术，并建成了相应的生产线。先后研制成反应堆用的锎-252启动中子源（棒）、锎-252中子后治疗源、锎-252活化分析中子源，使我国成为继俄美之后第三个掌握锎-252中子源制备技术的国家。合资公司的成立，打开了我院与俄罗斯在核领域的广泛技术交流与贸易往来。

在消防电子产品方面，电子仪器厂完成了家用报警器的研制，达到或超过美国生产的UL-217标准，通过部级鉴定。开发出J_{100}微机化总线制（9线）消防联动系统和802型微机化小系统探测器等产品，并被工程设计单位所采用。还研制成光电感应全总线火灾报警器，基本实现产品的更新换代。1995年，电子仪器厂进行了生产结构调整，自动焊接车间建成并投入使用。1995年，电子仪器厂产值达到2 028万元，成为我院第二大民品产值单位，为院的经济发展作出了贡献。

在射线技术及其应用方面，核技术应用所研制开发出3兆电子伏车载式无损探伤加速器，6兆电子伏、9兆电子伏无损探伤加速器，并形成了S波段无损探伤加速器系列；还研制开发出C波段1.5兆电子伏便携式双向（正向、周向）曝光无损探伤加速器、X波段2.5兆电子伏车载式集装箱检测加速器、S波段6兆电子伏组合式集装箱检测加速器。辐照技术主要发展了电子束和γ辐照，1993年研制成功了高频单腔电子辐照加速器。γ辐照主要是利用10万居里的钴-60辐照装置，开展了对各种医疗器械及用品、化妆品、保健品以及中草药的辐照灭菌消毒。

“八五”期间，核物理所与核技术应用所开发研制成了核孔膜产品，在医用输液器、防伪等方面得到广泛应用。院投资建成了具有独立法人的北京医疗辐照器材厂，生产医用一次性输液器，其产品销售多家医院，年产值达200多万元。

“八五”期间，还继续开展了一次性电子针、肿瘤治疗仪、核仪器仪表的研制生产，推广核测井技术的应用以及稳定同位素的制备分析等工作，建立了自动化仪表厂、同位素仪表厂、电力电工器件厂、照明电气厂。

在非核通用技术与多种经营方面，主要有化学和化工技术的开发应用。“八五”期间，对已有的氧化锆分析仪进行了规范化、系列化生产，提高了已定型产品的生产能力；自筹资金建成了1 200平方米的氧化锆生产车间，研制成了热处理用的氧化锆氧探头、微量氧分析仪等新产品，使其应用范围和生产规模不断扩大。1992年，放化所根据市场对食品防腐剂山梨酸的需求量大，决定采用巴豆醛-乙烯酮工艺，在研究室建立了山梨酸合成工艺和分析方法。利用烟台化工厂的条件进行中间生产试验，确定了山梨酸生产工艺流程；又委托核二院进行了建厂施工设计；帮助浙江余姚原食品添加剂厂建厂，放化所承担生产工艺和分析方法的建立、人员培训、施工监督和生产设备试运行，于1994年建成投产。放化所还先后开发研制成钠铊铟日光色发光药丸和金卤药丸，金卤药丸填补了国内空白，打破了美国产品垄断我国光源市场的局面，为发光药丸的国产化作出了贡献。核技术应用所还开发出高压、大电流可控硅器件，1990年建成晶闸管生产线，1992年正式投入生产。实验工厂在极端困难的条件下，不等、不靠、不要，引进人才、技术，开发了汽车后视镜、防雾剂、阻燃剂等新产品，维持了实验工厂的发展。

计算机技术是我院重要的非核通用技术之一。我院拥有比较雄厚的计算机硬件资源，有比较大型的计算机及建立网络系统的条件，有大量的各种中小型计算机，加之软件资源的配套、研制与开发，为全院乃至核工业系统的科研管理提供了比较好的服务。“八五”期间，建成了以C-120机为主体的计算机中心和全院的网络系统，满足了用户对网络的高可靠性、高速度、大容量、数字化的要求。

图书情报工作坚持为科研生产服务，不断创新、不断发展。在出版工作极为艰难的情况下，先后出版了《原子能科学技术》、《中国原子能科学研究院年报》、《原子核物理》、《核化学与放射化学》、《同位素》等学术性书刊以及《图书馆报导》(后改名为《核科技信息》)和受中国专利局委托出版的《专利文献通报——原子能》两种情报类刊物。我院的科技情报成果多次获得部级科技进步奖、刊物类奖和声像类奖。在1992年2月召开的全国科技情报工作会上，我院科技情报系统建设荣获国家科委颁发的“全国优秀科技情报成果三等奖”。

在对外工程方面,我院参加的“援外15兆瓦多用途重水反应堆的设计建造”(871-I工程),是我国第一个大型核设施出口工程。我院主要承担工程的设计、调试,对阿尔及利亚人员的培训和技术转让,安全分析报告以及环境评价报告的编写等任务。根据工程的进展,从1991年3月起,陆续派遣了147人前往阿方“871工程”工地参加调试。在我驻阿方代表处、调试指挥部和驻“871工程”工地党总支的领导下,全体职工以工程为己任,克服工作和生活方面的重重困难,团结协作,解决了许多技术难题,完成了工程的全部(共16个子项)调试工作。1992年2月13日,反应堆首次达到临界。7月13日至18日,反应堆满功率15兆瓦安全稳定连续运行了120小时,最大中子注量率达到2.4×10^{14}中子/(厘米^2·秒)。“871工程”的胜利完成,证明我院具有承担大型核设施出口的能力,在阿尔及利亚树立了良好的形象,被誉为“南南合作”的典范,为国家和我院创造了可观的经济效益和良好的社会效益。该工程获1996年度国家科技进步奖一等奖。

根据中国和伊朗政府经济技术协议,我院和原子能公司向伊朗原子能委员会核研究中心提供全套生产型电磁同位素分离设备,合同于1987年3月正式签字生效。核技术应用所44室承担了分离器设计、加工安装、调试及培训伊方技术人员的任务。分离器于1993年建成投入运行。从1987年3月到1993年,在电磁同位素分离器建设的过程中,中、伊双方领导非常重视,中核总总经理蒋心雄亲自到伊朗视察、指导工作,伊方高层领导也多次到工地视察,称赞这是中、伊合作的“典范”。出口伊朗的微堆也于1993年完成调试,通过验收,交付使用;出售给伊朗的零功率堆,一切工作都按计划进行。出口加纳的微堆于1995年1月6日达到满功率运行,通过验收。出口叙利亚、尼日利亚的微堆,于1995年中标。

(四)

瞄准世界科技前沿,建设科技发展平台。科学技术研究必须瞄准世界科学技术发展的前沿,并建设与之相适应的设备装置,使设备装置不断更新,才能有条件赶上和超过世界先进水平。我院20世纪五六十年代建造的反应堆和加速器,为核科学技术的研究提供了综合平台;80年代引进的HI-13串列加速器和“两堆”的大修改造,又为核物理研究和核能的开发利用以及同位素的生产提供了新的平台,我院也因此取得了一批世界水平的科研成果。但任何一种先进的设备都有它的科学寿命和自然寿命,科学寿命一般10年左右,自然寿命10～30年。我院领导和科学家们认为,若想使核科学技术研究跻身于世界行列,就必须建设新的发展平台。因此,在“七五”提出建设中国实验快堆和中国先进研究堆之后,“八五”期间又提出建设“北京放射性核束装置”(后来调整演变为“HI-13串列加速器升级工程”)和核燃料后处理放化实验设施。其中,中国实验快堆工程和中国先进研究堆工程的立项取得实质性进展,串列加速器升级工程和核燃料后处理放化实验设施的立项申报也在积极准备之中。

“八五”期间,中国实验快堆工程的设计、安全评审和基础设施建设工作均有条不紊地展开。1992年3月14日,国务院批准在2000年前后建设一座热功率65兆瓦、电功率20兆瓦的实验快堆。同年6月8日,我院成立了快堆工程领导小组,由孙祖训任组长,杨天禄任常务副组长,李路明任副组长,王洲任顾问,成员有陈叔平、徐銤、李中平等13人。11月,国务院副总理邹家华为“中国实验快堆研究中心”题名。1992年7月,完成了主工艺概念设计。12月,中核总总经理蒋心雄签署了购买意大利钠回路设备的合同。同年完成了“概念设计”。1993年3月,中核总批转了《关于实验快堆首炉堆芯燃料方案论证纪要》。1994年1月,可行性研究阶段工程方案通过审查。1994年4月,地震局批复了《中国实验快堆可行性研究阶段地震安全性评价报告》。1994年12月15日至30日,我院孙祖训率领陈叔平、徐銤等堆工方面的专家赴俄罗斯,与俄罗斯快堆联合体就中国实验快堆关键技术合作事宜进行谈判,签署了设计合作协议和会议纪要,为促进中国实验快堆工程建设和中俄双方在中国实验快堆建造中的合作奠定了基础。1995年3月6日,中俄联合设计代表团在北京召开了第一次协调会,委托俄罗斯完成技术设计。4月24日,成立快堆工程处,由陈叔平任处长。8月4日,召开了中国实验快堆安全分析暨环境影响报告评审会。12月29日,国家计委、国家科委以〔1995〕2397号文正式批准“中国实验快堆工程”立项。从此,快堆项目进入了工程建设新阶段。关于经费缺口问题,经过努力,1995年3月5日,由邹家华副总理委托国务委员、国家科委主任宋健召开的有国家科委、国家计委、财政部、国防科工委、中核总和我院代表参加的国务院协调会议决定,由财政部出资1.25亿元,国家计委出资1.25亿元,中核总出资0.4亿元。会后,将会议纪要报国务院审批,经宋健、邹家华、吴邦国、朱镕基、李鹏等领导的审阅,最后以《关于下发研究中子实验快堆项目的会议纪要》(国阅〔1995〕54号文)下发执行。至此,在国务院领导的关心支持下，快堆经费问题得到了圆满解决。

中国实验快堆工程是多学科、难度大的综合性项目。为了掌握快堆发展的关键技术，“七五”、“八五”期间，快堆研究人员开展了9个课题和61个子课题的研究，内容包括快堆设计、钠工艺技术、钠水反应及其诊断、与安全有关的设备部件研究和燃料组件设计等，课题完成优良率达到90%以上。

中国先进研究堆工程。在中核总的领导和支持下，堆工所组成方案论证组，提出了多种方案。1991年10月25日和1992年1月30日，院科技委先后两次组织院内专家对方案进行了论证。1992年8月5日，国务院副秘书长徐志坚主持召开了“关于研究中国原子能科学研究院两座反应堆安全运行问题”的会议。会议指出，由国家核安全局和中核总共同商量，迅速提出全面完整的整改方案，并分步实施；同时还提出了适时建设新型的、能够替代两座反应堆的建议。

1993年1月，为了加快建设新研究堆，我院决定在堆工所组建工程设计室，由黄道立任主任，孙振翮任副主任，集中近20名技术人员开始概念设计。7月22日，中核总下发了《关于原子能院新建研究堆前期工作的复函》，明确了新建研究堆是一项大中型工程项目，同意经费支持，开始前期工作。10月份完成了新建研究堆概念设计。12月23日至24日，在我院召开了新建研究堆初步概念设计及其用途的评审会，会议确认了在我院新建一座研究堆的必要性，明确了新建研究堆必须具备多用途功能，其最大热中子注量率不低于5×10^{14}中子/(厘米^2·秒)。

1994年，开始编写预可研性研究报告，许汉铭被任命为总设计师，设计的主要协作单位是核工业第四设计院。2月，新建研究堆被定名为“中国先进研究堆(CARR)”，明确了工程立项前的领导分工，中核总由科技局负责。我院成立新堆工程领导小组，由孙祖训任组长，杨天禄、康日新任副组长，负责新堆方案的决策、立项和工程项目协调等工作。8月，院科技委组织专家进行了中国先进研究堆方案论证讨论，并上报中核总审批。9月2日，中核总批准中国先进研究堆方案。10月，完成了中国先进研究堆预可行性研究报告编写，并上报中核总审查。1995年1月5日至6日，中核总在我院召开了中国先进研究堆预可行性研究报告审查会。3月，由中核总向国家计委呈报项目建议书，申请立项。

1992年，为了争取国家科委设立的大科学工程项目，院领导与核物理所在探讨串列加速器核物理发展方向时，根据国际核物理的最新动态，形成了及时在我院开展放射性核束核物理和对串列加速器进行“穿靴戴帽(前级强流质子回旋加速器和后级超导直线重离子加速器)”升级改造的设想。不久,在院领导下,组织核物理和加速器人员对串列加速器升级方案进行了广泛调研和工程可行性研究。1994 年,由孙祖训主持编写了“北京放射性核束装置可行性分析报告”,以院名义向国家科委进行申报,并先后参加了科学院数理学部和国家科委两次评审会。在此期间,还派关遐令等到意大利学习超导直线重离子加速器技术;与北京大学校长陈佳洱达成了合作意向;樊明武、张天爵对 100 兆电子伏强流质子回旋加速器进行了概念设计。

鉴于我院放化实验室严重老化,1992 年,放化所提出在我院兴建“超钚元素核裂变产额实验大楼”(后改为“核燃料后处理放化实验设施”)的建议,此项目得到了院和中核总的支持。由于经费问题,“八五”期间主要进行了立项前的调研和可行性研究。

(五)

坚持“两个文明”一起抓。在深化改革、推进发展和加强职工队伍建设中,注重发挥党组织的政治核心作用和思想政治工作的优势。

1992 年,乘着邓小平同志视察南方重要讲话精神的东风,院党委和各级党组织以更加积极进取的精神,直接参与和积极推动我院的改革发展工作。通过举办转民政策研讨会、专家学者研讨会、新《工会法》学习班、党的十四大精神学习班等活动,积极宣传邓小平同志视察南方重要讲话精神,引导大家解放思想,更新观念,努力为改革开放创造良好的思想舆论环境。院党委在总结经验、调查研究的基础上,提出了我院深化改革的设想,并得到了行政领导的赞同。经过广泛征求意见,制定了我院深化改革的总体方案和配套改革措施。

在党建工作中,努力加强制度建设,先后召开院组织工作会议和宣传工作会议,制定了《关于加强和发挥党组织政治核心作用的意见》、《关于加强基层党组织建设的意见》、《思想政治工作责任制》等文件,使党建和思想政治工作不断走上制度化和规范化的轨道。开展了经常性的爱国主义、集体主义、社会主义教育,举办了学雷锋便民服务示范日、纪念建党 70 周年群众歌咏大会、第六届职工运动会、神剑文学艺术展览等群众喜闻乐见的活动,广大职工的思想觉悟不断提高,较好地完成了各项工作任务。1991 年,我院被评为房山区学雷锋先进单位;1992 年,被房山区命名为文明居民区,被北京市评为首都建设文明居民区先进单位。1993 年以来，我院连续三年荣获“中央国家机关文明单位”称号；1994 年以来，连续两年荣获“首都文明单位”称号。院党委还十分重视宣传舆论阵地建设，1994 年 11 月，成立了院电视广播中心。

重视人才培养工作。院党政领导把职工队伍建设、青年人才培养作为院的三大战略任务之一列入重要议事日程，成立了以院长为组长、主管干部工作的党委副书记和主管人事工作的副院长为副组长，组织、人事、计划、工会、团委等有关部门负责同志参加的青年工作领导小组，领导小组下设办公室，负责日常工作。1992 年、1994 年，召开了人才工作会议，先后制定了《原子能院专业人才培养的暂行条例》及其附件、《关于培养吸引高素质人才的实施办法》、《关于加强出国留学进修人员管理及鼓励回归的若干规定》、《青年学术带头人遴选、培养及管理办法》、《关于加强青年技术工人培养工作的实施办法》、《关于院十佳青年的评选办法》等 10 多个文件，使青年人才培养工作有了政策和制度的保证。同时，采取多种形式和不同渠道培养青年科技人才。利用研究生部培养在职或脱产研究生；选派优秀青年到国外学习、进修或工作；举办成人教育班、培训班、专题讲座、学术会议等；让青年人参加重点项目、重大工程的工作，担任课题负责人，在实际工作中成长。“八五”期间，培养出了一批较优秀的青年科技骨干和学术带头人，他们中的大部分后来成为院、所、室的主要领导和学术带头人。“八五”期间，王方定、丁大钊、黄胜年、王乃彦当选为中国科学院院士，阮可强当选为中国工程院院士，12 人被授予国家或中核总有贡献的中青年专家，161 人获政府特殊津贴。

在重视科技人才培养的同时，院党委非常重视党政干部的培养。1992 年春，经过多方联系和争取，创办了中共中央党校国家机关分校核工业（二）班。“八五”期间共开办了 8 期，有 135 位处（科）级干部受到了较为系统的理论教育培训。为了加强领导干部队伍建设，先后制定了《原子能院领导职务聘任制暂行规定》、《关于对院管理的党员干部进行党风党纪和廉政考核的规定》、《关于加强领导班子建设的规定》、《关于积极培养选拔优秀年轻干部的实施办法》和《关于后备干部队伍建设的暂行条例》等制度；同时积极推荐优秀年轻干部进入中核总“112 工程”复合型领导人才培养的计划中，推荐年轻干部参加工商管理硕士班学习，为年轻干部的成长创造更多的机会。

为了加强政工干部队伍建设，提高政工干部的思想水平和工作能力，1995 年，成立了院政工职称评聘工作领导小组和院政工职称评审委员会。政工职称评聘办公室设在院党委宣传部。从此，政工职称评聘工作实现经常化、正规化。成立了院思想政治工作研究会,并积极开展研究工作。

工会以建设"职工之家"为重要内容,在民主管理、职工福利、文体活动、职工技协等方面做了大量工作。1991年,被北京市总工会授予职工体育先进单位称号;1990年以来,连续三年被评为北京市职工技协先进单位;1992年,被评为全国职工技协先进单位。共青团组织开展了"双合格建设"和"党在我心中"等主题活动,加强了青年的思想教育,促进了团的自身建设。1992年,院团委被核工业总公司直属机关团委授予"先进团委"称号。

为加强离退休职工的管理工作,1991年,院设立了离退休职工管理处并建立了党总支,成立了院老龄工作委员会和关心下一代工作委员会,成立了院离退休职工科技工作者协会。1992年,院退科协因创办"少年之家"而获得全国老有所为先进集体创新奖。

为了纪念我院第二任院长钱三强,大力弘扬老一辈科学家对我国核事业的执著追求与献身精神,1993年10月11日,钱三强铜像揭幕仪式在我院隆重举行。前来参加纪念活动的有宋任穷、刘杰、蒋心雄、王淦昌、周光召、黄齐陶、朱光亚、王大珩、彭桓武、汪德熙等领导同志和著名科学家,宋任穷为钱三强铜像揭幕。

(六)

后勤保障工作是我院工作的重要组成部分,在"七五"的基础上,继续深化改革,积极探索一套行之有效的发展新路,为科研生产的顺利进行和职工生活的改善作出了贡献。

实验工厂承担并完成了"两堆"整治急需的101抗震棒、重水管和安装用支架的加工任务,保证了"两堆"整治的顺利完成;完成了零功率堆、微堆、钼-锝发生器生产设备、回旋加速器主磁铁、一些"863"项目的部件加工等;完成了钴源房设备的制造安装。器材处根据市场的变化及时调整计划,通过各种渠道积极组织货源,保证了重点科研任务和对外工程的物资供应。动力处完成了科研生产区南北主线热力主管道的翻修、生活区54号锅炉房7个快装锅炉的大修;完成了光纤电话工程,扩充了南区电话,改善了通信条件。基建工作任务繁重。当时,大部分职工家庭仍住在二三家合厨的套间里,有的老少三代人住一间房,已领结婚证的年轻人等房住。院领导针对这种情况,一方面积极向中核总反映,争取经费支持,另一方面积极自筹资金。经过努力,在中核总的支持下,“八五”期间,建成2栋青年公寓,144户青年搬进新居;建成12栋住宅楼,464户职工喜迁新居;自筹资金330万元新建职工子弟小学教学楼和附属建筑,改善了教学条件和办学环境;自筹资金550万元建成新电话站;自筹资金400万元扩建和改建工作区20吨锅炉各一台;中核总拨款1 500万元,院自筹900万元,建成生活区供暖锅炉,极大地改善了南北区的供暖条件。工作区还建成计算机大楼、计量站大楼、快堆综合大楼、理论物理大楼、串列物理行政楼、回旋加速器楼、氧化锆楼、电子仪器厂新厂房等。经工作区重新规划、环境整治、干道疏通,并通过逐年调整,各研究所基本实现划区而治,快堆、新堆等四大项目也明确了场址,改善了工作区的条件和环境。劳动服务公司积极探索“以改革求生存,以效益求发展”的路子,经济效益有所提高,继续努力解决职工子弟就业问题。

交通运输处加大了改革力度,强化安全教育和车辆管理,纠违章、压事故、保安全,改进服务态度,提高了经济效益,保证了安全用车。院投资180多万元,由行政处负责对工作区和生活区进行环境治理。对工作区如301大院等一些长期荒芜和杂草丛生处进行大规模改造和绿化;把生活区发臭的明沟改成暗沟,房前屋后种植花草,环境明显得到改观,被授予“北京市花园式”单位。“七五”、“八五”10年,初步实现了1985年院领导提出的“环境美”的施政方针。每年植树节,各级领导带头到云居寺植树,到“八五”末,将我院承包的房山区石经山两坡一沟的荒山栽满了松柏,为云居寺的绿化作出了贡献。

“八五”期间,全面推行分类管理、分级核算、放权让利、自主经营的承包责任制改革。科研取得了一批高水平成果,部分成果跻身于世界先进行列,获国家级奖励16项,省部级奖励205项。转民工作得到较快的发展,开发了一批支柱型的民品项目,形成了一定的规模,产值逐年上升,由1990年的3 000万元增加到1995年的1.2亿元。“快堆”、“新堆”等重大项目取得重要进展,“串列升级”和“后处理放化大楼”积极立项,四大项目的部署为我院纵深发展积累了后劲。核设施和核技术出口开创了新局面,“871-Ⅰ工程”被誉为“南南合作”的典范。后勤保障工作满足了科研生产和职工的基本要求,改善了职工的工作和生活条件。党的建设和精神文明建设也取得可喜的成绩,荣获“中央国家机关先进基层党组织”、“首都文明单位”、“中央国家机关文明单位”和“中央国家机关模范职工之家”等称号。中核总授予我院“科技领先、开拓发展先进单位”称号。

第八章　奋力攻坚　乘势而上

坚持不懈争取支持，正确定位，奋力攻坚，“四大工程”取得重要进展。

（一）

1996年至2000年是我院执行“九五”科研生产发展规划的五年，是我国全面建立社会主义市场经济体制的时期。《九十年代中国核工业总公司科技发展纲要》提出，核科技执行“军民结合，以核为本，发展核电，多种经营”的发展战略，保持与核大国地位相适应的一支高科技力量；建立适应于核电技术和核燃料循环技术发展的新型核科技体制；大力推进研究院所建立高新技术产业和以多种形式步入国民经济建设主战场。

我院根据国家的形势及核科技的发展战略，结合院的实际，制定了《“九五”科研生产发展规划纲要》，确定了“九五”期间发展的主要任务及目标：努力推进中国先进研究堆、中国实验快堆、北京串列加速器升级工程和核燃料后处理放化实验设施四大工程的立项和建设；提高核科技研究水平，满足多方需求，重点发展核反应堆电源关键技术、特种同位素辐射技术、核数据测量与评价技术、核保障与核材料管制技术、放射性计量技术、强激光技术等；积极承担、开展核电与燃料循环研究，为中核总核电产业化服务；发挥我院的综合优势，调整结构，推进核技术与非核技术产业化，大力发展同位素技术、消防电子技术、辐射应用技术、非核通用技术等支柱项目。

要完成上述任务和目标，深化改革是关键。1996年4月2日至3日，我院召开了深化改革工作会议。会议确立了我院“九五”期间深化改革的思路，强调指出，要在以往改革的基础上，按照“稳住一头，放开一片，重组分流”的方针，大胆探索，加快结构调整：一是以国家、中核总的重点实验室或研究中心及国家工程技术中心为主体，组建国立研究院；二是以市场为导向，以骨干科技开发单位为基础，组建若干高新科技开发集团，发挥院的综合优势，形成规模经营；三是后勤逐步实现企业化、社会化；四是机关贯彻“精简、高效”的原则，进行精简、合并、统编。

经过两年多的调查研究，到1998年形成了《原子能院深化改革结构调整基本框架》，明确了深化改革结构调整的基本任务和目标：遵循国家经济体制改革和科技体制改革的基本方向，按照国家科技工作面向主战场、发展高科技和加强基础研究三个层次的战略部署，结合我院科技体制改革和发展的实际，在我院初步建立起科技与经济紧密结合、符合核科技工业发展的需要、符合科技发展规律的军民结合的新体制。在科研方面，努力把我院调整为以科研、核能开发和基础研究为主的综合性核科技研究基地，把我院办成“国内一流、国际有名”的国家骨干研究院。在转民方面，进一步面向主战场，加速促进科技成果转化和应用，重点发展高科技、核工程、核科技应用及其产品开发，形成一定经济实力和开发后劲的院高科技集团。与此同时，对后勤、管理机关等进行相应的改革与调整，后勤拟组建“三产”集团，机关进一步精简、高效。根据《原子能院深化改革结构调整基本框架》精神，1998年，院制定了《关于深化民品工作改革和加快民品发展若干意见》，确定了院民品改革的指导方针、目标、任务、原则、方法及具体的政策共10条。

在这期间，党、政、工领导班子的调整与充实，为实现“九五”发展目标提供了组织保证。1996年7月26日，中核总任命樊明武为我院院长，杨天禄、李路明、许文珍、舒卫国为副院长。院还先后聘任了杨河涛、钱顺发、张昌明、杨银祥、李金英为院长助理，继续聘任曹盘年、董柳灿为院长助理。1996年，康日新调中核总工作；1998年，严叔衡调中核总工作；1999年11月，杨天禄调原子能公司工作。1997年12月3日至4日，我院召开了第八次党员代表大会。会上，朱天玉作了党委工作报告，汪志勤作了纪委工作报告，选举产生了新一届党委会和纪委会，朱天玉任院党委书记，李林虎、张恩琇任副书记，李林虎兼任院纪委书记。1996年9月4日至5日，院工会召开了第六次会员代表大会，选举产生了新一届工会委员会，沈荣林当选为院工会主席，钱学强、罗克平为副主席。2000年7月11日，中核集团公司聘任赵志祥、朱天玉、舒卫国、李金英、杨河涛、张昌明为我院副院长，由赵志祥全面主持院行政领导工作。2001年1月，樊明武调华中科技大学工作。

我院的发展离不开党和国家以及有关部门的支持。为此，院领导就我院在长期发展中存在的科研设备陈旧、基础设施老化、资金投入严重不足、后勤包袱沉重、科技骨干后继匮乏、生活条件亟待改善等问题，利用多种渠道不断地向中核集团公司、国防科工委直至中央领导反映，争取国家对我院的关注和支持。1999年9月26至28日，在国防科工委召开的科研院所体制改革座谈会上，樊明武在发言中介绍了我院的地位、作用及面临的困难，呼吁国家的科研基地必须有国家的大力支持。发言引起了国防科工委领导的重视，不久后，国防科工委主任刘积斌、副主任徐鹏航、张华祝等领导多次来院视察，强调我院的重要性，并就体制、改革等问题作出重要指示。2000年第一季度，樊明武先后三次给江泽民总书记写信（信经中核集团李定凡总经理审批后送出），请江总书记及中央领导来院视察、指导工作，为"中国原子能科学研究院"题写院名和"中国实验快堆"题写堆名，为我国原子能事业在新世纪的发展奠基。2000年1月18日，樊明武召开院有关部门会议，布置编辑出版院报《跨世纪特刊》，系统地介绍我院科研工作成绩、贡献、优势和对国家安全的重要性，以使其在宣传中收到更好效果。2000年3月3日，在樊明武的倡导和组织下，樊明武、丁大钊、张焕乔、王方定、王乃彦、黄胜年、阮可强、汪德熙、肖伦9名院士联名给江泽民、朱镕基等中央领导写信，反映我院在核科技创新体系中的作用及存在的困难，强调原子能院作为国家核科学技术的前瞻性、先导性、基础性综合研究国家研究院地位，将以中国实验快堆、中国先进研究堆、北京串列加速器升级工程、核燃料后处理放化实验设施四大工程建设为原子能院新的起点。原子能院承担着重要的国家任务，应由国家专款投资，确定年度经费的正常渠道，以支持设备更新、技术改造、维修运行、重要项目的预研、生活设施的改善以及采取特殊措施以稳定和吸收优秀青年人才、缓解科技骨干断档等。2000年3月29日，在由科学院、工程院、科技部联合召开的全国基础研究工作会议上，樊明武强调了我院的基础研究关系到国家安全，希望国家重视并予以支持。2000年4月14日，朱镕基、李岚清、温家宝、吴邦国等中央领导就9名院士的信作了"原子能院的工作应予以支持"的重要批示。4月17日，国防科工委为落实朱镕基总理等中央领导的批示，要求中核集团公司对如何支持我院拿出具体方案。4月28日，中核集团公司上报了《关于解决原子能院资金和人才队伍问题的建议》。《建议》提出岗位补贴每年5000万元、一次性设施维修每年5 000万元、运行费每年5 000万元，即三个"5 000万元"方案。

在争取中央领导及上级领导部门支持的同时，我院加紧各方面工作。2000年4月25日，院务会议决定成立以樊明武为组长的"发展战略策划专家小组"和以舒卫国为组长的"核技术应用发展战略小组"，从事院的发展顶层设计工作。5月14日，院务会议讨论通过了《关于中国原子能科学研究院发展有关问题的报告》，主要包括尽快建成我院的“四大工程”项目、支持我院的“十五”计划和2015年规划立项以及重点实验室建设、支持解决我院目前亟待解决的一些问题等内容。同时，形成了《中国原子能科学研究院核技术应用发展战略建议》。

我院的发展得到了党和国家领导人的关怀和重视。2000年5月10日，在建院50周年前夕，江泽民为我院题写了“中国原子能科学研究院”院名。全国人大常委会委员长李鹏，中共中央政治局常委、国务院副总理李岚清，全国政协副主席、中国工程院院长宋健，国防科工委主任刘积斌也分别为我院题词或作重要批示。9月27日，我院隆重召开了建院50周年庆祝大会。原中央政治局常委、中央军委副主席刘华清，全国政协副主席朱光亚，国防科工委主任刘积斌，国防科工委副主任张华祝，科技部副部长周平，总装备部科技委委员钱绍钧院士，国家自然科学基金委员会主任陈佳洱，中核集团公司常务副总经理康日新以及国防科工委、科技部、财政部、中科院、总装备部、国家环保总局、国家药品监督管理局有关司局等国家有关部门、兄弟单位领导，中国科学院和中国工程院的院士陈能宽、何泽慧、彭士禄、程开甲、彭桓武、王大珩、肖伦、于敏、王乃彦、丁大钊、王方定等1 000余人出席了庆祝大会。会上，钱绍钧、张华祝、周平、陈佳洱等同志相继发言，祝贺原子能院建院50周年。赵志祥作了题为《继往开来　创新发展　再铸辉煌》的报告，回顾了我院走过的50年光辉历程和取得的辉煌业绩，决心在新世纪将原子能院建设成一个具有创新活力的现代化核科学技术研究基地，用改革和创新的新成就回报党和国家领导的关怀与期望，为中华民族的伟大复兴作出我们的贡献。

2000年，院党政领导还从我院在国家核科技事业中的地位与作用、历史贡献、优良传统、国家对我院的期望、全院职工的理想与愿望五个方面进行思考、概括，提出了“创造一流业绩，造就一流人才，建设一流核科研基地”的我院新世纪发展目标，成为鼓舞全院职工团结奋斗的精神动力。

（二）

科研稳住一头、突出重点，积极承担核能、核燃料循环开发研究，少而精地搞好核科技基础与应用基础研究，作出了一些高水平的科研成果。

核数据测量与评价方面，核物理所核数据中心完成了“中国评价核数据库第三版(CENDL-3)”。它在第二版(CENDL-2)的基础上进行了较大的改进和发展,数据更齐全、完整、配套和可靠,能满足各种更新换代的发展需要以及核电等核工程建设的要求。完成的“中国相关测试核数据库”第一版,为总结我国相关工作提供了统一的可靠配套的核数据。该成果荣获2000年度国家科技进步奖二等奖。刘廷进代表课题组出席了在人民大会堂举行的国家科学技术奖颁奖大会,受到江泽民、朱镕基等党和国家领导人的接见。完成的“核衰变和核结构的测量、评价及其数据库建立”获1998年度国家科技进步奖三等奖。在核数据理论方法研究和计算程序研制、核数据评价方法和技术研究方面,也做了很好的工作,“UNF程序系列及其理论基础”获1998年度国家科技进步奖三等奖。在精确测量重点核数据工作中,完成了核试验总结和一些试验急需的重点核数据测量,还研发了一些核测试方法技术,改进了一些实验测量设备,建成了原子数据专用管道和2.2米掠入射真空紫外单色仪,建成了600千伏毫微秒脉冲调制强流高压倍加器,为“十五”开展核数据宏观检验等工作创造了很好的条件。

准分子激光研究开展了高能量、高功率氟化氪(KrF)准分子激光驱动器、激光等离子物理和其他相关技术的研究,目的是进行惯性约束核聚变、X激光、强场物理等世界前沿领域的科学研究。“九五”期间,研制成功国内第一台6束角多路百焦耳级高功率氟化氪(KrF)准分子激光系统(天光1号),为我国今后开展核聚变技术研究提供了良好的实验装置。自由电子激光研究主要围绕加速器束流质量的提高做了大量工作。

核保障技术研究方面,开展了“可移动高分辨率γ扫描现场测量装置的研制及其应用”、“γ能谱法测定钚同位素丰度技术”、“核材料区人员出入口检测装置”、“乏燃料叉型探测器的应用研究”等,都达到预定指标。

面对复杂多变的核军控形势,为了维护国家的最高安全利益,我国需要建立一个相关方面的技术研究中心。鉴于我院已成立了核保障室,总装备部领导根据“不重复投资、不另铺摊子、不搞扶贫项目”的精神,决定把相关方面的技术研究中心建在我院。1998年,该中心在我院正式成立,按照“小中心、大外围、高水平”、“边建设、边运行”的原则很快开展了工作。我院作为我国核军控领域的三大技术后援单位之一,为维护国家安全作出了贡献。

放射性计量技术研究方面,引进一台2×1.7兆伏的串列加速器,为建立中子测量仪表校准的中子参考辐射场以及为今后中子计量工作的开展创造了重要条件;引进一台电子自旋共振谱仪,开展了丙氨酸剂量计的研制工作,为γ射线和电子束的辐射加工提供了剂量测量手段和为科研工作提供了重要设备；高纯锗低本底反康普顿 γ 谱仪，为低本底放射性活度样品测量提供了重要工具，多次代表中国参加由国际计量局组织的国际比对，取得满意的结果。1997 年，国际计量委员会接纳我院作为咨询委员会的观察员单位。

核能开发研究方面，主要开展了“高性能燃料组件设计研究”、“燃料元件堆内瞬态行为试验研究”、“燃料元件堆内试验技术研究”、“燃料组件水侧腐蚀试验研究”、“压水堆事故下低流量传热及流动特性实验研究”、“压水堆核电厂严重事故模拟与安全壳仿真系统开发与应用研究”、“核电厂压力容器老化和寿命管理与预测方法研究”、“蒸汽发生器（SG）淤渣化学清洗工程技术研究”、“严重事故管理导则/规程研究”、“优化水化学控制技术研究”、“堆芯燃料管理”、“开展操纵员干预对 SGTR 事故进程的影响”、“核电厂停堆工况下事故及其处置研究”、“核电厂关键设备材料环境失效研究”等工作，都取得了很好的结果，有的具有很好的应用前景，为秦山核电厂应急事故的处理提供了重要的依据。其中，“核电站压力容器钢监督试验和辐照脆化研究室的建立”获 1997 年度国家科技进步奖三等奖。

反应堆电源系统研究方面，经过努力，全面完成了研究任务，达到了原定的技术指标。

核燃料循环研究方面，为配合乏燃料后处理工艺研究，研制了若干特殊的选择性强、干扰少、灵敏度高的测量装置。其中具有代表性的有全反射 X 荧光分析装置和流动注射快速分析的 FIA 分析仪等装置，在核电站乏燃料后处理工艺的元件分析、核保障分析等方面都有广泛应用。针对量值传递和质量控制的要求，研制成功国家一级标准物质“镎-237 活度浓度溶液”。

放射性三废处理处置技术研究方面，“八五”立项的放射性废液综合处理车间，“九五”期间破土动工，2000 年底完成了土建和设备安装任务；引进了一台 2 000 吨压力的压缩机，自己解决了配套设备，为我院 109、149 固体废物库的废物减容和我国低中放废物库的废物回取建立了示范装置。在高放废物处置技术研究中，改进了模拟高放废液玻璃配方，并在八二一厂玻璃固化冷试验装置上进行了试验，做了大量样品测试分析工作。人造岩石固化研究，作为第二代高放固化体，重点研究锕系元素废物固化，完成了国际原子能机构（IAEA）合同项目及中核总下达的任务。另外，配合核设施的去污，开展了后处理厂退役设备化学去污方法研究，成功地开发出有效去污剂及去污工艺。此外，还研制了两种可剥离高放射性核素的去污膜，对放射性有良好的封闭性能。

“九五”期间,安防环保工作的重点是做好院的安全防护和监督工作,为院的科研生产保驾护航,并紧紧围绕“四大工程”积极开展了核安全、辐射防护和环境保护方面的工作。

核物理基础研究方面,主要开展了放射性核束物理与核天体物理、激发态中子晕核、高自旋态、近垒重离子核反应机制、高离化原子光谱和重离子辐射效应等研究,取得了一批在国内外有影响的成果。

在束γ谱学和高自旋态研究方面进行了广泛的国内、国际合作。1997年至2000年间,由我院牵头,与吉林大学、兰州近代物理所以及上海原子核所合作开展的自然科学基金重点项目“远离稳定线原子核结构的在束和衰变研究”,取得一批优秀成果。晕核研究是国际上新的前沿课题,包括中子晕和质子晕的研究。我院在HI-13串列加速器上通过转移反应研究和发展的ANC方法,发现硼-12第二、第三激发态和碳-13第一激发态为单中子晕态,锂-6第一激发态为中子质子晕态,扩大了晕核研究范围。由核物理所与堆工所49-2室、同位素所52室、安防处合作,成功进行了离线放射性核素铜-64的加速。核物理所利用瞬态场—离子注入扰动角分布方法精确测量了钇-83和锆-84正宇称转动带的g因子,在国际上首次观测到g因子随角动量变化的峰状结构。HI-13串列加速器是国内唯一开展极化束研究的加速器。经过几年的艰苦努力,克服重重困难,在HI-13串列加速器上建成极化束装置,并于1999年1月在国内首次利用极化质子束完成了在钙-40上的弹性散射微分截面和分析本领的测量。核物理理论研究在裂变物理、核结构、壳模型理论、相对论平衡场理论、输运理论以及相对论核-核碰撞理论方面均取得了高水平的研究结果。“微观输运理论的发展及其在中高能重离子碰撞中的应用”研究,获中国物理学会1998—1999年度吴有训物理奖;“核子性质和结构及核物质集体激发机制的非微扰研究”,获1999年度国防科工委科技成果奖一等奖。在固体物理研究中,继续开展了小角度散射单晶中子衍射、非弹性中子散射以及粉末中子衍射等方面的研究。

放射化学基础研究方面,主要开展了长寿命裂变产物核素的半衰期和裂变产额等数据测量研究,后处理过程中铀、钚、镎、锝的化学行为和分析方法研究以及高放废物深地质处置过程中核素的迁移行为研究,为我国后处理工艺的改进和高放废物的处理提供了理论依据。在国防预研支持下,放化所在经费不足、人员年轻和设施老化的情况下,开展了核燃料后处理中铀-钚分离和钚净化浓缩研究及微型萃取槽的研制,其中关键技术获得多项国家发明专利,并于2003年获得国家科技进步奖二等奖。

核技术应用基础研究方面,活化分析实验室在月球土壤、珠峰冰雪、国土资源普查、标准物质认证等国家重大项目的应用研究,以及缓发中子法测铀、裂变干扰参量法校正等研究中,做出了一系列新的成果。核物理所等完成的"反应堆中子活化分析全面参量化研究"获1998年度国家科技进步奖三等奖。

其他方面,堆工所完成的"低活性表面强放射源的制靶工艺"获1996年度国家发明三等奖,通用技术部完成的"蒙特-卡罗方法在粒子输运问题中的应用"获1996年度全国科学大会奖状,同位素所参与完成的"脑肿瘤内放疗的系列研究"获1996年度国家科技进步奖三等奖,堆工所完成的"406燃料组件解剖的检验"获2000年度国防科学技术奖一等奖。

我院和中科院高能所联合提出并申请的"加速器驱动洁净核能系统的物理及技术基础研究"获准立项,被列入国家重点基础研究规划项目,项目首席科学家为丁大钊院士。这是我院进入《国家重点基础研究发展规划》的第一个比较大型的基础性研究项目。

(三)

"九五"期间,我院民品工作坚持整体推进、重点突破、调整政策、规范经营的总体思路,重点发展了放射性同位素技术、消防电子技术、辐射应用技术、非核通用技术等支柱项目;建成了国家同位素工程技术研究中心并投入运行;以同位素所转机建制为试点,在纵横分开、规范经营、实行股份制方面迈出了重要一步。

2000年,我院提出了"实行纵横分开,推进转机建制,加强与社会力量合作,促进高新技术产业化,横向单位推行企业化管理,按照企业方式运行"的工作部署。按照这个部署,改制工作提到日程。改制的整体思路是从体制改革入手,转机建制,建立适应核应用技术产业化发展的技术创新体系和产业化体系,按照"设立"、"收购"和"增资扩股"三个阶段进行。

2000年8月26日,经中核集团公司批准,正式启动了我院辐照中心及同位素研究所相关产业的重组改制工作。经院长办公会议研究,决定成立院改制领导小组,由舒卫国任组长,李金英、张昌明任副组长。领导小组下设改制工作办公室,负责改制具体工作。

在共同发起设立的股份公司中,我院主要以固定资产、无形资产投入;北京首创科技投资有限公司、富邦资产管理有限公司、山东淄博华光陶瓷股份有限公司、核工业第四设计院等法人单位及2位自然人代表以现金投入。2000年9月4日,院长办公会议对“拟剥离资产范围及进入人员的原则建议”进行了研究。在此基础上,改制办公室根据院长办公会议的决定,对拟进入股份公司资产进行了进一步圈定,形成了“关于辐照中心及相关产业重组改制资产范围的确定”的报告,报领导小组审核;在院国有资产管理办公室、财务处、核技术应用所、基建处、实验工厂、档案室等单位通力合作及相关部门的支持下,对固定资产范围进行了清查、登记,形成了“资产评估立项申请”和“土地评估确认及土地使用权处置报告”,报请中核集团公司审核后,分别送财政部、国土资源部审批。11月15日,院务会议及改制领导小组讨论并通过了“改制可行性研究报告”,于11月22日报到中核集团公司审查。11月29日,在我院召开了股份公司发起人会议暨第一次筹委会会议。会议通报了我院为设立股份公司而进行的前期改制及准备工作,选举舒卫国为筹委会主任,并审议通过了我院对股份公司投入的资产等事宜。经评估确认,我院投入资产为1 725.88万元,占总股份50.76%。

在同位素技术方面,1996年,国家同位素工程技术研究中心通过国家科委组织的专家组中期评估,1997年通过最后评估及验收,1999年达到了组建的考核目标,经科技部验收批准正式挂牌。“中心”实行管理委员会领导下的主任负责制,由王翌善任主任,方吉东、贺佑丰任副主任。管理委员会由院内外领导、专家组成,工程技术委员会对“中心”工作起参谋咨询作用。“中心”是核工业系统第一个国家级的工程技术研究中心,它的建成,对重要成果的转化、工程化、产业化和技术辐射都有重要意义。

“九五”期间,同位素科研开发的重点是面向医学应用和工业应用,以此作为实现我院同位素高新技术产业化的重要方向。主要的工作有:承担了国家“九五”科技攻关课题——“诊断与治疗肿瘤等疑难疾病放射性药物研究”,包括治疗药物、显像药物和放免药盒三方面。利用国家贴息优惠贷款,总投资1 120万元的“免疫试剂药盒生产线”工程,1998年建成投入运行,1999年通过国家正式验收。这条年可生产50万件药盒的生产线的建成,为进一步发展药盒生产创造了条件。

为加强同位素产品质量控制,实现产品标准化、系列化,与国际标准接轨,同位素所着手建立和实施GB/T19001(1994)质量体系。1997年底,成立了质量体系领导小组和文件编写班子,组织编写了质量手册、程序文件、作业指导书，建成了贯彻实施ISO9001标准化的文件化质量体系，并于1998年9月颁发实施。1999年年初，通过了兴原质量体系认证中心的现场认证。同年5月，获得了GB/T19001(1994)质量体系认证证书。这是我国同位素与辐射技术行业第一个通过认证的单位。

“GMP”是药品生产质量管理规范的简称，是国际制药行业公认的药品生产和质量管理的基本准则及国际贸易的通行证。我国新修订的《药品管理法》规定，制药企业应按“GMP”规范组织生产，必须通过国家食品药品监督管理局的“GMP”认证，获得认证证书，否则将停止生产。我院于1999年8月申报放射性药物制备及“GMP”技术改造项目，经国家经贸委、国家发展计划委员会批准立项，定为国债资金重点技改项目，总投资2 900万元。有关生产线、生产设施、工艺设备的技改由我院同位素所承担，项目由院民品处统一管理。2000年初，完成了“GMP”技改工程的第一期，即钼锝发生器生产工号的“GMP”技术改造工程和焚烧炉及场所建设的初步设计、施工设计和审评，9月开始施工，2001年初完成。

通过“七五”、“八五”、“九五”期间的发展，我院同位素综合技术实力、管理水平在国内同行中已处于领先地位，并接近国际水平。建成了与反应堆和加速器等大型基础设施相配套的同位素制品专用设施，研制生产70余种核素、200余种产品，在国内累计建立了5个中外合资公司、3个锝药物(锝-99m)奶站、17个放免检测中心，同位素的技术、产品服务已推广到全国30个省市、自治区，遍及工、农、医、科研、国防等应用领域，大约有3 000家用户。部分产品出口到亚太、欧美等29个国家几十个实验室，实现了“九五”产值达一亿元的目标。

在消防电子技术及产品方面，1996年，电子仪器厂积极开展与德国西门子公司合作，引进新技术。1997年1月30日，与德国西门子公司关于“火灾探测设备领域的技术合作协议”正式签字生效。同年与西门子合作项目完成了合同第一阶段任务，初步建成了年组装生产探测器15万只的生产线，改变了火灾报警器产品单一品种的状况，提高了产品质量和市场竞争力，并为新领域产品的开发、生产打下基础。新开发出来的智能型烟火报警器成功安装在天安门城楼和深圳地铁等场所；火灾自动报警系统与消防自动控制系统产品在全国第十一届发明博览会上获得了银质奖章。年产值达到2 000多万元。在中核集团公司的指令下，2000年4月1日，电子仪器厂重组进入中核久安科技股份有限公司。2002年9月，电子仪器厂又回到我院。

在核技术开发及应用方面,在加速器及其辐照技术、同位素仪表、核探测技术等方面陆续开发出一批产品,1997 年结算收入 856 万元。黄金成色仪在全国第十一届发明博览会上获得金质奖章。开发出 X 波段 2.5 兆电子伏车载式集装箱检测电子直线加速器等产品,满足了用户需求。

对外工程项目进展顺利。911 工程和向加纳、叙利亚等国出口的微堆以及伊朗的零功率堆等正式验收。1996 年 6 月,向巴基斯坦恰希玛电站反应堆提供了 2 个 3.6×10^{8} 中子/秒的锎-252 中子源棒。2000 年,原丰公司签订外贸合同总额4 079万元,创历史最高水平。

在非核通用技术方面,氧化锆分析仪研究开发,强化管理,充实销售力量,调整销售政策,使产品市场占有率居全国同行首位。金属卤化物灯用发光药丸的研制,1994 年创建照明电器厂,1996 年研制出钪钠钍发光药丸,并迅速推向市场。水基印刷用墨的研究开发,1998 年成立艾瑞斯水墨公司;2000 年 10 月开始开发装饰纸印刷水墨;到 2000 年底,产品各项性能基本达标;经克服重重困难,2002 年 10 月,开发的装饰纸印刷水墨作为定型产品,正式推向市场。

"九五"期间,在民品政策方面,制定了《关于在部分民品单位主要经营管理人员中试行年薪制的暂行办法》和《关于民品经营生产单位中试行工资总额同经济效益挂钩的暂行办法》;加强了营销工作,制定了适应市场竞争要求的营销政策,并把营销队伍建设放到突出位置,一大批本科和硕士研究生毕业、具有实际经验、既懂技术又懂市场的人员充实到了营销队伍。

(四)

"九五"期间,为把我院建成核科学技术前瞻性、先导性、基础性的综合研究基地,院领导在众多的项目中,确立以中国实验快堆、中国先进研究堆、北京串列加速器升级工程、核燃料后处理放化实验设施作为突破口,概括为"四大工程",坚韧不拔地争取上级领导的理解与支持,并围绕这些项目的立项、论证、预研开展了一系列的工作。

中国实验快堆正式开始动工建设。中核总为加强对实验快堆建设的领导,于 1996 年 4 月 11 日成立了以张华祝副总经理为组长的快堆领导小组。5 月,由张华祝主持在我院召开了有 120 位专家和领导参加的"中国实验快堆可行性研究报告审查会"。6 月 18 日,我院决定撤销快堆工程处,成立快堆工程指挥部,代表院履行业主职责。7 月 30 日,院党政联席会议任命杨天禄为指挥长，李中平、钱顺发、石永康、徐銤为副指挥长。11月28日，国家科委批准了快堆工程可行性研究报告。1997年4月，国家核安全局批准参照试用快堆事故及严重事故设计准则。5月19日，北京市规划局批复了我院《关于申请快中子增殖堆建设用地的函》，同意征地。8月27日至29日，中核总受国家委托，邀请各部委领导和专家召开了“中国实验快堆工程初步设计审查会”，通过了中国实验快堆工程初步设计。11月，国家科委批准中国实验快堆工程初步设计。12月18日，“中国实验快堆工程指挥部”更名为“中国实验快堆工程部”，实行总经理负责制，由钱顺发任总经理，李中平任副总经理，代表院对中国实验快堆工程建设行使业主权利，全面负责工程“进度、质量、经费”三大控制，对工程建设负直接责任。

1997年以后，由于国际核能发展陷入低潮，国外快堆发展进入停滞状态，国内有关方面也对是否发展快堆提出了质疑。另外，我国又是首次建造快堆，国家核安全监管部门和安全评审单位缺少相关经验，初步安全分析报告久未通过评审。基于种种原因，快堆几乎停止下来，工程进度拖延。在极其困难的情况下，1998年10月22日，我院隆重举行中国实验快堆主厂房开挖典礼，除全体院领导参加了这一重要的仪式外，科技部石定环司长也参加了典礼，实现了中国实验快堆工程进展的第一个重要指标。12月，科技部向国务院呈报《关于“863”计划快中子实验堆工程有关情况的报告》，邹家华副委员长，吴邦国、李岚清副总理都作了重要批示，同意科技部关于做好快堆工作的意见。吴邦国在相关信函上批示：“请积斌、华祝同志研究，已经定下来的事是否就不要再变了。”经过努力，2000年顺利通过国家“863”计划“九五”评估。5月，中国实验快堆初步安全分析报告获国家核安全局批准，并颁发了建造许可证。5月30日，克服各种困难，在樊明武主持下举行了中国实验快堆浇灌第一罐混凝土仪式。7月18日，中俄两国政府签订了《关于中华人民共和国和俄罗斯联邦政府关于在中国建造和运行快中子实验堆的合作协议》。9月29日，院党政联席会议研究决定聘任万钢为中国实验快堆总经理，张坚、李鹏辉任副总经理，徐銤任总工程师，钱顺发、李中平为工程部顾问。11月，将堆工所理论室、结构室、回路室、自控制室、钠工艺室、快堆总师办、快堆设管室转入快堆工程部，同时设立财务部。

“九五”期间，根据中国实验快堆设计的要求，开展了多项试验验证工作，获得91项成果奖，发表论文287篇，引进并开发设计计算程序55个，获得专利8项，建成实验装置41台套，还先后完成了中国实验快堆的概念设计，并进行了大量的快中子实验工程的前期准备工作，完成了可行性研究阶段的环境影响报告和厂址安全分析报告。在概念设计的基础上，与俄罗斯合作完成了技术设计。

中国先进研究堆工程立项进展顺利。在“八五”工作的基础上，1996 年 1 月 18 日，中核总计划局主持召开了中国先进研究堆立项问题会议，讨论了建堆的必要性和堆的应用问题。会后，成立了由孙祖训任组长、杨天禄任常务副组长、石永康任副组长的领导小组。一方面，继续向国家领导及计委等反映建堆的必要性。3 月 2 日，中核总总工程师马福邦建议并请孙振翮去落实起草一封信，经 15 名院士签名后连同相关材料，递交给吴邦国副总理，申述我院建造新型研究堆的必要性、重要性和紧迫性。4 月 16 日，国家计委收到吴邦国、邹家华对院士们信函的批示：“建议国家计委研究提出具体意见。”国家计委副主任甘子玉批示：“国防司会同科技司研究提出具体意见。”另一方面，围绕中国先进研究堆工程在国家评估中涉及的专项做了大量的准备工作。先后邀请中核总有关领导和院内专家，召开了“中国先进研究堆可行性研究阶段投资估算专家评审会议”等一系列会议，为中核总、国防科工委、国家核安全局、国家环保总局、国家计委等部门就以上相关的专项审评作了准备。1997 年 7 月，中国先进研究堆工程经国家批准立项。1999 年 3 月 3 日收到中核总转发国防科工委《关于中国先进研究堆工程首期工作安排批复的通知》。至此，中国先进研究堆工程立项落实，一亿元资金陆续到位。3 月 11 日，院召开了中国先进研究堆工程建设动员大会，中核总主要协作单位领导出席了会议。

为了适应“两堆”工程建设需要，1997 年 11 月 27 日，我院召开了“两堆”工程协调组第一次会议，宣布成立我院“两堆”工程协调小组，由樊明武任组长，杨天禄、李路明任副组长，成员 12 人，主要任务是协调工程建设中出现的矛盾，保证工程建设顺利进行。1997 年 12 月 18 日，院成立了中国先进研究堆工程部，由石永康任总经理，代表院对工程实行“进度、质量、经费”三大控制，并组织了以堆工所为设计总包单位的设计队伍。1998 年 5 月，开始进入初步设计阶段，各项工作按计划全面展开。1999 年，堆工所成立了中国先进研究堆设计部，由黄道立任项目经理，许汉铭任总设计师。2000 年施工设计阶段，柯国土任项目经理，袁履正为总设计师。中国先进研究堆工程部与堆工所于 1999 年 5 月签订了设计承包合同。2000 年 4 月完成初步设计，提交中国核工业集团公司审查。8 月 9 日，中核集团公司主持召开了初步设计方案预审会。12 月，《中国先进研究堆工程初步安全分析报告》提交国防科工委军用核设施安全监督管理办公室。根据中核集团公司专家审查意见，初步设计方案进行了优化完善，开始进入施工设计阶段及开挖前的准备工作。

1985 年 12 月，我院取得了压力容器Ⅰ类、Ⅱ类及部分Ⅲ类的设计资格，并顺利通过了 1993 年、1998 年的复查。1997 年，取得了国家核安全局颁发的《中国实验快堆核承压设备设计许可证》及《中国先进研究堆核承压设备设计许可证》。

北京串列加速器升级工程的预研工作取得重要进展，为评估和立项做好了充分准备。1997 年初，国家科委就我院和兰州近物所提出的项目在京西宾馆召开专家论证会议。会上，许谨诚就我院建设“北京放射性核束装置”的必要性、重要性、方案和所需经费向专家作了汇报，樊明武、关遐令介绍了加速器部分，丁大钊院士也参加了会议，再加上 30 兆电子伏回旋加速器的研制成功为立项的可行性提供了依据。会议结果是两个项目都上，但兰州近物所提出的项目先上。为了使国家科委和国防科工委领导及有关专家理解、支持我院建设“北京放射性核束装置”，会后，继续积极向“两委”领导和两院院士汇报并邀请他们来院考察，取得较好效果。根据形势的变化及专家意见，在“北京放射性核束装置”的基础上，提出了建设北京串列加速器升级工程的建议。1998 年 8 月，由樊明武组织编写了升级工程的可行性报告及整体方案。同时，升级工程的预研工作取得重要进展，强流质子回旋加速器轴向注入系统实验台架全部完成，回旋加速器的负氢离子源不注铯流强达到5.2 毫安。该项目通过中核总专家组的鉴定，主要技术指标优于原计划要求，达到国际同类装置的先进水平。铜-64 离线放射性核素的加速也获得了成功，为升级工程取得了宝贵经验。1999 年，我院再次上报“北京串列加速器升级工程”建议书。

核燃料后处理放化实验设施立项申请，也取得重要进展。1998 年，印度、巴基斯坦相继进行了核试验；1999 年 5 月，美国轰炸我驻前南斯拉夫大使馆，使国际和周边形势发生了不利于我国的急剧变化。放化所所长顾忠茂根据上述形势的变化以及我院的现状，立即组织编写了有关申报材料，认为我院现有后处理放化设施已陈旧不堪，新设施的建设刻不容缓。与此同时，放化所还请王方定院士给胡锦涛同志写信，争取中央领导的支持。上述工作，使中核集团公司和国防科工委以及总装备部等对“核燃料后处理放化实验设施”建设的必要性和紧迫性取得了共识，召开了“核燃料后处理放化实验设施”专家论证会。2000 年 1 月 8 日，中核集团公司计划部、科技与国际合作部组织了以王方定院士、严叔衡研究员为正副组长的专家组，对有关核燃料后处理放化实验设施的情况说明进行了论证,专家组建议尽快在我院建成具有国际水平的核燃料后处理放化实验设施。为此,希望我院尽快组织编写项目建议书。会后,按照中核集团公司计划部的要求,我院与核二院联合组织编写了项目建议书。3月21日,中核集团公司计划部与科技委对项目建议书初稿中所涉及的方案、规模和投资概算等进行了论证。5月15日,中核集团公司计划部邱建刚主任亲自主持了对投资概算的详细论证。在反复论证的基础上,核燃料后处理放化实验设施项目建议书正式由我院上报中核集团公司计划部,由中核集团公司呈报国防科工委。

强流质子回旋加速器及生产中短寿命放射性同位素装置的项目,于1996年5月通过国家计委验收。该项目含厂房全部总投资1 350万元,仅相当于国内同期引进同一型号装置投资的五分之一。在运行后产生了较大的经济效益,并促进了医用正电子发射成像仪(PET)的推广应用。它的建成,使我国回旋加速器研制技术赶上世界先进水平,缩短了与先进国家的差距,为我院设计制造用于“串列升级”的前级强流回旋加速器和用于生产中短寿命放射性同位素的小型回旋加速器奠定了技术基础,结束了我国不能用加速器批量生产中短寿命放射性同位素的局面,标志我国回旋加速器的研制能力达到一个新水平。该成果被400多位两院院士评为1996年“中国十大科技事件”之一。

(五)

“九五”期间,我院党的建设、思想政治工作和精神文明建设进一步加强。

院党委始终把政治理论教育作为加强党的建设的首要任务来抓。从1995年开始,用了一年多时间,在党员中开展了以学理论、学党章为内容的“双学”活动,使广大党员对邓小平理论、党的基本路线和深化改革、扩大开放的政策有了更深刻的理解,对我院在新的历史条件下面临的形势和任务有了更深刻的认识,增强了改革发展的紧迫感和自觉性。

进一步加强领导班子建设,制定了选拔优秀年轻干部的“五年规划”,按照干部“四化”方针、德才兼备的原则和“5-4-3”梯次结构,加快了干部年轻化进程,一批年轻干部走上不同的领导岗位。召开青年人才工作会议,规划青年骨干队伍建设。加大了从优秀青年中发展党员的力度。切实抓好党风廉政建设,重点抓了党风党纪教育和领导干部廉洁自律工作,增强了党员干部遵纪守法的自觉性。“九五”期间,李金英、张天爵、柳卫平、罗志福入选“百千万人才工程”第一、第二层次人选。

1997 年初，我院被中核总党组命名为核工业爱国主义教育基地。经过认真筹备，建成了爱国主义教育基地展览室，在“七一”前夕隆重举行了揭牌仪式，从而为中核总也为我院开展爱国主义教育提供了重要阵地。以创建文明单位为载体，推动群众性精神文明建设活动深入开展，制定了《关于创建首都文明单位的实施计划》并认真组织实施。经过认真考核评比，有 5 个单位荣获首批院级文明单位称号。“九五”期间，院连年被评为“中央国家机关文明单位”、“首都文明单位”和“中核总文明单位标兵”等称号。

工会通过开展“四职”教育①、“三杯”②社会主义劳动竞赛、合理化建议、中青年工人技术比武、巾帼建功等活动，不断提高职工的思想和业务素质，激发了职工的劳动热情。1996 年，我院建成中央国家机关“模范职工之家”，核保障室、同位素所 53 室先后建成“全国模范职工小家”。团委以培养跨世纪合格接班人为宗旨，积极推动跨世纪青年文明工程和人才工程，通过开展“争创青年文明岗”、成立青年志愿者协会、举办青年科技节、建设青年文化活动中心等活动，全面开展团的各项工作。

积极落实离退休职工的政治生活待遇，力所能及地解决离退休职工普遍关心的各项问题，根据国家政策，从院的经济实力出发，保证了离退休职工的医疗费支出和退休金发放，在各种生活补贴方面给以照顾，鼓励和支持离退休职工发挥余热。

1999 年 7 月，院党委按照中央的部署，在我院和本地区开展了广泛深入的揭批“法轮功”的斗争。我院参加“法轮功”组织的人数较多，被称为核工业在京单位的“重灾区”，因此，工作任务十分艰巨。院党委及时作出了《关于坚决贯彻中央处理和解决“法轮功”问题的重大决策的决定》和《关于贯彻中央在党内抓紧处理和解决“法轮功”问题部署的安排意见》，成立了院处理和解决“法轮功”问题领导小组，积极开展了同“法轮功”邪教组织的斗争。在同“法轮功”邪教组织的斗争中，各级党组织、各级领导干部旗帜鲜明，态度坚决，对“法轮功”练习者进行了艰苦细致的教育转化工作，通过多年的工作，教育和挽救了大多数原“法轮功”练习者，使广大党员干部群众受到了深刻的教育，维护了我院和本地区的稳定，同时也使自身在这场严肃的政治斗争中得到了锻炼和提高。

---

① “四职”教育，指职业理想教育、职业道德教育、职业纪律教育、职业技能教育。

② “三杯”，指重大成果杯、效益杯、优质服务杯。

为了纪念为我国第一颗原子弹、氢弹的研制作出重要贡献的著名核物理学家、我院第三任院长王淦昌先生,2000年9月26日,王淦昌铜像揭幕仪式在我院隆重举行,国防科工委副主任张华祝为王淦昌铜像揭幕。

(六)

"九五"期间,后勤系统深化改革,充分调动各单位职工的积极性和创造性,确保了水、电、暖、气、物资的供应,提供了医疗、物业、食宿、交通、教育等服务,保证了科研生产的顺利进行和职工生活的需要。

随着改革的深入,后勤系统紧紧围绕《原子能院深化改革结构调整基本框架》,确定了后勤改革按照"后勤系统逐步成立三产集团的组织形式,逐步实现社会化,对内有偿服务,开拓对外经营,减少院内经营补贴"的总思路。通过"积极开拓,加快分离,规范制度,管好干部,稳步前进"的实施方针,逐步实现"优质服务,有偿经营,多元发展,繁荣家园"的改革目标,建立适应市场经济要求的新的后勤工作管理体制和运行机制,为科研生产和职工生活提供更好的保障和服务。1999年8月,按照政企分开、经营与管理分开、精干管理、扩大经营的原则,成立了后勤处,撤销了行政处机构建制,筹建后勤服务集团,从而初步形成了管理职能和经营服务职责分开的后勤框架体系;以招待所、北戴河休养所、食堂科等为基础,成立了接待培训服务中心;成立了物业管理部,包括原行政处所属以服务为主的各部门以及从生活区管理处分离出来的卫生、绿化、市场管理等部门和其他各种社区服务部门;公开招聘了交通运输部、接待培训服务中心和物业管理部经理;按照《公司法》,对商店进行了改制,成立了核都汇隆商贸有限责任公司,使商店成为自主经营、自负盈亏、自我发展的独立法人企业。

动力工程部加强车间成本核算,制定并实施职工用水、用电、取暖的收费办法,降耗增效,增收节支,取得良好效果。交通运输部、器材供应部、液化气站等单位的员工挂牌上岗服务,增强了责任感和光荣感。班车实施公交化运行,进一步方便了职工的出行。在基建方面,我院竣工280套三居室住宅楼,全部投入使用,消除了二三家合厨房的居住状况;实施了住房公积金和"提租补贴"政策。为了改善职工的工作、生活条件,进行了工作区的部分道路改造和大门改造;在极端困难的情况下,在生活区购买了一片土地,建设了综合运动场;开拓思路,突破以往的模式,我院主动与房山区有关部门及阎村镇政府协商并达成协议，联合开发“千禧家园”居住小区。职工医院加强了公费医疗的管理，通过分配制度及人才培养政策的调整，保证了医疗水平进一步提高，还开展了胸外科手术、血液透析和核医学等新的医疗科目。中小学教学质量进一步提高，与职工医院分别通过了北京市的行业规划达标验收。

“九五”期间，院领导为我院的长远发展，通过各种渠道向党中央、国务院及有关部委反映我院的现状和发展规划，得到了包括时任党中央总书记、国家主席江泽民，国务院总理朱镕基的关心和支持。我院的定位更加准确，目标更加明确。出台了《原子能院深化改革结构调整基本框架》，进行了科研结构、运行机制等改革，以同位素所为试点进行转机建制，在企业化管理上迈出了实质性的一步。全面完成了科研任务，取得了一批优秀成果，获国家级奖 9 项，部级奖 136 项，其中医用裂变钼-99 的提取、锝-99m 发生器和锝-99m 药盒的研制获国家科技进步奖一等奖；被《SCI》收录的科技论文维持在全国前 20 名，是 20 名中唯一的工业部门研究院所。民品开发和涉外项目取得了可喜进展，横向收入达到了“九五”的目标。在完成“九五”规划的过程中，也培养了一批优秀人才，张焕乔当选中国科学院院士，樊明武当选中国工程院院士，李吉根获中国青年科技奖，崔宗渭获“全国技术能手”称号，李金英、张天爵、柳卫平、罗志福等入选“国家百千万人才工程”，40 位青年职工入选中核总“112 育才工程”。精神文明建设和党的建设也取得好的成绩，1993 年以来连续七次获得“中央国家机关文明单位”称号，1994 年以来连续五年获得“首都文明单位”荣誉称号。

第九章　抓住机遇　谱写新篇

加强基础能力建设，推进产业体制创新，为院的跨越式发展夯实基础。

(一)

2001 年至 2005 年是我院执行“十五”科研生产发展规划的五年，是我院发展的又一个关键时期。

进入 21 世纪，党和国家提出了“科教兴国、科技强军”的重大决策。我院根据国家的需求，经过调查研究，结合我院实际，制定了“十五”科研生产发展规划。主要目标任务是：根据确保国家安全的需要，确保军工科研生产任务的完成；根据国家能源发展需要与可持续发展战略，积极承担核能、核燃料循环、核安全技术开发与研究任务；积极开展核科学的知识创新与技术创新，发展与核相关的高新技术产业，努力促进同位素及辐射技术、计算机信息技术和核探测及电子学技术等在国民经济中的应用，促进向核医学、生命科学、生物工程、材料科学和环境保护等学科的交叉与渗透，推动高新技术产业化；继续开展核物理、核反应堆物理和放射化学前沿性基础研究，为增强我院和核工业的发展后劲，为提高我国核科技的国际地位作出贡献。

院党、政、工领导班子相继换届。2002 年 1 月，中核集团公司聘任赵志祥为我院院长；2003 年 8 月 14 日至 15 日，我院召开了第九次党员代表大会。会上，朱天玉作了党委工作报告，李林虎作了纪委工作报告。大会选举产生了新一届党委会和纪委会，舒卫国任院党委书记，李林虎任副书记兼院纪委书记，陈建欣任院纪委副书记。2001 年 8 月，院聘任张锦荣为院长助理。院还先后聘任刘森林、李和香、邵焕会、张静波为院长助理。2003 年 9 月，中核集团公司聘任舒卫国、李金英、杨河涛、张昌明、张锦荣为我院副院长。2005 年 3 月，李金英调中核集团公司工作。8 月，中核集团公司聘任柳卫平为我院副院长。2002 年 1 月 30 日，院工会召开了第七次会员代表大会，选举产生了新一届工会委员会，邵焕会当选为院工会主席，岳祖玉为副主席。

“十五”期间，我院继续加强与国家有关部门的汇报和沟通，我院的发展引起了党和国家领导及中央有关部门的更多的重视和关怀。国务院副总理曾培炎，科技部部长徐冠华、副部长马颂德、李学勇，国家发改委副主任张国宝，国防科工委主任刘积斌、副主任栾恩杰、张华祝、徐鹏航、张维民、张洪飚、于宗林、虞列贵，总装备部副部长李安东等来院视察指导工作。2002 年 6 月 27 日，朱镕基总理在反映我院发展中遇到的困难的一份报告上作了重要批示：“请财政部对专项治理经费、运行费和提高待遇等方面特别支持一下。”2002 年 6 月 29 日，温家宝副总理再次对我院院士反映我院科研平台建设和运行经费等问题的报告作了重要批示。

为落实朱镕基总理的批示，院务会及时研究决定：一是由赵志祥负责，继续加强与上级有关部门的汇报和沟通，进一步取得有关部门的理解与支持；二是由李金英、张昌明副院长牵头，组织院办公室、计划处、财务处和劳动人事教育处等部门编写《关于落实朱镕基总理对原子能院“6.27 批示”的专题报告》。2002 年 7 月 25 日，《专题报告》定稿上报，提出了我院最急迫需要解决的事项与经费需求，包括《关于原子能院承担的重要军工科研任务的汇报》、《原子能院放射性废物治理专项建设项目汇总表》、《关于大型科研设施运行维护费的说明》和《关于提高人员待遇的说明》4 个附件。

为了促进《专题报告》的落实，2002 年 7 月 29 日，院成立了以赵志祥为组长，李金英、张昌明、李和香为副组长的落实“6.27 批示”领导小组。在抓紧深化、细化报告相关内容的同时，领导小组加大了对外宣传与公关力度，邀请多名部、司局领导来院实地参观考察，多次组织不同类型的汇报，加深了上级有关部门对我院的了解和理解，取得了良好的效果。当年即增加财政拨款 1 800 多万元（核设施维修维护费 1 000 万元，事业费补贴 800 多万元）；放射性固体废物回取、分拣、整备设施以及含氚废水蒸发排放设施建设等一批放射性治理专项工程，总金额为 1.35 亿元的基础设施一期改造项目先后立项并逐步实施。

2004 年 4 月至 6 月，新华社《瞭望新闻周刊》记者杨柳、苗俊杰采访赵志祥后提出，原子能院发展中的困难具有典型性，应该撰写系列内参向最高领导层反映。6 月至 8 月，赵志祥组织张昌明、顾忠茂、徐銤、张和平等同志，撰写了《我核科技人员待遇低于当地平均工资》、《我与俄合建的实验快堆面临停建》、《我应趁国际天然铀价格低迷大量购入》、《专家预测未来十年世界核能将稳步发展》、《曾领先的中国核科技为何大为落伍》等5篇稿件。8月26日至9月3日，后4篇稿件以新华社记者杨柳、苗俊杰的名义在《新华社参考清样》上发表，其中由顾忠茂撰写的《曾领先的中国核科技为何大为落伍》一篇改名为《浅析我国核技术大大落后于国际水平的原因》。8、9月份，江泽民、胡锦涛、温家宝、黄菊、曾培炎等中央领导对《浅析我国核技术大大落后于国际水平的原因》作了一系列重要的批示。

中央领导的一系列重要批示，是核工业与核科技发展历史上的重大事件，是核工业与核科技事业再度振兴的重要转折点，使我国核工业迎来了“第二个春天”。新华社内参部领导说：“一份报告同时获得如此多中央首长的重要批示，在新华社建社几十年来尚属首次。”

为了落实党中央和国务院领导同志的一系列重要批示精神，国防科工委起草了《国防科工委关于加强核基础能力建设问题的报告》，上报国务院并得到了批复。报告明确提出：“要将原子能院建设成为一个基础性的、综合性的、世界先进水平的核科学技术研究基地。建设一批先进的、功能齐全的大型研究设施，形成完整的、配套的基础科研能力，成为我国培养顶尖核科技人才、出一流科研成果和创新科学思维的核基础科学综合研究基地。”

按照这一要求，赵志祥组织了一大批专家编制了《原子能院十年总体发展建设规划》。在发展建设规划中明确提出了我院的定位：在国家核科技发展战略中是一个地位不可或缺、作用不可替代的，军民结合的，以开展先导性①、基础性②、前瞻性③的研究工作为主的综合性国家核科学技术研究基地；明确了我院的地位为“四个基地”：国防核科研基地、核工业科研基地、核基础科研基地、核技术应用开发基地；明确了我院的作用为“三个库”：国家核工业和核科技发展科学思想库、人才库和技术储备库；确定了我院的八个重点学科：核物理、核化学和放射化学、同位素技术、反应堆工程科学技术、加速器技术、探测与分析技术、辐射安全、电离辐射计量。规划建设总投资需66亿元，新征土地500亩，计划用十年的时间完成。

---

① “先导性研究”，是指根据国家重大需求牵引和具有重大实际应用前景的、处于型号研制和产业中试之前的开创性工程技术研究工作。

② “基础性研究”，是指根据国家重大需求和国际发展前沿，开展具有较强通用性和广泛应用前景技术的深入研究及其科学基础研究。

③ “前瞻性研究”，是指依据国家发展战略和科学发展趋势，为占领科技发展制高点，开拓新领域，大幅度跨越式发展科学技术，进行强探索性、高风险的科技研究。

受国防科工委的委托，新时代咨询公司于2005年10月29日对此规划进行了评审；11月18日至22日，对此规划包含的35个子项目进行了评审。

党和国家领导人对加强我国核工业及核科技事业的发展所作出的一系列重要指示，令我院广大干部职工倍感鼓舞和振奋。全院干部职工抓住机遇，加快发展，在科学研究、工程建设、核技术产业、人才培养、党的建设和精神文明建设等方面取得了显著成绩。光荣的四〇一人奋力拼搏，谱写了我院发展的新篇章。

（二）

“十五”期间，我院坚持“有所为，有所不为”的原则，顽强拼搏，刻苦钻研，全面完成“十五”科研任务，取得了一批具有一定显示度的重要成果。

核能开发方面，开展了现役核电站应用技术研究、先进燃料元件研究、MOX燃料元件技术研究和核电站辐射防护与安全技术研究，以及动力堆乏燃料后处理技术研究等，并瞄准新一代核能系统，继续开展快堆和加速器驱动洁净核能系统研究（ADS），取得了一批有重要应用价值的研究成果。

现役核电站应用技术研究方面，我院具备国家建设部颁发的关于从事反应堆工程（包括核电站反应堆）主导工艺设计甲级资质、国家质量技术监督局颁发的《压力容器设计单位批准书》以及国家核安全局颁发的《中华人民共和国民用核承压设备设计资格许可证》。“十五”期间，在国内首次成功研制了核电站燃料元件破损在线探测系统（FDDS）样机；反应堆压力容器与堆内部件监督及寿命评估技术研究课题，开发出具有自主知识产权的压力容器寿命预测公式；新型碱化剂对二回路设备材料防腐蚀技术研究课题，研究的新型碱化剂乙醇胺具有低挥发性、高碱性的特点，能克服用氨作碱化剂带来的问题；MOX燃料元件技术研究项目，研制出了有工艺代表性的、合格的模拟MOX芯块；先进燃料元件研究项目，引进了乏燃料运输容器并获得使用许可证，建立了相关检测技术和设备，为建立我国核电厂全尺寸燃料棒热室检验体系打下了基础；核电站燃料组件数据库开发课题，完成了中国核燃料组件数据库的开发。这些成果对促进我国核能的发展、提高我国核电厂运行的安全水平和经济效益有重要意义。

我院是我国最早从事生产堆燃料后处理工艺研究的实验基地。后处理技术先进的重要标志是铀钚的回收率高、废物体积小、过程简单稳定、安全可靠。我院研究的后处理先进二循环工艺流程，由于采用了具有自主知识产权的无盐还原剂，不但降低了高放废液的含盐量，可使之在固化处理时体积最小化，而且使流程更加简单稳定，各项技术指标满足后处理的要求。我院研究的石墨晶体预衍射X光仪，可直接分析强放溶液中的微量铀、镎、钚含量，开发的混合式K-边界密度/X荧光仪，可以同时精密测定后处理料液中铀和钚的含量，为后处理过程监控和研究提供了有力的手段。

核废物能否得到妥善的处理和处置，是公众是否支持发展核能的关键所在，是核工业能否持续发展的瓶颈问题。目前，对高放废液进行玻璃固化处理被认为是最可行的方法。"十五"期间，我院对我国军工时期遗留的高放废液的化学成分进行了分析，研究了合适的玻璃固化配方，进行了模拟高放废液的玻璃固化试验，并建立了一系列测试玻璃固化体性能的特殊装置。

核基础科学与技术研究是核科技可持续发展的基础，对国防科技和国防工业的发展起着重要的支撑作用。"十五"期间，我院开展的核基础研究工作主要有：核物理基础研究、中子散射研究、核化学与放射化学研究等，取得一些具有国际先进水平的成果。

放射性核束与核天体物理课题组在"十五"期间得到了"国家重点基础研究发展规划"(973计划)、国家杰出青年基金、国防基础科研基金，以及两项国家自然科学重点基金和多项面上基金的资助。利用我国第一个低能放射性离子束实验装置，开展了核结构和核天体物理若干前沿课题的研究，取得了一系列新的研究成果。研究成果引起了国际同行专家的关注与好评，实验数据已被IAEA收录，文章中所使用的理论分析方法也引起了国际同行专家的兴趣。

"十五"期间，利用加速器质谱这种先进的、高灵敏的核分析技术，瞄准国家环境科学、生物医学以及资源调查研究等国家目标，取得了一批研究成果。最为显著的是，2004年上半年，北京串列加速器核物理国家实验室与中国地质科学院矿产资源研究所合作，采用基于强流离子源的加速器质谱技术成功地测定了太平洋三个海域的海底资源——富钴结壳的生长速率，对于扩大我国深海资源开采权具有十分重要的意义。

核物理所完成的"大型重离子串列加速器技术创新与重大设备国产化研究"项目，对HI-13串列加速器开展了技术创新与重大设备国产化研究工作，提高了HI-13串列加速器的综合性能和利用效率，使我国在大型重离子串列加速器上的一些重大设备、关键技术和运行维修水平达到了同类实验室的世界先进水平。该项目获得2001年度国防科学技术奖一等奖和2002年度国家科学技术进步奖二等奖。

核化学与放射化学研究是其他相关应用领域的基础和技术保障，具有超前性、创新性和指导性。它的有关研究成果，如：核爆炸的放化诊断、反应堆元件燃耗的测定、各种能量中子诱发铀-235、铀-238的裂变产额、质量分布的测量等，为国防建设和国民经济建设作出了贡献；核素的各种反应截面的测量、各种分析方法、各种标记化合物的研制等，广泛用于化学、生物学、医学、天文学和环境科学等方面。

预研项目全部按计划完成，通过了中期验收，突破了一系列关键技术。核技术应用所完成的“高功率KrF准分子激光系统的研制”获2002年度国防科学技术奖一等奖。

放化所完成的“核燃料后处理过程中分离和净化浓缩改进及微型混合澄清槽研制”项目，为提高我国乏燃料后处理水平、降低工程投资和运行成本、减少固体放射性废物、增加工艺过程的安全性和可靠性提供了技术基础。该成果获得2002年度国防科学技术奖一等奖和2003年度国家科学技术进步奖二等奖。

同位素所完成的“干法制备^{131}I”项目，结束了我院20多年使用湿法生产碘-131的生产工艺，对提高碘-131产品质量、产量，减少废水排放和对大气排放的污染都有重要意义。该工艺首次被列入IAEA出版的《Mannal for Produced Radioisotopes》中。此项目获得2003年度国防科学技术奖一等奖。

“十五”期间，我院承担的重要科研任务全部通过了上级单位组织的验收，并受到高度评价。共获得国家科技进步奖二等奖2项，国防科学技术奖一等奖5项、二等奖13项、三等奖35项，北京市科学技术进步奖三等奖2项。另外，还荣获何梁何利科学技术进步奖3项，叶企孙物理奖1项，王淦昌物理奖1项，胡济民教育科技奖3项；申请国家专利54项。一个课题组荣获总装备部“十五”装备预先研究先进集体称号；获2004年度和“十五”“863”先进个人各1人。

（三）

“十五”期间，我院认真贯彻中核集团公司“将核应用技术作为三大支柱产业之一”的方针和我院“确保一个目标①,构建两个体系②,拓展三个领域③,建好四个中心④”的核应用技术产业化的总体发展目标,始终坚持民品开发以市场为导向,以“技术创新,发展高科技,实现产业化”为指导,按照中核集团公司的“优势项目重组改制,重点项目做大做强,前景项目有所突破”的要求,经过全院职工克服重重困难,努力工作,开创了我院核应用技术产业化的新局面。同位素产业重组顺利进行;新型海关集装箱检查系统成功推向市场;2 兆电子伏辐照消毒灭菌自屏蔽电子束装置研制成功并交付使用;微型医用种子源研制成功并推广;6 兆电子伏、9 兆电子伏无损探伤电子直线加速器和爆炸物检查装置研制成功;优势项目稳定快速增长,核应用技术和其他产业经营性收入每年以 13%的速度稳定增长,从“九五”末的 1.6 亿元增加到“十五”末的 2.8 亿元,连年超额完成中核集团公司对我院的考核指标。

为了推动核应用技术产业化和企业化工作,我院确定了以同位素技术、加速器及辐照技术和射线技术应用开发为重点,建立起发挥核技术优势的创新体系和适应市场机制要求的、符合现代企业制度规范的产业体系,努力成为核工业核应用技术开发基地和产业化龙头单位的工作思路。经国家经贸委批准,由我院为主发起人,联合北京首创科技投资有限公司等单位共同发起,于 2001 年 5 月 18 日正式注册、挂牌成立了“北京原子高科核技术应用股份有限公司”(简称原子高科);2003 年 3 月,我院又将成熟的同位素产业重组进入原子高科,从而使公司主营业务拓展至同位素技术与辐射技术领域。至此,同位素产业改制工作取得突破性进展。原同位素所转制为“原子高科”的同时,为了保任务、保学科,组建了新的同位素研究所,由罗志福任所长、党支部书记。

改制后的原子高科继续平稳运行。放射性药物制备及 GMP 技改工程在 2000 年完成第一期锝发生器生产工号 GMP 技改工程和焚烧炉及场所建设之后,2003 年又完成了第二期碘-131 等体内放射性药物生产线(144 工号)GMP 技改工程,二者于 2003 年通过了国家食品药品监督管理局的 GMP 认证,获得认证书。2004 年至 2005 年,又完成了第三期免疫药盒生产线 GMP 技改工

① “确保一个目标”:以院为依托,以反应堆、加速器等科研设施及核技术积累为支撑,充分发挥我院的技术优势和高技术人才优势,加速核应用技术产业化的发展。

② “构建两个体系”:建立符合现代企业制度的技术创新开发体系和产业化运作体系。

③ “拓展三个领域”:同位素技术及制备,加速器及辐射工艺技术,探测器与数字化技术。

④ “建好四个中心”:完善国家同位素工程技术研究中心,建立加速器工程技术研究中心、辐射工艺技术研究中心和核探测与数字化技术研究中心。

程。至此，GMP 技改工程全部完成。原子高科在保持原有优势产品稳步增长的同时，重点开发了现代核医学诊断用新型放射性同位素制品和工业、医用强放射源。新产品的开发，保证了原子高科的发展后劲，2005 年完成销售收入 1.69 亿元，利润 1 650 万元，实现了“打造亮点，提速发展”的既定目标。

“十五”期间，核应用技术的重点项目有了较大突破。其中新型海关集装箱检测系统是 2001 年我院与公安部一所合作完成的，该系统是世界上第一台将钴-60 运行维修的简便性与固体探测器的高效性结合起来的装置。我院生产的第一台海关集装箱检测系统出口柬埔寨，受到国防科工委、中核集团的表彰。2002 年 9 月，我院拨专款建立了固定式集装箱检测系统示范基地，并于 2003 年 4 月通过验收。

邮件消毒灭菌自屏蔽电子束装置，主要用于对邮件、炭疽菌、天花、鼠疫等细菌的辐射消毒灭菌和医用品、保健品的消毒灭菌以及食品保鲜等。我院研制开发出能量为 2 兆电子伏、平均束功率为 1.0 千瓦的自屏蔽辐照消毒灭菌用电子直线加速器，其体积不足 2 立方米，可放置在普通房间，不需要任何外加屏蔽防护设施，对人体不产生任何危害。2001 年 11 月，北京市公安局委托我院为其生产一台用于杀死邮件中炭疽菌的电子束装置，2002 年完成，同年 9 月通过鉴定，10 月 26 日交付使用。

爆炸物检测装置可以探测塑料外壳地雷，与金属地雷扫雷器一起装备部队，也可以置于空港、车站、码头，对乘客和行李进行安全检查，探测伪装在行李中的爆炸物品。该项目于 2000 年年底立项，2001 年初完成了模拟样机的研制工作，2004 年研制出 3 种不同类型的试验样机，2005 年 7 月研制成功 1 台集爆炸物和放射性物质检测功能于一体的 CIAE—QRS 爆炸物检测装置，并通过了北京市公安局组织的评审验收。该装置填补了国内空白，使我国成为世界上少有的几个能生产此装置的国家之一，标志着我国在爆炸物检测技术和反恐装备方面进入了国际先进行列。

9 兆电子伏驻波型电子直线工业探伤加速器于 2003 年研制成功。至此，我院初步形成了 2、4、6、9 兆电子伏的高能 X 射线无损探伤加速器系列产品，可以满足不同要求的应用。高功率电子加速器辐照示范装置，作为我院核应用技术产业的重点工程，得到了国家发改委的大力支持，2004 年完成了加速器主体结构的安装以及束调管、调制器、水冷、控制、真空、磁场等各分系统的安装调试与联合实验，2005 年 9 月，完成示范工程厂房建设，加速器整体设备搬入新厂房，正式开展联机调试。

“十五”期间，开发的新产品还有高性能Gd_2O_2S:Pr,Ce,F陶瓷闪烁体研究项目，2004年11月立项，2005年12月完成。闪烁晶体是制造辐射传感器和探测器的关键材料，广泛应用于核医学诊断CT、工业CT、安全检查和其他研究领域。10兆电子伏医用回旋加速器在自酬经费支持下，2002年完成了整机的初步物理设计、电磁场计算、磁场系统物理设计以及H^-离子源结构原理实验验证。2004年8月，包括该项目在内的4个核技术研究项目正式得到国家批复立项，国家配套资金1 030万元。电力电子厂开发出500安、3千伏大功率晶闸管，投入生产供用户使用。

“十五”期间，我院还积极寻找合作伙伴，加强了对外合作。2004年3月，我院下属的北京埃索特核电子机械有限公司与房山区良乡镇建鑫园房地产开发公司正式签订合作意向书，共同开拓IG—SCAN系列集装箱检查系统的市场。4月16日，我院与房山区政府本着“优势互补、互利互惠、协同创新、共同发展”的原则，共同签署了全面合作框架协议。5月18日，原子高科与房山区史家营乡民营企业共同投资兴办的北京金辉辐照技术公司的“高能大功率辐照加速器”项目奠基仪式，在燕房园工业开发区隆重举行。

(四)

“十五”期间是我院新的基础能力建设开始起步、核心竞争力不断提高的五年。代表着国家在核科学技术领域核心竞争能力的四大科学工程相继在我院开始建设，并取得重要进展；基础设施改造初见成效，实验室建设取得进展，技术改造、三废治理工程陆续启动，信息化建设专项顺利完成。

中国实验快堆工程。2000年，科技部组织了对快堆工程的概算复核，由我院委托核二院编制了工程初步设计复核概算。由于多种原因，编制的一个近20亿元的概算未能真实上报，只上报了一个不到15亿元的概算。科技部委托北京中咨能海公司进行评估，评估对上报概算复核进行了大量核减，核减后的总经费为13.588亿元，相当于上报总额的90%。2000年上报复核概算，到2002年6月得到科技部和国防科工委的批准，落实了“十五”经费。批复的复核概算目标与实际情况已经有了很大的偏离，另外，工程中最大的国内自主制造项目堆容器构件及旋塞的加工费要求增加1亿元。复核概算经费难以实现到2005年底完成工程建设目标。为此，我院将这一情况上报到中核集团公司，并由中核集团公司上报到科技部，经科技部同意，2003年，我院委托核二院编制了调整概算(A版)。科技部委托中咨公司进行了评估,检查和评价结果表明,工程没有出现资金滥用情况,工程投资目标超出的最主要原因是主容器进度超出所影响,而通货膨胀造成的物价上涨也是投资目标突破的重要原因之一。但由于概算还存在一定费用缺口,科技部、国防科工委又责成中核集团公司进行了工程设计、进度、投资三确认,从2005年底召开首次会,并经过一个月的专家审查,最后在2007年底才批复,总投资25.03亿元。

2001年1月19日,院对快堆工程部的管理机构进行了调整,调整后的工程部由设计管理部(下设运行准备部)、建造管理部、采购供应部、计划合同部、质量保证部、财务部、综合部(下设信息管理中心)组成。3月5日,院务会议就快堆领导管理体制问题进行了研究,决定由赵志祥作为第一负责人,由杨河涛协助管理,重大问题由院务会决定。2001年3月15日,核岛厂房底板以上墙体开始施工。2002年8月15日,核岛主厂房按计划封顶,实现了中国实验快堆工程的又一个里程碑节点。2003年基本完成了全部施工设计,土建结构施工继续进行,安装工作全面展开,按计划启动调试准备工作。2004年完成了全部施工设计工作,基本完成了土建施工,全部完成了核岛厂房16.8米以下的安装任务。组建了调试队伍,并开展了相关工作。由俄罗斯提供的首炉燃料于2004年9月30日运抵现场。2005年堆容器首批大型部件运抵现场,堆本体开始安装,实现了工程建设的重大节点;截至年底,核岛回路系统安装施工量达到总量的70%;开始核岛调试,完成钠接收相关系统的调试;完成常规岛安装、全厂公用辅助系统安装施工;基本完成全厂地下管网施工任务,接入外电网;基本完成调试文件的编制,完成安全分析报告和环境影响评价报告的初稿。

中国先进研究堆工程。2001年完成初步设计;2002年1月,国务院批准工程建设;5月通过初步安全分析报告评审;6月国防科工委下达了对工程可行性研究报告和初步设计的正式批复;7月通过环境影响报告的评审;8月国防科工委颁发了开工许可证;8月26日正式开工,浇灌第一罐混凝土,标志着中国先进研究堆正式进入工程建设阶段。2003年实现了运行楼封顶,开始对通风中心、热室壳体等主要设备的安装。2004年基本完成工程设计和设计验证试验,进行堆本体主体设备安装,组建调试运行机构,以及组织调试队伍。2005年完成堆设计和设计验证,主厂房封顶。

2002年9月,我院通过了国防科工委系统二司对我院中国先进研究堆核承压设备设计的批复,同意我院进行中国先进研究堆核承压设备的设计工作;2003年,通过了国家核安全局对我院"中国实验快堆核承压设备设计许可证"的复查。这些工作为我院承担更多的科研生产任务创造了条件。

HI-13串列加速器升级工程。2001年8月20日,院务会研究决定成立串列加速器升级工程指挥部、顾问组、项目办公室和技术部。由赵志祥任工程指挥部总指挥,柳卫平、王国保任副总指挥;由丁大钊院士任顾问组组长;由杨丙凡任项目办公室主任;技术部实行总设计师负责制,由张天爵任总设计师,关遐令、唐洪庆任副总设计师。2002年4月,国防科工委委托中咨公司对北京串列加速器升级工程进行评估,标志着工程项目正式进入了立项程序。2003年1月,正式通过了由中咨公司组织的专家评审,年内完成了可研报告的编制和上报,环境影响报告获批复,工程项目顺利获得立项。2003年12月,成立了由杨丙凡任总经理的工程部和由张天爵任总经理的技术部,负责具体工作。2004年,完成了可研报告并得到了国防科工委的批复,开始初步设计。2005年,初步设计基本通过,达到具备正式开工的条件。

核燃料后处理放化实验设施工程。在正式上报项目建议书后,于2001年组织人员开始了可行性研究方案的编写。2002年4月,国防科工委正式发文委托中咨公司对核燃料后处理放化实验设施项目进行评估,项目正式进入立项程序。2003年,通过了中咨公司的立项评估;11月,国防科工委批复了核燃料后处理放化实验设施项目建议书,正式开始可行性研究报告和环境影响评价报告的编制。2004年4月,成立了核燃料后处理放化实验设施工程部,由放化所所长叶国安兼任总经理,由田保生、徐卫东任副总经理,张先业任总工程师。2004年11月5日,国防科工委批准颁发厂址审查意见书;12月,国防科工委批复了可行性研究报告。2005年,完成初步设计,开始四通一平等施工前的所有准备工作。

重点实验室是我院核心竞争力的重要组成部分。"十五"期间,在国家的支持下,我院重点实验室的条件不断改善,能力不断提高。核数据测量与评价技术国防科技重点实验室,基本完成设备采购和实验室改造;计量与校准技术国防科技重点实验室建设工作全面展开。此外,一批院属重点实验室的研究条件和环境面貌也得到了较大提升。

2002年,为了顺利完成国防任务,推动我院的科研体制改革,根据国防科工委和中核集团公司的部署,结合我院的总体规划,在确定了院军调总体框架的基础上,编制了《中国原子能科学研究院军品科研生产能力结构调整实施方案》。《实施方案》于 2003 年 9 月得到了上级的批复，标志着我院进入了国务院、中央军委批准的重点保军单位的行列。我院被批准保留五大重点专业和一项生产能力，在核工业系统的军调单位中，是保留军工能力范围最广的一个单位。同时，我院被批准为军调试点单位。方案批复后，我院于 2003 年 10 月成立了军调实施领导小组和办公室，制定了实施计划和一级网络进度图以及相应的保障措施，并于 2004 年年初开始实施。

“十五”末期，赵志祥组织全院力量编制完成了我院“十一五”科技发展规划、我院中长期发展规划纲要(初稿)和区域(科研生产区和科研服务区)规划。

(五)

“十五”期间，我院党的工作紧紧围绕院的中心工作，认真抓好党的思想建设、组织建设、干部队伍建设、党风廉政建设、精神文明建设和群团组织建设，为院各项任务的完成提供了坚强的思想保证、政治保证和组织保证。

在思想建设方面，2001 年 9 月，按照中央的精神和上级的部署，院党委在院领导班子及成员中开展了“讲学习、讲政治、讲正气”学习教育活动。院领导班子成员通过认真学习理论、提高思想认识，认真查摆问题、搞好总结，认真搞好民主评议、开展批评与自我批评，坚持边整边改、研究提出整改计划，找准了影响我院改革、发展的突出问题，进一步理清了今后的工作思路，进一步增强了搞好我院改革发展的决心和信心。2005 年 6 月 30 日至 10 月 13 日，根据党中央的统一部署和中核集团公司党组的安排，我院开展了以实践“三个代表”重要思想为主要内容的保持共产党员先进性教育活动。全院 9 个分党委、3 个党总支、104 个党支部和2 106名党员参加了活动。通过突出主线、紧扣主题、精心组织、统筹安排、规范操作、扎实推进，先进性教育活动基本达到了中央提出的“提高党员素质，加强基层组织，服务人民群众，促进各项工作”的目标要求。

在党的建设、思想政治工作和精神文明建设方面，2004 年 2 月，院党委提出了构建党的建设、思想政治工作和精神文明建设的“思想武装工程”、“党建加强工程”、“文明创建工程”、“民心凝聚工程”，并在实践中认真加以落实。坚持和完善党委中心组学习制度；坚持开展经常性的形势任务教育；进一步加强党的组织建设，做到了“三同时”，即：组建新单位的同时建立党组织，聘任行政领导的同时任命党组织负责人，明确单位隶属关系的同时明确党组织隶属关系,保证了党组织工作正常开展;进一步加强领导班子建设,制定了《院管干部管理暂行规定》、《院机关职能处室科级干部管理暂行规定》、《院领导班子成员、院直属单位及院机关职能处室领导班子成员年度目标责任制规定》、《院领导干部外出报告制度》等制度,加大对领导干部的教育培训力度;进一步加强党风建设和反腐倡廉工作;进一步加强院所文化建设,开展了征集提炼原子能院精神以及院歌、院徽、院旗的活动,举办了庆祝建国55周年、纪念核爆40周年暨我院院所文化要素发布综艺晚会,发布了院精神、院歌、院徽、院旗等院所文化要素,成立了院职工体育协会和院职工艺术团;开展了创建首都文明单位活动、学雷锋便民服务活动,以及院级文明单位、文明实验室、青年文明岗、“五好”文明家庭等创建活动,2003年至2005年,我院均被授予“中央国家机关文明单位”称号,还获得北京市交通安全先进单位、爱国卫生先进单位和首都文明社区示范点等荣誉称号;坚持和完善职代会制度,实行了院务公开制度;充分发挥工会、共青团等群众团体的作用,我院获得“国防邮电工会模范职工之家”称号,连续获得北京市“职工技协先进单位”称号、中核集团公司京区“群众性经济技术创新活动优秀组织奖”。

改革是发展的动力。2000年12月至2001年3月,根据精简效能的原则,对院机关进行了改革。这次机关改革,精简了机构,实行了定编定员,建立了部门职责和岗位责任,还对机关全体人员进行了素质测试,是建院以来动作最大的一次机关改革。同时,还首次在全院范围内对机关部分处、室领导干部进行了公开招聘,这在我院干部制度改革中是一项具有突破性的举措。根据中核集团公司的要求,我院于2001年制定了《中国原子能科学研究院科技体制改革初步方案》,按照需求牵引和技术推动相结合的原则,以改革为手段,发展为目标,创新为动力,通过体制改革、机构改革和管理改革,把原子能院建成富有生机和活力、在国内外有重要影响的国家核科学技术研究基地。《方案》于2001年8月上报中核集团公司。

在人事制度和分配制度改革方面,制定出台了《原子能院关于人才引进和智力引进的管理办法》、《原子能院关于人员流动的管理办法》、《原子能院关于毕业生聘用工作的暂行办法》等制度。从2001年起,对分配制度进行了改革,实施了青年学术技术带头人培养对象津贴制度,并根据科研、工程、管理、公益等不同岗位人员工作性质和工作任务情况,分别建立了《院科研和工程项目重点岗位津贴试行办法》、《院重点管理岗位津贴试行办法》、《院公益单位岗位津贴试行办法》,在工资分配中减少固定部分,增大活的部分比重,活的部分中淡化职称、资历，而突出岗位和贡献；同时加大了对科技成果的奖励力度；启动实施人员聘用制改革，2004 年年底完成了人员聘用制改革工作，与全院近 3 000 名在职职工签署了人员聘用合同，实现了从固定制职工向聘用制职工的转变，结束了单位和职工缺乏人员聘用合同约束的历史。上述改革措施的推行，取得了良好的效果：入院人员质量明显提高，人员流失率明显降低，专业技术队伍的年龄结构明显改善，青年科技人才队伍初步形成，技能人才队伍建设取得丰硕成果。2005 年，我院被中国企业评价协会授予“中国人力资源管理大奖成果银奖”；“十五”期间，赵志祥、柳卫平、叶国安、陆道纲、薛小刚、杨红义先后被批准为国防科技工业有突出贡献的中青年专家，27 人入选“511 人才工程”，47 人入选“111 人才工程”；2005 年，柳卫平荣获“全国劳动模范”称号，徐銤、柳卫平荣获“中核集团公司劳动模范”称号；在技能人才队伍中，崔宗渭、苏胜勇获“中华技能大奖”，还有 2 人获“国防科技工业技术能手”称号，5 人获“核工业技术能手”称号；2003 年，我院获得了国家劳动与社会保障部授予的“国家技能人才培育突出贡献奖”。

在财务制度改革方面，出台了《财务改革实施方案》，对二级单位财务负责人实施了委派制度，并对委派人员实行轮岗。在住房制度改革方面，制定了《中国原子能科学研究院进一步深化住房制度改革实施方案》，于 2003 年 4 月 1 日正式实施。

在质量管理方面，2001 年，我院顺利通过了 ISO9001 质量体系认证；2003 年末，完成了院质量体系从 ISO9001：1994 到 ISO9001：2000 的转版工作，发布了院质量手册 D 版和程序文件。

到 2005 年底，我院已有离退休职工 2 409 人。为进一步做好新时期我院离退休人员的管理和服务工作，2004 年 12 月，院召开了离退休工作会议，制定了我院《关于进一步做好离退休人员工作的意见》。“十五”期间，我院自筹资金 6 743 万元，用来改善离退休职工的活动场地和所需设备，提高离退休职工的生活待遇和提高离退休职工医药费的报销比例。2002 年 7 月，院成立了老年大学。2005 年 9 月成立了老年艺术团和老年体育协会。2005 年，我院离退休职工活动站被国家体育总局授予“全国优秀全民健身活动站”称号。我院退科协组建于 1988 年，多年来，发挥离退休科技人员的作用，面向市场，扬长避短，自我发展，自我管理，积极开展科技咨询、技术服务、工程设计、技术培训等活动，仅从 1998 年至 2005 年，就交纳税金和上缴管理费 312.67 万元，并自筹资金建起了 320 平方米的“老科协活动中心”，为我院的精神文明建设和和谐社区建设作出了贡献。

(六)

我院特殊的地理位置、繁重的科研生产任务和日益提高的职工生活,对后勤保障工作的要求越来越高。院领导十分重视后勤保障系统的建设和改革,2001年12月30日,按照《原子能院科技体制改革初步方案》精神,将后勤系统进行调整分离,组建了后勤服务集团。任命侯德义为党委书记,王惠平为纪委书记,聘任侯德义、孟祥友、杨书铭为后勤服务集团副总经理,由侯德义主持全面工作。组建后的后勤集团包括动力工程部、器材供应部、基建工程部、交通运输部、物业管理部、接待培训中心,劳动服务公司和核都汇隆有限责任公司挂靠后勤集团管理。后勤集团的主要任务是承担院水、电、暖、液化气供应,工程设计和监理,工程建设维修,物业管理,幼儿教育,物资采购供应,交通运输和汽车维修,餐饮,接待,绿化,环卫,商贸等方面的保障与服务工作。

后勤集团成立后,在院领导的支持下,通过抓学习打基础、抓培训练内功、抓管理定制度、抓服务树形象等环节,全面开展"优化管理、优质服务、优美环境,让职工满意"的"三优一满意"活动,后勤职工的思想观念发生了很大变化,后勤的发展思路不断清晰,经济运行不断好转,服务保障能力显著增强,群众满意度不断提高,基本实现了从"福利后勤"到"经营后勤"的转变。

动力工程部以"辛苦我一个温暖千万家"作为工作的出发点,确保了水、电、暖和液化气的日常供应,还完成了工作区中心庭院及周围道路、供暖系统管网、南北区上下水管道、污水处理站、供电系统的改造、安装、维修任务。器材供应部针对科研生产对器材供应的要求,在保证日常的器材供应情况下,重点保证了中国实验快堆、中国先进研究堆、三废治理工程、基建设施等所需器材的供应和重点物资(煤炭、油料、易燃易爆危险物品)的供应。基建工程部承担并完成了消防站工程和武警楼工程的建设,完成了大量工程监理、设计、造价咨询、项目管理、房屋初步鉴定、工程质量监督等工作,与北京金光工程咨询有限公司合作成立了具有工程监理乙级资质的原子能院分公司,与北京中核建设咨询有限公司合作成立了具有工程设计甲级资质的原子能院分公司。物业管理部完成了生活区中心花园的修建,治理整顿了新、老区集贸市场,修建了运动场馆,铺设了综合体育场人工草坪,改修了单身宿舍,完成了社区封闭。交通运输部以全院职工需要为导向,稳固和扩大运营市场,不断改善运输条件，增添近 10 辆轿车，增开了去北京友谊医院的班车，解决了离退休职工进城看病难的问题。我院投资 700 多万元，改造了南北区食堂，大大改善了职工和家属就餐环境，工作区还实行了中午工作餐制度。我院天然气入户工程正式启动。在职工住房建设方面，2002 年，我院与北京鸿祥房地产开发公司联合开发了“千禧家园”居住小区，2004 年完成了一期 7 栋楼的开发建设。中小学教育取得好的成绩，2003 年，中考总分优秀率和平均分在房山区排名第一，高考本科和专科上线率位于房山区第二。

2003 年，突如其来的非典型性肺炎（简称“非典”）蔓延到北京，波及我院。院领导从容应对来势凶猛的“非典”，成立了抗击“非典”领导小组，组织全院职工打了一场漂亮的“非典”阻击战，确保了我地区没有一个染上“非典”。在这场斗争中，后勤战线上的职工作出了重要贡献，涌现出一大批先进集体和个人，留下了许多感人的故事。职工医院开设了发热门诊，及时排查“非典”病人；派出刘斌、侯凤杰、张雪莲、韩月红、翟丽清 5 名医护人员赴抗击“非典”第一线——房山区防治“非典”定点医院工作，表现出了白衣战士舍己为人的崇高思想境界。

“十五”期间，我院通过多种渠道与党和国家领导人以及上级有关部门进行汇报和沟通，得到党和国家领导人对我院的重视与关怀。党和国家领导人对加强我国核工业、核科学技术研究以及我院的发展作出了一系列重要批示。在国防科工委等国家各部委以及中核集团公司的大力支持下，国家对我院的拨款达到近 30 亿元。科学研究取得高水平成果，获国家科技进步奖二等奖 2 项，省部级奖 63 项，发表科技论文1 261篇。核技术产业开创了新的局面，同位素产业股份改制成功；优势产品稳步增长的同时，不断开发出新的产品——新型海关集装箱检测系统，2 兆电子伏辐照消毒灭菌自屏蔽电子束装置，微型医用种子源，6 兆电子伏、9 兆电子伏无损探伤电子直线加速器和爆炸物检测装置等。“四大工程”建设和重点实验室改造取得重要进展。党的工作提出并实施了“思想武装工作”、“党建加强工程”、“文明创建工程”、“民心凝聚工程”的“党委工作四大工程”而且取得初步成效，总结提炼出了“以身许国，敢为人先，严谨求实”的“四〇一精神”，发布了院歌、院徽、院旗。

第十章　自主创新　跨越发展

总体发展建设规划获国家批复，中国先进研究堆、中国实验快堆建成，我院事业发展步入新阶段。

（一）

2006年至2010年是我院执行“十一五”科研生产发展规划的五年。这五年，国家对核科学事业的关注进一步提升，对我院的支持力度明显加大。这五年，是我院进一步明确目标、落实规划、强化基础、提升能力、加强管理、深化改革、着力创新、跨越发展的五年。

为全面贯彻落实科学发展观和国防科技工业“军民结合、寓军于民、强化基础、自主创新”的发展方针，在《国防科技中长期科学和技术发展规划纲要(2006—2020)》、《核工业中长期科学和技术发展规划纲要》等国家与行业顶层设计的基础上，我院研究制定了《中国原子能科学研究院中长期发展规划(2006—2020)》(以下简称“规划”)，提出了2006年至2020年在国防科技、先进核能、基础科学、核技术应用、基地建设、区域规划、核设施退役与放射性废物治理、人才队伍建设共8个部分的主要任务和发展重点。《规划》的实施，将使我院建立起一个符合核科技自身发展规律，科学、系统、协调、可持续发展的核科技体系。2008年6月3日，我院总体发展建设规划获得国家批复。批复的建设内容包括现有大型设施配套条件建设、基础研究试验条件建设、配套基础设施条件建设共3个部分，同意新征发展用地500亩。

“十一五”期间，我院继续得到党和国家及上级部门领导的重视，中共中央政治局委员、国务委员刘延东，中央书记处书记、中纪委副书记何勇，全国人大副委员长、中国科学院院长、党组书记路甬祥，原全国政协副主席、中国科协名誉主席、中国工程院主席团名誉主席朱光亚，中国工程院主席团名誉主席、原国务委员、第九届全国政协副主席宋健，国家发改委主任张平，科技部部长徐冠华等领导来院视察指导工作。国务院副总理张德江参观了第十届中国国际核工展我院展台，对我院的创新性工作给予了充分肯定。

院党、政、工领导班子相继调整或换届。2006 年 9 月 15 日，中核集团公司党组任命张昌明为我院党委书记，舒卫国调中核集团公司工作。2007 年 1 月，院聘任万钢、叶国安为院长助理。2007 年，杨河涛调福清核电站工作。2007 年 9 月 19 日，中核集团公司决定把核工业研究生部划归我院管理。2007 年 11 月 9 日，中核集团公司党组任命李和香为院党委副书记，同时兼任核工业研究生部党委书记。2007 年 11 月 14 日，中核集团公司聘任赵志祥为我院院长，张昌明、王乃彦、张锦荣、柳卫平、万钢、刘森林、叶国安为副院长。2007 年 12 月 27 日至 28 日，我院召开了第十次党员代表大会。张昌明作了党委工作报告，李林虎作了纪委工作报告。大会提出了“建设现代、富强、文明、和谐、美好的原子科学城”的目标，选举产生了新的一届党委会和纪委会，张昌明任院党委书记，李林虎、李和香任副书记，李林虎兼任院纪委书记，陈建欣任院纪委副书记。2009 年 3 月 19 日，中核集团公司委托我院负责中国核工业科技馆的建设管理；6 月，中核集团公司党组聘任邵焕会为我院副院长；7 月 13 日，我院正式组建中国核工业科技馆工程部，邵焕会兼任总经理。2009 年 9 月，院聘任姜兴东、樊胜为院长助理。

2006 年 4 月 21 日，院工会召开了第八次会员代表大会，选举产生了新一届工会委员会，邵焕会当选为院工会主席，岳祖玉为副主席。2006 年 7 月，邵焕会调中国核工业科技馆筹备办公室任主任。2007 年 11 月，经中核集团公司直属单位党委批准，院党委任命岳祖玉为院工会主席。2008 年 7 月，任命贾建富为院工会副主席。2010 年 4 月 21 日，院工会召开了第九次会员代表大会，选举产生了第九届工会委员会，岳祖玉当选为院工会主席，王广健为副主席。

2008 年 2 月 27 日，院工作会议确定了我院 2008—2011 年“4121”的奋斗目标，即：建成四大科学平台并陆续发挥作用；实现经营性收入和利润总额翻一番；完成科技创新和人才队伍建设两个方面的跨越；建设好一个基地（将我院建成科技实力一流、经济实力雄厚、保障条件配套、服务设施齐备、工作生活环境优美、发展氛围和谐的国家大型核科学技术研究基地）。

（二）

“十一五”期间，我院把握住国家对核科学技术重视和经费投入大幅度增加的有利时机,在上级主管部门的领导与支持下,全院干部职工团结协作,充分发挥院的综合优势,先后完成了国防预研、核能开发、国防基础、技术基础、“863”计划、国家重点基础研究、国家自然科学基金、中核预研基金等科研项目,取得一批重要科研成果。

国家重点基础研究规划项目——“加速器驱动洁净核能系统(ADS)的物理和技术基础研究”是由我院丁大钊、赵志祥先后任首席科学家,由我院核物理所、堆工所和中科院高能所等合作完成的。参与人员充分发挥我院多学科综合优势,齐心协力,攻克了许多技术难关,解决了许多基础问题,获得多项创新性成果,总体上达到国际先进水平。主要有:在国际上首先提出“快热耦合”的次临界实验装置概念,并建成我国首台实验装置“启明星1号”;自主设计并建成我国第一台强流射频四极(RFQ)加速器;在理论上首次解决了国际上多年存在的中子源倍增法实验测量的有效值(k_{eff})与理论值的分歧问题;在国内首次建立和配套了“ADS”工程概念优化方案计算;建立了国际水平的“ADS”专用中子和质子微观数据评价库;首次以正面的观点和积极的态度从裂变核能持续发展的角度,系统地分析研究了核废料核素的价值。该成果获得2008年度国家科技进步奖二等奖。2009年1月9日,中共中央、国务院在人民大会堂举行2008年度国家科技奖励大会,赵志祥代表题目组接受胡锦涛、温家宝、李长春、习近平、李克强等党和国家领导人颁发的奖状和证书。

我院作为国防科工委军品科研生产能力结构调整实施试点单位,于2004年2月开始实施《中国原子能科学研究院军品科研生产能力结构调整实施方案》。以2004年2月印刷厂设备搬迁和修缮工作为起点,至2005年年底12号楼调整到位并全部投入使用为终点,历时两年零三个月,完成了调整实施工作,调整实施效果显著。军调经费上级拨款800万元,自筹资金772.3万元。2006年11月,我院军调工作通过中核集团公司军调办公室组织的现场验收,2007年7月获得国防科工委的批复。通过军调,明确了我院的重点学科方向,实现了保军专业和学科方向的有机结合,优化了行政管理体系和重点实验室科研组织体系,确保了保军科研生产能力和可持续发展。我院因军调实施工作成绩显著,2008年1月,被国防科工委授予“军品科研生产能力结构调整工作先进单位”称号。

“十一五”期间,预研科研经费较“十五”增长约40%。重点开展了30A、30B工程技术研究、动力堆燃料元件先进二循环后处理台架温室实验研究、核材料突发事件应急测量手段和现场测量技术研究、核反应堆电源、核安全技术研究、核数据测量等,取得了一批重要成果。2008 年,“核数据测量与评价建库团队”获国防科技工业局颁发的“国防科技创新团队”奖。

退休职工胡华琛完成的“X 射线与中子在非理想晶体中的衍射、消光及其应用”,获 2006 年国防科工委科学技术奖一等奖,相关成果还获 2004—2005 年度叶企荪物理奖。退休职工张竞上等同志完成的“轻核反应新理论模型的发展和双微分截面文档的建立”,获 2006 年国防科工委科学技术奖一等奖。放化所完成的“长寿命裂变产物核素锡-126 的半衰期和热中子反应堆面的测量研究”,获 2008 年度国防科学技术奖一等奖。计量站完成的“$4\pi\beta+4\pi\gamma$ 标准装置”,获 2008 年度国防科学技术奖一等奖。同位素所在院长基金的支持下,于 2002 年开始钚-238 同位素电池的研制,2006 年 6 月研制成我国首台百毫瓦级钚-238 同位素电池,为我国探月工程和深空探测用大功率钚-238 同位素电池的研制奠定了技术基础。“902”项目突破了 8 项关键技术,建立了 5 套工艺台架装置,申报了 3 项专利,新的工艺路线确定,为下一步工程化应用奠定了重要基础。放化所完成的“乏燃料组件非破坏测量系统的研制及其应用研究”和核物理所完成的“探寻质子晕核和中子晕核”,获 2007 年度中核集团公司科学技术奖一等奖。

我国核燃料循环体系是闭式循环,核电站乏燃料需进行后处理。在国家确定的“积极发展核电”的能源发展战略下,国家发改委和国防科工委提出,尽快建设大型核燃料后处理厂,并抓紧开展项目前期工作。2007 年 9 月,国务院重大专项领导小组决定将后处理科研纳入“大型先进压水堆及高温气冷堆核电站”重大专项。2008 年 10 月,大型核燃料后处理厂重大专项列入《国家中长期科学和技术发展规划纲要(2006—2020 年)》中“大型先进压水堆及高温气冷堆核电站”重大专项。我院作为重要的工艺技术研发单位,主要承担工艺流程、放射性废物处理、工艺分析及监测、核保障、辐射安全及监测、核临界安全等技术研究任务,另外还参加了中法谈判、对外合作等大厂建设前期工作。2010 年 2 月 11 日,赵志祥代表我院与国家能源局重大专项实施办公室签订了我院在后处理大厂科研专项承担的 2008 年启动的 3 个课题的任务合同书,标志着后处理大厂科研重大专项进入了全面实质性的实施阶段。

我院作为技术支撑单位,积极派人参加了四〇四厂动力堆乏燃料后处理中间规模试验工厂的冷、热调试工作,与中国核电工程公司及四〇四中试厂组成了联合调试队。热调试工作于 2010 年 3 月启动,我院叶国安副院长担任联合调试队领导小组成员兼工艺副总工程师,放化所郑卫芳副所长担任联合调试队副队长，放化所吴继宗副所长担任分析副总工程师。另外，为支持中试厂的顺利热调试，我院放化所开展了多项围绕中试厂冷温热试阶段的应用技术研究项目，进行了大量的工艺台架实验，确定并修改了钚纯化循环等环节工艺，提出了一循环和铀纯化循环工艺的改进方向。

我院在国家核能可持续发展的战略背景下，结合自身优势，开展了一些研究与探索性工作。“十一五”期间，主要开展了中国示范快堆设计边界条件的制定与概念设计、研制适合高燃耗的国产化高性能组件、开展中试厂稳定运行的支撑技术研究、启动商业后处理厂工艺和技术研究、完善提高在役核电厂运行维修技术支持体系、研制百万千瓦级压水堆各类核电安全分析软件第一版、关键理论模型的实验验证和评价以及核电安全数据库建设、压水堆热工水力关键技术与超临界水冷反应堆能源系统的关键技术的研究等。有的课题全部结束，获得国家级或省部级奖励，有的按计划取得阶段性成果。

中国实验快堆工程部和堆工所共同完成了“中国实验快堆虹吸破坏装置验证实验”。虹吸破坏实验装置真实地再现了中国实验快堆在净化管路堆外管道发生大破口失钠事故时系统的两项流动特性。研究成果已用于中国实验快堆的最终设计和安全评价，为改进中国实验快堆设计、安全评审和安全运行提供了重要依据。该成果获 2008 年度中核集团公司科学技术奖一等奖。

在核能开发方面，还开展了燃料元件和现役核电站应用技术研究以及核电站辐射防护与安全技术研究。其中，MOX 燃料元件技术研究，初步确定了秦山核电站和中国实验快堆堆芯换装 MOX 燃料的方案，掌握了模拟 MOX 燃料元件制造工艺的关键技术和性能测量技术，为 MOX 燃料元件制造的国产化打下了坚实的基础。同位素所承担的核能开发课题建成了碘-123 气体靶系统和碘-125 循环回路，填补了国内空白。

核技术应用所在核信息和测控技术方面开展了一系列重要课题的研究，为相关领域的信息化和信息安全作出了贡献。先后开展了信息安全传输技术、信息加密技术、信息安全监控和预警技术以及核信息库管理技术应用等重要课题研究；开发出具有自主知识产权的随机自扰超强雪崩加密算法软件包、数据链路混沌密码机和信息识别及内容过滤等多种软件包，以及核参数数据库数据格式转换中间软件、数据库安全访问中间软件、多媒体数据库不同格式转换中间软件等多个数据库管理系统，数字视频监控技术在核事故应急中的应用系统、核设备智能化分布式网络监控系统等大型应用系统。这些研究成果在不同领域、众多部门得到了应用和推广。

“十一五”以来，面对核军工与核能新的发展形势及环境保护法规的新要求，我院核设施退役与放射性废物治理工作面临两大紧迫任务：一是将超期服役、老化、存在安全隐患的旧核设施退役，尽快完成军工遗留放射性废物处理与环境治理；二是提升我院放射性废物处理能力，完善并提升核应急、环境监测能力，确保我院的发展与本地区环境放射性安全。2008 年，“5.12”汶川地震后，我国核工业主要核设施运行单位的核安全状况引起了国家领导人的高度重视，并就核设施退役与放射性废物治理工作作出了重要指示。2008 年 7 月，按照国防科工局总体部署，在中核集团公司的指导下，我院启动了《中长期退役治理总体规划(2009—2030)》的研究与编制工作，并于 2008 年 12 月完成。2009 年 3 月 26 日至 28 日，受国防科工局委托，中国国际咨询公司对我院提交的《中长期退役治理总体规划》进行了评估。《中长期退役治理总体规划》是继我院《总体发展建设规划》获得国家批复后的又一重大专项，其通过中咨公司评估是我院全面开展核设施退役与放射性废物治理工作的一个标志性节点。

(三)

核技术产业与工程服务继续保持快速发展的势头，经营性收入以 20%的速度增长，到 2009 年达到 4.5 亿元，并进入中核集团利润排名榜第十。

2006 年 6 月 23 日，由原子高科股份有限公司、广州军区总医院和西门子(中国)有限公司合作成立的正电子药物发展中心在广州军区总医院挂牌。2006 年 7 月 28 日，原子高科在深圳证券交易所代办股份转让系统挂牌。这是中核集团公司核技术应用系统的第一家在深圳证券交易所代办转让系统挂牌的公司，标志着原子高科迈出了接通资本市场的第一步。2008 年 4 月 2 日，原子高科收购了安盛科兴有限公司 70%的股权，这对快速补充新的产品线和在全国建立正电子药物(18F-FDG)生产及配送体系、促进公司业务发展和扩展市场具有重要意义，标志着原子高科进入了一个新的发展阶段。到 2009 年底，原子高科生产的主要产品有：放射性诊断药物及制剂、放射性治疗药物及制剂、免疫分析药盒、医用放射源及医疗器械、碘-125 种子源、放射性标记化合物、工业放射源、集装箱检查系统等。2009 年 12 月，原子高科荣登“中关村 TOP100 创新榜”。

“十一五”期间，反恐技术研发和应用取得较大突破。我院研制的“NQR

爆炸物检测系统”、“通道式行人/行李放射性检查系统”、“通道式车辆放射性检查系统”、“便携式核素识别仪”以及“高灵敏快速识别反恐核侦查车”成功地用于北京奥运会、新中国成立60周年庆祝活动、第十届全运会、上海世博会的安全检查中。我院荣获“科技奥运先进集体”称号和“科技服务奥运特别贡献奖”。由于我院反恐装备和安检设备研制方面的优势以及成功地用于第29届北京奥运会的出色表现，因此，被国家反恐办公室确认为反核与辐射恐怖科研基地及依托单位。为适应形势的需要，2008年7月29日，我院成立了“反恐怖技术研发中心”，中心主任赵志祥，副主任王国宝、岳维宏。2009年，我院又有一批作为国家反恐计划第三批项目获准立项，体现了我院作为国家反恐装备研发基地的地位。

2006年6月6日，在欧盟委员会驻阿富汗代表处全球公开招标采购集装箱检测系统活动中，我院北京埃索特核电机械有限公司生产的IG-SCAN集装箱检测系统一举中标，2008年通过验收交付阿富汗使用。电子仪器厂研制开发的JTY-GD/051A型独立式光电感应烟火探测报警器，于2008年成功用于北京饭店(扩建)奥运消防工程，获得用户好评。

“十一五”期间，我院成功实现了探伤加速器从第一代产品到第二代、第三代的升级，相继研制出了6兆电子伏和4～6兆电子伏能量可调无损探伤加速器，形成了探伤加速器的系列化产品，并实现了规模化生产。2007年12月，我院自主设计研制成功10兆电子伏/15千瓦电子辐照加速器装置。这是国内首台能量最高、功率最大的辐照加速器，可广泛用于食品保鲜、医用药品消毒和海关检疫等领域。2008年4月，我院研制成一台工业CT用4兆电子伏电子直线加速器，并交付使用。2009年，我院承担设计和建造的世界首台医院中子照射器建成并达到临界。

“十一五”期间，核探测技术研究取得了一系列重要成果，到2008年底可提供的主要产品有：车载γ多道谱仪系统、家用火灾报警系统、J300火灾报警控制系统、αβ表面污染监测系统、INSPECTOR多道谱仪、智能测氚仪、示踪监测仪、通用放大器等。

在核电技术服务方面，2006年完成了秦山三期液态流出物排放控制值的优化评价6个合同。2007年共签署合同15份，合同金额达1 681.77万元。为了集中力量，加强管理，更好地进行核电技术服务，2008年6月，我院成立了核电技术服务中心。2008年，我院先后与秦山第三核电有限公司、江苏核电有限公司签订了战略合作协议；顺利完成了一批核电技术服务合同，完成了

“恰希玛核电站辐照监督管修复”和“恰希玛核电第 2 根监督管检验”等合同；与约旦签订了次临界装置项目的供货合同。2009 年，我院与田湾核电站签订了反应堆压力容器监督试样运输及试验技术服务合同以及其他合同共计 27 份。

光绪之死因一直是史学界无法破解的历史谜案。由我院、中央电视台、清西陵文物管理处、北京市公安局法医检验鉴定中心等单位组成的“清光绪皇帝死因”专题研究组，经我院堆工所、安防处（保健物理部）、计量站等单位的科研人员历时五年，利用中子活化分析技术，测得光绪的头发中砷的含量高达 2 404微克/克，较现代人头发中砷的含量高 2 400 多倍，据此于 2008 年 11 月正式对外公布了光绪皇帝是急性胃肠型砒霜中毒而死。至此，光绪死因之谜破解。该研究结果在中国史学界产生重大影响，赢得了外界的好评。《中国新闻周刊》、《京华时报》、《北京青年报》、《中国核工业报》等媒体报道了这一成果。

（四）

国家加大投资力度，保证了中国实验快堆、中国先进研究堆、串列加速器升级工程、核燃料后处理放化实验设施四大科学平台的建设。

2006 年、2007 年可以说是中国实验快堆最艰难的时期。缺钱，成了最大的难题，而工程又不能停下来，但工程“三确认”后的批复还没下来，国拨资金到不了位。为此，我院积极向上级反映，并在中核集团公司同意下，以院的名义进行商业贷款，以确保工程主线不停工，辅线工程只能部分停下，对参建单位的合同款只能少付或不付。在参建单位的充分理解下，渡过了工程两年的难关，并确保了工程的推进，期间分别实现了主容器检验试验、堆容器及堆内构件安装施工、主控室交调等工程节点。

2007 年 12 月，工程调整总目标和概算得到科技部、国防科工委的联合批复。工程资金有了充分的保证，工程建设再次步入正轨。我院和全体参建单位以饱满的热情和斗志投入工作，工程节点按计划逐一实现。2008 年 7 月，完成了转运室安装，年底完成了全部安装转入综合调试；2009 年 5 月，250 吨核级钠注入反应堆主容器，到达规定液位，标志着中国实验快堆进入了钠环境下热态调试阶段；8 月，完成了主工艺系统调试；9 月，取得了装料许可证。

2009 年国庆节前夕，正当快堆工程部职工加班加点、准备按计划在国庆节前完成快堆装料工作的关键时刻，一封群众来信反映中国实验快堆的安全问题，引起国务院领导的高度重视并作了重要批示。10月2日，科技部专门派人赴我院了解相关情况，并与环保部(国家核安全局)有关部门进行研究。10月4日，环保部(国家核安全局)组织会议研究处理方案并向我院发文，要求暂缓中国实验快堆的装料操作。

根据国务院领导的批示，科技部与环境保护部(国家核安全局)组织专家组分别于2009年12月5日至6日和2010年1月4日在北京召开会议，就群众来信中提到的问题，对中国实验快堆的安全性开展了进一步评估论证。专家组由两院院士和资深专家共21人组成，组长由中国工程院副院长杜祥琬院士担任，副组长由王大中院士、叶奇蓁院士担任。专家组听取了有关部门关于中国实验快堆立项、工程管理、建设情况及核安全与环境监管等方面的汇报，现场考察了中国实验快堆工程建设和调试情况，认真研究了来信中所述问题，审阅了中国实验快堆的有关技术文件，并就安全问题向有关方面进行了质询。经认真的审议，专家组最后认为：快堆在大幅提高铀资源利用率、显著减少核废物量方面具有明显优势，对我国的核能可持续发展具有十分重要的意义；中国实验快堆选址、设计、建造的全过程经过了充分的安全分析和论证，监管是有效的，安全是有保证的。专家组建议尽快恢复执行中国实验快堆装料许可，以便完成装料后调试、运行和实验，为我国快堆发展积累相关经验。

经过各方的共同努力，最终在经国家领导人批阅之后，国家核安全局于2010年6月4日签发了允许快堆恢复装料批准书。6月5日，经北方核安全监督站检查，所有装料条件具备，同意装料，我院万钢副院长宣布实验快堆装料开始。从6月5日开始，经过审慎的测量和外推，分13批共计装载燃料72根，达到临界装载量。7月21日，在所有安全棒、补偿棒都提出堆外的条件下，开始提升调节棒，向临界过渡。在1号调节棒完全提出堆外后，k_{eff}已经达到0.999 5，具备向超临界过渡条件；在2号调节棒提升到198毫米时达到临界棒位，在提升到230毫米时，达到100秒周期，首次临界圆满成功。尤为骄傲的是，临界组件数和临界棒位的实际数值和计算值吻合得非常好，标志着我们已经完全掌握快堆的物理设计。

中国实验快堆的建成是几代科技工作者长期奋斗的结果；是坚持走“以我为主、科技合作、引进消化、自主创新”之路的结果；是党和国家领导，科技部、国防科工局(委)、中核集团公司等重视、关心和支持的结果；是院领导和科技工作者以及全院职工通力合作，克服重重困难，奋力拼搏的结果。实践证明，中国实验快堆的立项是富有前瞻性和战略性的重大决策，对优化核能结构、真正实现核能可持续跨越发展具有重要意义。

中国实验快堆的研究、设计和建造不仅使我国拥有了第一座实验快堆，掌握了实验规模钠冷快堆的关键技术，而且取得了一批创新成果。建造中国实验快堆，是一个在引进和借鉴俄罗斯和其他国家快堆技术的基础上的消化吸收过程，也是一次自主创新的实践。在中国实验快堆建成之后，最终获得150项左右的自主创新成果。这些成果除自主完成全部初步设计和施工设计以外，还大力加强了钠冷快堆设备装置的自主化力度，使得中国实验快堆的设备国产化率达到70%。同时，自主进行建筑、安装和调试，全面掌握快堆建筑、安装工艺和调试技术；自主进行工程项目管理，形成了快堆工程项目的管理流程和过程控制技术，形成了集设计、采购为一体的现代工程管理模式和将设计、调试和运行队伍统一组织的研究堆模式等方面的项目管理经验。

通过中国实验快堆的设计和建造，形成的钠冷快堆综合研发能力包括：获得了一整套池式钠冷快堆的设计、研究、验证的资料和信息的数据库；初步获得了一套用于池式钠冷快堆设计和安全评价的计算机软件库；初步掌握了一套先进的设计方法；初步锻炼和培养了一支专业齐全、配备充足、运行有序、素质优良的设计队伍。

中国实验快堆的建设，也为我国重大科技产业化的组织管理积累了宝贵经验，为今后建立示范快堆及建立具有市场竞争力的快堆电站奠定了基础。从2007年开始，我院就建议国家快堆技术发展按照三步走的战略实施，其中第二步中国示范快堆电站建议引进俄罗斯BN-800技术建造。经过努力，我院成为中俄合作建造示范快堆电站项目的中方授权单位，并于2009年10月与俄罗斯签订了示范快堆预先设计研究合同。目前，在顺利执行示范快堆预先设计研究合同的同时，我院正在积极推进示范快堆电站项目对俄合作以及国内工程的建设。

中国先进研究堆工程。2006年，完成了全部土建工程和大部分设备安装；完成了最终安全分析报告等重要文件的编写；完成了主泵、燃料元件等主设备的加工；调试工作开始启动。2007年3月，首炉燃料组件安全抵院。2008年3月，调节棒驱动线堆外预调试完成，年底全部完成设备安装和综合调试。2009年，取得了装料许可证。2010年5月4日开始装料，5月13日16点58分实现首次临界。

中国先进研究堆是完全依靠我院自身的力量，按照自主创新的思路，发挥我院多学科综合性优势建成的。反应堆功率为60兆瓦,重水反射层最高未扰热中子注量率达8×10^{14}中子/(厘米^2·秒),在同类中子束流研究堆中其主要技术指标居于世界前列,亚洲第一。从堆型选择到反应堆设计、调试以及建设组织,全部由我院承担。反应堆主要设备的研制,也是由我院组织国内相关厂家共同技术攻关完成,设备国产化率达到90%,其中燃料元件、堆本体及堆芯容器、控制棒驱动机构、全数字化的控制及保护系统、反应堆密封操作大厅、装卸料机等技术在国内均为首次研制应用。通过项目的实施,不仅提升了我国核反应堆的研发设计水平,也促进了企业设备国产化、建造自主化能力的进步。它的建成,为我国核科学研究及核技术开发应用提供了一个重要的科学实验平台,是我国核科学技术研究能力的重要标志。

2000年11月,我院取得了《民用核承压设备制造资格许可证》,2006年通过复查,保持了资格;2008年,根据国家核安全法规的修订,我院取得了《民用核安全设备(快堆主设备、其他设备的1级、2级、3级、SC级)的设计许可证》。

HI-13串列加速器升级工程。在执行2004年4月国防科工委批复的《HI-13串列加速器升级工程可行性报告》的两年中,通过初步设计发现,完成可行性报告难度很大,需要对其中的工程主要建设内容、投资总额、建设周期、建筑面积进行较大的调整。因此,重新编写了《HI-13串列加速器升级工程可行性报告》,并于2007年再次上报国防科工委。同年,完成了100兆电子伏强流质子回旋加速器部分施工设计和在线同位素分离系统技术文件的编写,同有关单位签订了100兆电子伏强流质子回旋加速器《主磁铁磁极毛坯件制造》、《主磁铁盖板和磁轭毛坯制造》、《高频功率源及传输系统订货》3个重要合同;《职业危害预评价报告》和《职业安全预评价报告》通过专家验收。2008年,100兆电子伏强流质子回旋加速器主磁铁毛坯件运抵我院;完成中心区模型综合实验台架调试;12月,串列加速器注入器升级改造完成了竣工验收。2009年7月,新可行性研究报告获国防科工局批复。到2009年底,回旋加速器《主磁铁盖板和磁轭毛坯制造》、《高频功率源及传输系统订货》2个重要合同完成源地验收;在线同位素分离器和超导直线增能器主要设备进入加工、验收阶段;串列升级工程初步设计工作完成,2010年1月通过了中核集团公司组织的专家评审,7月通过了国防科工局组织的专家评审。

核燃料后处理放化实验设施工程。可行性研究报告调整之后,2006年8月,获国防科工委批复;10月,初步设计获中核集团公司批复。2007年4月,取得工程规划许可证,分别完成监理、土建招标及初步安全分析报告、环境影响评价报告及劳动安全、职业病危害预评价报告等的编写与审评，完成关键主要工艺设备热室的招投标和合同签订工作。2008年2月，取得施工许可证；3月20日，破土负挖；5月，取得建造许可证并浇筑第一罐混凝土；11月15日，普通化学实验楼B座主体结构封顶。2009年5月15日，乙级放化实验楼C座主体结构封顶；6月28日，甲级放化实验楼D座主体结构封顶；学术交流及接待中心A座、进风及配电中心E座分别于9月3日、27日主体结构封顶；12月底前完成全部非标设备设计，热室线、温室线关键主要工艺设备到货并安装就位，双盖密封相关设备、密封进料及剪切送料设备、通风空调制冷、给排水等系统设备到货，为工程按期完成建设任务奠定了基础。2010年，完成了A、B、C、D、E各座土建施工和外装修；完成了热室、温室、屏蔽小室、热室线运输机、温室线运输机、二层水平运输机、垂直提升机、手套箱、不锈钢通风柜、放化通风柜、非放通风柜、工艺贮槽等关键工艺设备的安装；自控仪表、辐射防护、电气、实物保护等其他系统物项的安装工作全面展开；完成了工艺、自控仪表、辐射防护与监测、给排水、暖通、电气、实物保护等各专业物项的采购工作，且已基本到货；完成了调试准备工作，正式成立了调试队。

放射性三废处理设施治理工程。伴随着我院的诞生，我院陆续建成了一大批放射性三废处理设施，这些设施为我院事业的发展提供了有力保障。早期的放射性三废处理设施运行多年，超期服役、老化严重，存在安全隐患。因此，近年来，国家陆续批复了一批放射性三废处理设施的建设项目，其中包括：放射性固体废物回取与整备处理示范设施、净化后含氚废水空气载带排放站、放射性废液暂存库建设、中放废液输送系统建设、低放废液管网输送系统建设、111-2放射性排风中心治理工程。为此，2006年12月，院里专门成立了放射性三废设施治理工程部，代表院对已立项进入实施阶段的放射性三废设施治理工程在设计、建造阶段行使营运单位职责。由张存平任总经理，吴杰、杜洪铭任副总经理，杜洪铭兼任总工程师。通过几年的工作，净化后含氚废水空气载带排放站已经完成并移交使用单位，其余5个项目均处于建造阶段。

“十一五”期间，基础能力建设取得重要进展。除“四大工程”外，核数据测量与评价国防科技重点实验室，于2006年3月开始建设，2008年1月竣工。实验室的建成，大大提高了测量与评价的能力，并成为我国唯一全面的具有国际先进水平的能满足我国需要的核数据测量与评价基地。计量与标准技术国防科技重点实验室建设全面完成，通过了国防科工委验收。

(五)

深入落实科学发展观,党的建设、院所文化建设、各项管理工作取得了新的成绩。

2009 年,根据党中央的部署和中核集团公司的安排,我院从 3 月到 6 月开展了深入学习实践科学发展观活动。紧紧围绕“深入学习实践科学发展观,科技兴核,打造世界先进水平的核科研基地”这一主题,圆满完成了三个阶段六个环节的各项学习实践活动任务。学习实践活动的开展,深化了各级领导干部对科学发展观的理解和认识,形成了促进院科学发展的共识,找出了影响和制约院科学发展的突出问题,增强了院科学发展的信心,提出了推动院科学发展的整改措施,为完成“十一五”规划以及长远发展规划奠定了思想基础。2010 年 7 月,按照中央的部署及中核集团公司的有关安排和要求,我院启动了深入开展创先争优活动。

在干部队伍建设方面,从 2006 年开始加大了对领导干部的选拔力度,采取公开竞聘和组织选聘,推行任前公示制度,增强了干部选拔任用工作的透明度。同时加大了对干部培训工作的力度。2007 年,开展了争创“四好”领导班子的活动,我院获中核集团公司“四好领导班子”称号。2008 年,制定了《关于实施领导干部述职、述廉制度的实施意见》,完成了院中层领导干部的换届聘任工作。2009 年,发布了《中国原子能科学研究院领导班子成员年度目标责任制规定》、《中国原子能科学研究院直属单位领导班子年度和任期目标责任制规定》以及 6 个配套的专项考核办法,初步形成了以工作业绩和综合管理能力相结合的领导干部考核评价体系。

在人才队伍建设方面,为了保证人才队伍建设的制度化、规范化,修订发布了《关于深化人事制度改革的实施意见》、《实行人员聘用制暂行办法》、《人才流动管理办法》、《聘用合同补充办法》、《职工培训工作暂行办法》、《科研和工程项目负责人岗位津贴实施办法》、《关于对做出突出贡献的人员实行奖励的暂行办法》。通过组织开展专场招聘会,加大对优秀高校毕业生的吸引力度,提高硕士以上学历的人员进院比例,到 2010 年硕士以上学历人员占总接收人数的 88%。加大研究生的培养,从 2006 年到 2010 年招收研究生 629 名,其中博士生 269 名,硕士生 360 名;授予博士学位 132 名,硕士学位 402 名。从 2006 年至 2009 年,共举办各种培训班 300 多项,举办各种学术报告近百场。2010 年 7 月，开展了“十一五”期间劳动模范评选和对作出突出贡献的人员进行奖励的活动，授予 14 位同志为“十一五”期间劳动模范称号，授予胡石林、徐銤、石永康、王国宝、顾忠茂五位同志“中国原子能科学研究院突出贡献奖”，并奖励每位获奖者人民币 10 万元。“十一五”期间，罗志福被评为全国劳动模范，1 人被批准为国防科技工业有突出贡献的中青年专家，李吉根、叶国安、薛小刚、汤秀章、夏海鸿先后入选新世纪“百千万人才工程”，1 人获“国防科工委技术能手”称号，2 人获“中国核工业集团公司技术能手”称号；1990 年到 2008 年，我院先后有 237 人荣获政府特殊津贴；我院被授予“国防科技工业人才工作先进集体”、“中核集团公司人才工程先进集体”称号。

核工业研究生部自成立以来，开办了研究生培养、核电培训、英语培训、成人教育。20 多年来，已培养硕士研究生、博士研究生达 2 500 余人，其中包括以同等学力申请硕士学位的进修生近 600 人；共举办核电基础理论培训 80 多期，培训学员 3 200 余人；共举办各类英语培训 70 期，培训人员 1 800 余名；成人学历教育方面，成立了首都联合职工大学核研分校，分别与对外经济贸易大学和北京科技大学合作建立了 2 个中核远程学习中心，共开办 25 个专业，本、专科毕业生达 2 000 余人。

国际交流是培养高素质科技人才的重要途径。“十一五”期间是我院国际交流活动较多的五年，来自近百个国家和地区的一批重要外宾访问我院，其中国际原子能机构总干事埃尔·巴拉迪在参观访问期间为“CIAE-IAEA”核保障与核安保联合培训中心揭牌。2009 年 8 月，我院主办了第十届国际核-核碰撞会议，40 个国家和地区的 400 多名专家出席了会议。还承办了“中美中子散射技术研究讨论会”等 29 次国际会议和培训班。2009 年 11 月 5 日，微软创始人比尔·盖茨来院访问，参观中国实验快堆并发表主题演讲。

在安全保密方面。2006 年 6 月，院成立辐射安全研究部(中心)，原安防环保处(保健物理部)机构建制撤销。7 月，为加强全院安全生产监督管理工作，将辐射安全研究部的管理职能分离出来，成立了安防环保处，作为院的职能部门行使职责。2007 年，成立了院突发公共事件应急领导小组和办公室，通过了国家认证委对我院保密资格审查认证复查，完成了国防科工委保密技术专项检查，开展了辐射工作场所安全整治专项活动，完成了院围墙、院门及部门重点要害部门实物保护改造工程。2008 年，发布了《院突发公共事件应急总体预案》，开展了应急培训、演练和检查；成立了反核与辐射恐怖袭击应急实施支持队伍；出台了《中国原子能科学研究院涉密事项密级规定》等一系列规章制度。2009年,成功组织了中国先进性研究堆和中国实验快堆装料前核应急演习,为“两堆”取得装料许可证提供了必要条件;开展了检查、培训、硬件配置等一系列工作,院保密工作的整体水平在不断提升;被首都综治办、北京市公安局授予“首都平安示范单位”,被北京市公安局授予“北京市技防先进单位”。2010年7月,为进一步加强我院辐射防护与环境保护学科的发展,提高辐射安全研究工作水平,经院务会研究决定,撤销辐射安全研究部机构建制,成立了辐射安全研究所。

我院在创造辉煌科技成就的同时,也积淀了独有特色的院所文化。在院所文化建设方面,坚持开展院庆活动、“学雷锋树新风便民服务示范日”活动、元宵文化节活动、丰富多彩的文体活动、纪念“五四”系列活动、重阳节纪念活动等传统文化活动,开展了“弘扬‘四〇一精神’、说身边事、唱身边人”、纪念王淦昌先生诞辰100周年、“纪念我国第一座重水反应堆和第一台回旋加速器建成五十周年”、纪念建院六十周年等系列活动。我院被授予“全国模范职工之家”称号,被授予“全国五一劳动奖状”,被评为“首都文明单位”,被评为“中央企业思想政治工作先进单位”。继续开展了与“法轮功”邪教组织的斗争,荣获国资委颁发的“在京中央企业防范和处理邪教工作先进单位”称号。

(六)

我院科研服务区,房子旧,面积小,道路仍然是坑洼不平且布局欠合理,环境也不理想,与我国唯一的综合性核科学技术研究基地——“原子科学城”极不相称。自2006年起,在国家、国防科工委(局)、中核集团公司的关怀和支持下,我院对科研服务区进行改造,并制订了区域整体规划,2008年4月获得北京市城市规划局批复。

2006年7月,武警新营房竣工。2006年8月,投资4 500万元、建筑面积15 800平方米、可入住500人的青年公寓开工建设,2008年11月验收入住。2008年11月,中国核工业科技馆在我院科研服务区开工,2009年10月主体结构封顶。2008年8月,离退休职工病房楼开工,2009年12月完成主体结构验收。2009年4月,自建职工住宅工作开始启动;6月,完成了北戴河休养所的装修改造;8月,我院职工文化活动中心开工。2010年2月,完成了南区招待所的装修改造;3月,按区域整体规划,开始对生活区的道路、灯光球场以及山顶公园等进行改造。

“十一五”期间，后勤系统各单位认真做好保障服务工作，有力地支撑了我院科研生产和职工生活的正常运行，保证了全院水、电、暖、气等日常安全运行和供应。完成天然气入户使用；污水处理站建成投入运行，年处理排放净化水10万吨以上；完成车库的搬迁，并在车队公交化改革上探索前进，交通运输部危险品运输队顺利通过危险货物道路安全评价；器材采购程序规范，物资供应保质保量，2009年获得中国招投标协会会员资格；职工医院完善了各项医疗规章制度和应急预案，组建了肿瘤科，启用了老区服务站，职工看病实行一卡通，通过了北京市卫生局“创建满意医院”验收，连续获得首都公共卫生文明单位。职工子弟学校是随着我院的事业发展、为解决职工子女上学而成立的，对于稳定职工队伍和培养人才作出了重要贡献。“十一五”期间，按照国务院出台的各部委办的职工子弟学校均归地方政府管理的有关文件精神，我院于2008年启动了职工子弟学校归房山区政府管理的相关事宜，2009年5月11日，与房山区政府签署了《原子能院与房山区政府学校移交补充协议》。至此，我院职工子弟学校正式划归房山区管理。

“十一五”期间，全院干部职工按照“十一五”规划的指导思想和每年度的具体工作思路及要求，艰苦奋斗，锐意进取，圆满完成了“十一五”规划目标。全面完成中核集团公司下达的经营目标，被中核集团公司评为A类事业单位。中国实验快堆和中国先进研究堆建成，核燃料后处理放化实验设施和串列加速器升级工程以及科研能力建设取得重要进展；科研取得丰硕成果，截止到2010年5月，在国外重要杂志上发表文章1 000多篇，被《SCI》收录300多篇，申报专利314项，获得国家级奖1项，国防科学技术奖53项，中核集团公司科学技术奖75项；核技术产业稳步增长，经营性收入从2005年的2.81亿元增加到2009年的4.5亿元；职工收入逐年提高；后勤社会化逐步推进，服务意识不断增强，群众满意度不断提高；人才队伍建设成绩显著，人才吸引力大幅度提高；国际交往继续增加，国际影响增强；党的建设和院所文化建设取得新的成绩。2008年获“全国模范职工之家”称号，2009年荣获“全国五一劳动奖状”；连续五年获得“中央国家机关文明单位”称号，2008年、2009年荣获“首都文明单位”称号，2009年荣获“中国核工业党建思想政治工作研究先进单位”称号，胡石林同志荣获“中央企业劳动模范”称号，赵志祥、罗志福荣获“中核集团公司劳动模范”称号；2010年，罗志福荣获“全国劳动模范”称号。

第十一章　结束语

六十年，弹指一挥间。这六十年，我国的核科学技术研究从无到有，迅速发展并成熟起来。改革开放前，我院在计划经济条件下，主要承担军工任务，任务明确且单一。在党的领导下，从中央到地方大力支持，处处开绿灯。全院职工艰苦创业，团结奋战，不仅在参加“两弹一艇”的研制攻关中作出了应有的贡献，而且使我院起到了我国第一个核科研基地和培干基地的作用，为核工业的第一次创业作出了重要贡献。改革开放后，我院在保军转民、市场经济的形势下，面对军工任务减少、科研经费和事业费严重不足、任务不明确的严峻形势，在探索中前进，在改革中发展，大力自主创新，在核科学技术的发展和国民经济建设中发挥了先导性、基础性、前瞻性的核科学技术研究基地的作用，为核工业的第二次创业又作出了重要贡献。

在纪念建院六十周年的时候，我们感到自豪的是，经过多年的培养，造就了一支具有较高科技水平和政治素质的科技队伍，他们不愧是我院攻克技术难关、攀登核科学高峰的主力军。同样使我们感到欣慰的是，我们也培养造就出一支战斗在生产后勤、生活后勤、科技管理、思想政治工作等战线上吃苦耐劳、埋头苦干的职工队伍，他们堪称我院的无名英雄，他们的献身精神及所取得的成绩同样载入史册。

在纪念建院六十周年的时候，我们更加怀念曾与我们并肩战斗过的钱三强、王淦昌等已经去世的先辈们，他们艰苦奋斗，团结拼搏，辛勤工作，付出了毕生的心血，为我院的创建和发展以及我国核事业的创建和发展作出了重大贡献。他们的去世，使我们失去了一批好领导、好专家、好同志；他们的献身精神，值得我们学习、继承和弘扬。我们要永远怀念他们，继续完成他们未竟的事业。

六十年的奋斗历程，为我院积累了哪些基本经验呢？在三十五周年院庆时，老一辈领导曾就“两弹一艇”攻关时期和“文革”时期的经验教训做过精辟的总结，对院的后续工作有很大的指导意义和启迪。这些基本经验主要有：

一、在自力更生方针指导下，制定切实可行的发展规划，按科学规律办事，核科学研究工作才能迅速发展，才能在核工业创建和发展中发挥“先行”作用。

核工业是一门新兴的知识密集型工业，它的创建和发展需要依靠科学技术，特别是核科学技术；核工业又是十分敏感的事业，而技术先进国家对此有种种保密限制。因此，在自力更生为主，积极引进、吸收国外先进技术的同时，必须十分重视加强自己的核科学技术研究工作，制定切实可行的核科学发展规划，把远期的奋斗目标和当前的任务结合起来，使有限的人、财、物发挥更大效用。实事求是，循序前进，核科学技术研究工作才能获得迅速发展，迎头赶上。建院初期，科学家们坚持自力更生，艰苦创业，集中集体智慧制定和实现了第一个“五年计划”，为我国核工业的创建做了必要的技术准备。20 世纪 50 年代后期，纳入国家《十二年发展规划》，充分利用苏联援助，开辟了众多新的学科领域，培养了大批科技人才，做了技术储备和人才储备。在“两弹”过关时期，部领导高瞻远瞩，全面部署，及时制定“两年规划”，使我院在部统一指挥下，集中力量，大力协同，全面完成了部里交给的全部攻关任务，为国防建设作出了重要贡献。相反，1970 年“8. 15”会议，在极“左”思潮的指导下，根据“三赶两超”的要求，提出的重点科研项目，则完全脱离了我国生产发展和技术基础的实际可能，结果非但一无所获，还搞乱了科研工作，浪费了人力、物力和宝贵时光。

二、正确认识并处理好“任务与学科”、“应用研究与基础研究”的关系，才能保证核科学研究工作的持续发展。

正如前面所提到的，我院这个多学科综合性的核科研基地，就是经过“任务带学科”、“学科促任务”辩证结合的历程发展起来的。尽管每个时期由于任务不同，条件不同，两者之间可以有所侧重，但不可偏废。必须明确，任务的需要，是学科发展的直接动力；而学科储备并不断创新，则可以促进新技术和高技术的实现，加速核工业的发展。因此，核科学技术研究工作的部署，必须考虑到“今天、明天、后天”的整体需要和学科的纵深发展。只有这样统筹安排，才能在一旦任务需要时，及时组织力量，解决实际应用中提出的新课题。正如 1959 年以前，我院在任务不多的情况下，大力开展应用基础研究和基础研究工作，在人才、技术、设备条件上有了一定储备，所以在苏联停援后，为了加速核工业建设和突破“两弹”技术关的某些重要任务下达后，才能迅速组织力量，投入战斗，攻克技术难关。即使在 20 世纪 60 年代前半期，在突破“两弹”技术关的过程中，其他科研工作都要为“一线”任务让路的时候，仍然本着统筹安排的原则,在确保“一线”任务的前提下,积极安排了其他科研工作,如30兆电子伏电子直线加速器的研制成功,宇宙线高能物理大云室的建成,受控热核反应实验装置和诊断技术的研究等,都是这时期取得的成就。

三、必须十分重视科技队伍的建设,培养严谨踏实的科研作风,才能实现成果和人才双丰收,促进核科学研究工作的发展。

科研规划的组织实施、重大技术关的突破、优秀科研成果的获得,主要依靠一支具有“三严”作风的科技队伍。因此,自建院以来,一直把科技队伍建设和科研作风的培养放在重要地位。20世纪50年代前期,在因陋就简、艰苦创业的同时,就十分重视培干工作,并形成了良好的学风。20世纪50年代末,经过了大发展,科技队伍成几十倍的增长,新成员又缺乏科研工作基础,加上“大跃进”、“浮夸风”的影响,科研作风一度不够严谨踏实,对质量安全不够重视,实验数据的处理不够认真等等。面对这一新的情况,所党委立即组织了调查组,深入基层,“解剖麻雀”,用典型事例教育各级领导和科技人员。请老科学家举办讲座,对青年科技人员进行基础训练,树立“三严”作风,狠抓了研究工作质量。并通过大力贯彻《科研十四条》,改进了思想政治工作,整顿了科研秩序,加强了科技管理,建立了科研成果档案和科技人员的业务考绩档案,保证了科技人员每周有六分之五的时间搞科研。还健全了学术委员会,活跃了学术空气。这些有力措施,不仅保证了全部攻关任务,而且成长和输送了大批科技人才。实践证明,重视科技队伍的建设,必须从思想上树立尊重知识、尊重人才的观点,认真执行党的知识分子政策,关心和爱护科技人员。我院在这方面有很多成功经验;由于过去受“左”的错误干扰,工作中也有过失误。因此,解决好这个问题,对于充分发挥知识分子的作用,具有深远意义。

四、在全院人员中树立以科研为中心、全院一盘棋、团结合作的全局观念和集体主义思想,才能发挥我院多学科综合性的优势。

在“两弹”过关过程中,任务重、要求急,任何一项任务都不是少数人或一个单位可以独立完成的。为此,党委经常教育、引导职工深刻理解,只有胸怀全局,以科研为中心,全院一盘棋,服从大局,才能坚定地执行上级指示,有效地缩短战线、集中力量打歼灭战;才能打破室、组界线,抽调精兵强将,组成攻关战斗队,实行科研、设计、生产“三结合”,为完成攻关任务而团结奋战。这些都充分体现了毛主席“大力协同”和周总理“三高”(高度的政治思想性,高度的科学计划性,高度的组织纪律性)的指示精神。攻关时期,胜利完成的各项任务证明了这一点;困难时期,行政后勤战线为保前线,主动积极为科研生产服务,为科技人员服务,为职工生活服务,想方设法渡过难关,也有力地证明了这一点;转民时期,全院工作为"翻两番"的总目标,面向国家经济建设,千方百计参加开发工作,有的放下基础研究积极投入应用研究工作,同样也证明了这一点。

五、只有面向经济建设,坚持向全国开放,大力加强国内外科技交流与合作,才能充分发挥我院优势,开创新局面。

我院是全国第一个综合性的核科研和培干基地,具有较多、较好的科研条件,应进一步向全国开放,才能更好地发挥核科学技术研究中心和培干中心的作用,为发展核科学技术作出更多的贡献。早在20世纪50年代后期,推行"大家办原子能科学"、推广同位素应用就曾发挥过积极作用;20世纪60年代前期,实行院内外协作攻关,已经在一定程度上实行了对外开放,起到了部内外科研基地和培干基地的作用。但是,在向全国开放方面我们还做得很不够,也缺乏经济观点,对军民结合、为民用服务,加速科技成果开发应用也不够重视。20世纪80年代,全国改革开放,核科研工作更要面向经济建设,贯彻"军民结合,以民为主"的方针,要坚持以核为主,多种经营,积极主动地加强与国内各科研、生产、教育单位的横向联系,重视经济效益和社会效益。同时,要大力加强国际学术交流与合作,以便尽快开创出新的局面,为核工业的第二次创业,作出更大贡献。

六、思想政治工作是我院科学研究工作的生命线,它对科研生产发展起了重要保证作用。

建院初期,科学家们带领青年科技人员,因陋就简、艰苦创业,克服重重困难,开展科研、培干工作,靠的就是高昂的爱国主义热情,集体主义精神。20世纪60年代初,在苏联毁约停援撤退专家、生活条件十分困难的情况下,全院职工坚持树雄心立壮志,为国争光,艰苦奋战,胜利完成各项攻关任务,也是依靠党的坚强领导和思想政治工作。因此,只有不断改善和加强党的领导,不断改进和加强思想政治工作,才能提高广大职工的社会主义觉悟,以承担任务为光荣,党指派在哪里,就顽强地拼搏在哪里;才能激发出高度的事业心和责任感,不计较个人得失,不追求名利地位,通力合作,团结奋战。而加强党的领导,充分发挥党员的先锋模范作用和党支部的战斗堡垒作用,又是做好思想政治工作的关键。当然,在过去的历史条件下,我院党的工作和思想政治工作,也曾受到"左"的错误的影响,发生过一些偏向和失误,如1957年的反右派运动和1959年的反右倾运动,都曾伤害过一些同志,使其他一些同志的积极性、创造性受到压抑,自然也使工作受到某些影响。

党的十一届三中全会以后,经过拨乱反正,清理"左"的影响,党的思想政治工作优良传统才逐步得到恢复,在进入改革开放新的历史时期,更需要不断地改进和加强党的领导,注意研究新时期思想政治工作特点,总结新鲜经验,坚持四项基本原则,加强社会主义精神文明建设和"有理想、有道德、有文化、有纪律"的"四有"队伍建设,这仍然是科研生产和各项改革顺利发展的重要保证。

改革开放以来,在邓小平理论、"三个代表"重要思想和科学发展观的指引下,我院踏上了第二次创业的新的征程。在中核集团公司(核工业部、中核总)的领导下,几届领导班子带领全体职工经过 20 多年的努力拼搏,终于开创了新的局面,为我国核事业作出了新的贡献。回首我院所走过的这段不平凡的历程,我们认为,有以下几条值得记取的基本经验:

一、必须始终坚持解放思想,转变观念,与时俱进,深化改革,才能保证我院事业发展的生机与活力。

改革开放以来,我们始终把解放思想、转变观念当作首要任务来抓,引导干部职工打破长期以来计划经济体制造成的传统观念的束缚,克服"等、靠、要"和"平均主义"、"大锅饭"的思想,代之以与发展社会主义市场经济相适应的市场观念、竞争观念、效益观念和价值观念。改革是一场革命,正是这场革命,带来了我院经济的飞速发展,也带来了我院事业的勃勃生机与活力。

随着形势的变化,我院改革与时俱进,不断深化,大致走过了三个阶段。第一阶段是 1989 年开始执行《原子能院关于推行多种形式责任目标承包制试行办法》及 14 个配套文件;第二个阶段是 1998 年开始执行《原子能院深化改革结构调整基本框架》;第三个阶段是 2001 年 8 月开始执行《原子能院科技体制改革的初步方案》。在这三个阶段中,积极推进了科研结构、运行机制、人事制度、分配制度、财务制度等一系列改革;积极推进了高技术产业的转制;积极推进了后勤社会化的改革;将科研生产系统调整为核物理研究所、反应堆工程研究设计所、放射化学研究所、同位素研究所、核技术应用研究所,中国实验快堆工程部、中国先进研究堆工程部、串列加速器升级工程部、串列加速器升级工程技术部、核燃料后处理放化实验设施工程部、放射性"三废"设施治理工程部、放射性计量测试部、辐射安全研究部,实验工厂、电子仪器厂、北京原丰科技开发总公司、原子高科股份有限公司以及核电技术服务中心,成立了后勤集团,包括动力工程部、器材供应部、基建工程部、物业管理部和交通运输部。在这些工作中，我们坚持了稳中求进，积极稳妥的改革方针；坚持了在总揽全局的基础上，选好突破口，逐步地向前推进的改革思路；坚持了追求实效，而不是追求轰轰烈烈局面的务实作风。同时，为了保证改革的顺利进行，各级领导加强了思想政治工作，引导职工理解、支持我院的改革和发展。因此，改革使得一些单位率先走出高墙大院，勇敢接受市场的挑战，并逐步在激烈的市场竞争中取得主动权，实现了预期的目标，保证了难得的稳定局面。

实践证明，只有坚持解放思想，转变观念，与时俱进，深化改革，才能加快我院发展的步伐，才能把原子科学城建设得更加美好。思想不解放，观念不转变，改革不深入，步子就迈不开，就必然会落后于形势的发展。

二、必须根据国家的需要，确定科研业务方向，制定切实可行的发展规划，按科学规律办事，才能保证核科学研究工作的迅速发展。

科研业务方向对一个研究院(所)来说是至关重要的。科技水平的提高是靠长期积累的，科研业务方向不明确，就无法制定中长期发展规划，无法建立技术、设备、人才储备，专业上很难达到较高的水平，很难产生自主知识产权和技术创新的突破，科研机构和科技队伍也很难稳定。

科研业务方向的确立和发展规划的制定是根据国家的需要和形势的变化而变化的。建院初期，确立了以理论物理、原子核物理、宇宙射线和放射化学四个主要领域为科研方向。1958年，以重水反应堆和回旋加速器为标志的大批设备的建成和发展，促成了学科方向的开拓，到1961年又增加了堆工、生物防护以及稍后的铀同位素分离技术。1972年12月，核工业部正式确立我院的科研业务方向为“二主六从两个中心”。党的十一届三中全会后，党的工作重心转向“以经济建设为中心”，核工业部也随着进行了战略转变：“在优先保证军工的前提下，把工作重点转向为国民经济建设和人民生活服务”，即“保军转民”。我院根据国家的需要和核工业部“保军转民”的战略转变，从1986年开始，先后制定并完成了“七五”、“八五”、“九五”、“十五”、“十一五”科研生产发展规划。期间还制定了《原子能院2000—2015年远景规划》和《原子能院中长期发展规划(2006—2020年)》。在制定和实施规划中，历届院领导和科技工作者以战略的眼光瞄准世界科学前沿，认真筹划我院的发展，积极构建科技创新平台，不但建成了一批国家和部级实验室及研究中心，而且提出了建设中国实验快堆、中国先进研究堆、HI-13串列加速器升级工程和核燃料后处理放化实验设施四大科技发展平台并取得重要进展，同时取得了一大批具有世界先进水平的科研成果，逐步形成并被国家专委核定为核基础技术、反应堆工程、空间能源技术、后处理技术和计量技术5个重点保留专业和核物理，放射化学，加速器技术，军控核查及反核查，核材料先进生产技术，快堆设计，研究试验堆工程研究和设计实验，空间反应堆工程、研究、设计、实验，后处理工艺技术，放射性废物处理处置技术，放射性计量等任务范围。

正是由于在不同时期确定了科研业务主攻方向，制定了切实可行的发展规划，才有了“两弹一艇”的辉煌、“保军转民”的跨越和新世纪的新发展。

三、必须积极争取并始终得到党和国家领导的重视、关怀与支持，才能保证我院事业的顺利发展。

我院的创建与发展离不开党和国家的重视、关怀和支持。建院初期的1955年1月15日，毛主席在中央书记处扩大会议上指出：“这件事(指原子能事业——编者)，总是要抓的。现在是时候了，该抓了。只要排上日程，认真抓一下，一定能搞起来。”党中央和毛主席的英明决策，坚定了我国发展核事业的信心，使我院的工作进入快速发展的阶段。当时，我院的党政领导直接由中央组织部和国务院任命，我院的地址选择也是由中央批准的。《1956—1967年全国科学技术发展远景规划》把原子能和平利用列为全国六大重点科研任务之一，而这个《远景规划》是由周恩来总理亲自主持制定的。党和国家领导人周恩来、朱德、董必武、各民主党派负责人，人民解放军元帅、高级将领，国家机关各部委以及省市党政领导相继来院视察。正是由于有了党中央和国务院的重视、关怀和支持，才有了全国的大力协同，才有了我院在“两弹一艇”研制中所作出的重要贡献。

进入20世纪80年代后，国内外形势发生了很大变化，军工性质的原子能事业要保军转民，大部分科研人员要自谋生路，开发民品，国家对原子能事业的经费支持只能满足当时人员的三分之一。怎么办？一方面确保完成少量的国防科研任务，另一方面积极开发民品，同时努力通过各种渠道向党中央和国务院反映世界核科技以及我院的发展现状，使党中央和国务院了解、关怀、重视、支持我院。1986年起，在孙祖训等带领下，堆工所、核物理所、放化所、核技术应用所的领导及有关同志为发展快堆、中国先进研究堆、串列加速器升级、放化后处理实验设施，积极向国务院邹家华、宋健等领导及相关部委反映其重要性、必要性和可行性，得到了国务院及相关部委的重视与支持，为“四大工程”的建设做了开创性工作。2000年3月，樊明武等9位院士联名给江泽民、朱镕基等中央领导写信，朱镕基、李岚清、温家宝、吴邦国等作了重要批示，批示指出：“原子能院的工作应予以支持。”2004年8月，赵志祥组织相关同志撰写5篇文章，其中4篇在《新华社参考清样》上发表，江泽民、胡锦涛、温家宝、黄菊、曾培炎等中央领导对其中《浅析我国核技术大大落后于国际水平的原因》作了重要批示。这期间，曾培炎、刘淇和国防科工委领导也先后来院视察指导。由于党和国家的关怀、重视、支持，我院“四大工程”、总体规划和基地建设才得以顺利进行，我院事业才能不断发展。

四、必须正确认识并处理好“科研与民品”的关系，才能保证核科学技术的持续发展。

前面已经提到，要正确认识并处理好“任务与学科”、“应用研究与基础研究”的关系。而从1980年开始至现在，我院在贯彻“保军转民”、“稳住一头、放开一片”、“科学技术必须面向经济建设”的过程中，认真实践科学发展观，深化改革，创新发展，较好地处理了“科研与民品”的关系。

民品产业的发展，离不开我院的科研。科研不仅为民品产业的发展提供技术、方法和设备，而且确立了我院的地位和品牌以及在国际上的影响力，为民品投入以及扩大市场树立了极好的形象和信誉。同样，民品对我院的可持续发展也是非常重要的。特别是在国家对我院资金投入不足的时候，是民品填补了我院的资金不足；也正是由于我院依靠一批民品项目，才得以保留了一支优秀职工队伍；也正是由于有了民品的发展，院才能够将有限的事业费集中在重点科研岗位上。由此可见，对我院来说，科研与民品缺一不可。

我院历届领导高度重视并正确处理好“科研与民品”的关系。“七五”提出：要确保少量军工任务，重点发展核能、核技术“两个拳头”，少而精地搞好核物理、放射化学等几个基础学科的研究，发挥我院优势，发展多种经营；“八五”、“九五”提出：要巩固和提高我院在核科学研究和国民经济建设中的两个地位。“十五”、“十一五”坚持科技实力与经济实力协调发展的“两条腿走路”的方针，科技实力是兴院之本，经济实力是兴院之要，在壮大科技实力的同时壮大经济实力，从而实现我院的全面协调可持续发展。为此，我院积极稳妥地调整了科研结构，转变了运行机制，使科研、生产、后勤、机关的布局更加合理，使管理更加科学化、规范化，更加符合科研生产自身的发展规律，从而大大地解放了生产力。基础研究得到加强和巩固，获国家级奖励60多项、省部委级奖励1 300多项，许多科研成果达到世界先进水平或领先水平；核应用技术和非核通用技术在巩固支柱性产品的同时，不断开发出新产品，一些新产品正在成为我院新的经济增长点，全院民品产值有了很大的增长，从1983年的600多万元，增长到2009年的4.5亿元。

五、必须始终坚持强化基础，提升能力，构建科技发展平台，才能实现我院的跨越发展。

核科学技术的发展，必须要有先进的核科研设施、基础设施以及科研支撑条件。而这些随着其自身的寿命以及科学研究的寿命的终止，又必须不断提出新的科技发展平台。

20世纪五六十年代，我院建成了"一堆一器"、49-2堆、2.5兆电子伏静电加速器和400千伏高压倍加器，构成了我院第一批科技发展平台，为"两弹一艇"研制成功、核科技研究创造了条件，同时也取得了一大批科研成果，培养了我国第一代、第二代核科技工作者。20世纪70年代至90年代，101堆的大修、HI-13串列加速器的引进、30兆电子伏强流回旋加速器的建成，又构成了我院第二批科技发展平台，为核科学研究、核技术应用提供了新的条件，取得了一批新的世界水平的成果。现在正在建设的中国实验快堆、中国先进研究堆、HI-13串列加速器升级工程和核燃料后处理放化实验设施等"四大工程"是我院第三批科技发展平台，它们的建成和已经完成的基础设施改造、重点实验室能力的提升、支撑条件的改善，为我院新世纪的发展提供了重要的条件保证。

通过六十年的强化基础、提升能力、构建科技发展平台，我院逐渐成为一个在国家核科技发展战略中地位不可或缺，作用不可替代，以开展基础性、先导性、前瞻性的研究工作为主的综合性国家核科学技术研究基地。由此看出，强化基础，提升能力，构建科技平台，是实现我院跨越发展的不可缺少的条件。

六、必须十分重视人才队伍的建设，才能使我院事业后继有人、薪火相传，才能超越前人，攀登高峰。

国家的竞争主要依靠科技的竞争，而科技的竞争主要依靠人才的竞争。科研规划的组织实施、重大技术的突破、优秀科研成果的取得，主要依靠一支具有较高业务水平和思想作风过硬的人才队伍。特别是进入21世纪，科学技术迅猛发展，更需要复合型的党政管理人才、创新型的科研人才和高技能型的技工人才。因此，自建院以来，一直把人才队伍建设放在重要地位。

十年"文化大革命"，不仅使我国的科学技术落后于世界水平，而且使科技人才出现断层；20世纪五六十年代参加工作的同志陆续退休；我院地处远郊、待遇偏低，人才流失严重。以上诸多因素，导致我院出现了人才危机，严重地影响到我院事业的发展。面对如此严峻的形势，院领导把职工队伍建设、青年人才的培养作为院的重要战略任务列入议事日程，制定了吸引、培养、使用、鼓励青年人才的一系列规章制度及实施办法。通过各种渠道、采取多种形式发现和培养科研和管理人才。为培养核科学技术高层次人才，推荐优秀青年科技工作者到依托我院创办的核工业研究生部攻读硕士或博士研究生；为解决急需的中等专业技术人员，我院创办了北京核工业学校；为提高党政领导干部的政治理论水平，开办了中央党校核工业(2)班；还积极推动国内外学术合作交流，派科技干部到国外学习或工作，提高了科技队伍的整体水平，在各领域都涌现了一批学有专长、能够攻坚的专家。从1987年起由院科技委和团委发起的“五四青年学术报告会”以及我院从2000年开始实行的青年学术技术带头人培养对象培养制度，不但激励青年科技人才刻苦钻研，在本职工作中做出优秀成果，而且从中也发现了大批人才，并获得了重点培养，推荐进入国家“百千万人才工程”、国防科工委“511人才工程”和中核总“112人才工程”，为培养顶尖人才打下基础，其中不少人才后来成长为各领域的学科带头人和骨干。

加强人才队伍的组织建设和思想作风建设，善于吸引、发现、培养、提拔和使用各类人才，是关系我院事业成败的关键，也是历届各级领导非常关注的大事。长江后浪推前浪，青出于蓝而胜于蓝，我们不仅要使我院事业后继有人、薪火相传，而且要造就一批能超越前人、勇攀高峰的英才。

七、必须坚持对外开放，加强国内外科技交流与合作，才能发挥我院的优势，开创我院发展的新局面。

我院是我国第一个多学科综合性的核科研基地，具有门类齐全和先进完善的科研条件。发挥我院优势，坚持对外开放，大力加强国内外科技交流与合作，有利于提高我们的科技水平、培养科技队伍、增强科技实力；有利于增加社会效益和经济效益；有利于促进与各国科技工作者的交流，为我国核科技事业的发展作出更多的贡献。

20世纪80年代后，在“科学技术工作必须面向经济建设”和“军民结合，以民为主”方针的指引下，我院克服由于核工业长期对外保密给对外开放造成的困难，积极主动地走出高墙大院，大力加强与国内各科研、生产、教育单位的横向联系，取得了较好的经济效益和社会效益。随着改革开放的深入发展，我院与国外的交流与合作不断扩大，“窗口”的作用更加显著。改革开放以来，我院接待外宾近14 000人次，派遣出国人员近6 000人次，先后与国际原子能机构(IAEA)签订了40余项研究合同，同俄罗斯等国签订了多项双边科技协议，并成功地举办了国际原子能机构(IAEA)的研讨会及培训班、国际核结构研讨会、北京国际同位素会议和国际核物理大会等重要学术活动。通过对外开放和合作交流,派出去和引进来,不仅引进了先进的科学理念和技术,而且大大开阔了我们的视野,使我院的科技水平和实力迈上了一个新台阶。

同时,通过对外开放和合作交流,使我院的核技术产品逐步走向国际市场,如871工程、911工程、140工程、零功率堆及微堆的出口,同位素产品、高纯锗测量仪、新型海关集装箱检测系统等外销,不仅给我院带来较好的经济效益,也带来了良好的国际影响,提高了我院在国际上的知名度和地位。

八、必须加强和改进党的建设、思想政治工作和精神文明建设,才能保证我院改革发展和各项工作的顺利进行。

党的建设、思想政治工作和精神文明建设,紧紧围绕我院的中心工作,认真贯彻邓小平理论、"三个代表"重要思想、科学发展观以及党的路线方针政策,加强党的组织建设,不断提高职工素质,为我院的改革发展提供坚强有力的政治、组织和思想保证。

改革开放以后,我院从计划经济时代接受单一指令性任务,"等、靠、要"和"吃大锅饭"的状态,逐步转变为在市场经济环境下"科学技术工作必须面向经济建设"的多元化任务来源的状态。随着改革的深化、责任承包制的实行、分配出现差距以及职称职务的晋升,职工思想问题和内部矛盾相应增多,如不妥善解决,不仅影响工作,而且不利于安定团结。为了适应新形势,院(所)各级党委不断探索、改进和加强党的建设、思想政治工作和精神文明建设。

通过深化改革,院的领导体制进行了调整,从党委领导下的院(所)长负责制转变为院(所)长负责制,逐渐建立起了党委政治核心、保证监督,院(所)长负责,党、政、工各司其职、各负其责、协调一致,职工民主管理的领导体制。

坚持"两手抓、两手都要硬"的方针,努力构建"党委工作四大工程",不断加强党的建设、思想政治工作、精神文明建设和院所文化建设。通过深入学习邓小平理论、开展"讲学习、讲政治、讲正气"学习教育活动、以实践"三个代表"重要思想为主要内容的保持共产党员先进性教育活动、深入学习实践科学发展观活动,广大干部职工能够从多年形成的以阶级斗争为纲转变为以经济建设为中心,从根深蒂固的计划经济转变到市场经济,市场意识、效益意识和竞争意识逐渐增强,积极性空前高涨;通过开展以加强领导班子、基层党组织和党风廉政建设为重点的各种学习培训讲座、制度检查以及夯实工作基础的工作,广大党员、领导干部的素质不断得到提高,工作作风不断得到改进,党组织的凝聚力和战斗力不断增强;通过深入开展形势任务教育和思想政治工作,广大干部职工能够从院的实际出发,克服"等、靠、要"和"国家队国家养"的思想,逐步树立起自主创新、科学发展、自强不息的思想;通过深入开展爱国主义、社会主义、集体主义教育和院所文化建设,广大干部职工能够正确处理全局与局部、集体与个人的关系,逐步树立起全局观念和集体主义观念,大力弘扬“以身许国、敢为人先、严谨求实”的“四〇一精神”。可以说,我院在改革开放以来取得的所有成果,无一不渗透了院(所)各届和各级党委以及政工队伍的心血。

实践证明,不管国际国内形势如何变化,党的建设、思想政治工作、精神文明建设、院所文化建设都不是可有可无的,而是必须加强,任何时候都不能有丝毫的松懈。

今年,我院已经走完整整一个甲子。回顾过去,我们感到骄傲和自豪;展望未来,我们充满信心和希望。党和国家高度重视核科学技术的发展,我院的中长期发展规划获得批复,四大科技发展平台陆续建成,青年科技人才迅速成长。在这大好形势下,全院职工团结起来,在党的路线方针政策的指引下,继承老一辈在“两弹一艇”攻关时期所留下的优良传统,大力弘扬“以身许国、敢为人先、严谨求实”的“四〇一精神”,自强不息,敢于拼搏,努力发挥我院多学科综合性优势,推动自主创新,为实现“创造一流业绩,造就一流人才,建设一流核科研基地”的“三个一流”的发展目标、建设现代富强文明和谐美好的原子科学城而努力奋斗!为我国的核工业和核科技的发展以及国民经济建设作出新的更大的贡献!

附录

附录一:历届党政领导成员任职年表(1950—2010年)

姓　名	任职时间	职　务	备　注
吴有训	1950—1951年	所长	
钱三强	1950—1978年	副所长、所长兼分党组性质的党员干部领导小组组长、党委书记处书记、副书记	“文化大革命”后期调中国科学院工作
王淦昌	1952—1985年	副所长、所长、名誉所(院)长	1961—1977年期间曾调九院工作 1998年12月因病去世
彭桓武	1952—1970年	副所长	1970年调九院工作(实际1961年调九院)
李　毅	1955—1984年	副所长兼党总支书记、分党组性质的党员干部领导小组副组长、所二部党委书记、所党委书记处书记、副书记、代理党委书记、顾问	1984年底离休 2008年3月因病去世
赵忠尧	1956—1973年	副所长	1973年调高能物理研究所工作
郑　林	1956—1966年	所一部党总支书记、副所长、所党委第一书记	1966年调北京市工作
力　一	1956—1975年	副所长	1975年调高能物理研究所工作
罗启霖	1956—1977年	副所长、所党委书记处书记	1977年调中国科学院工作

续表

姓　名	任职时间	职　务	备　注
梁　超	1956—1961 年	副所长、党委书记处书记	1961 年调部七所工作
汪德熙	1960—1985 年	副所长、院科技委主任	1986 年调核工业研究生部工作 2006 年 8 月因病去世
马　俭	1964—1965 年	副所长	1965 年因病去世
苏振芳	1964—1973 年	副所长	1973 年调高能物理研究所工作
刘书林	1964—1974 年	副所长、党委书记	1974 年调二二一厂工作
张文裕	1964—1973 年	副所长	1973 年调高能物理研究所工作
何泽慧	1964—1973 年	副所长	1973 年调高能物理研究所工作
郑家璜	1971—1973 年	兼所党委书记	军管会主任、1973 年撤离我所
刘　昌	1972—1980 年	所党委副书记、书记	1980 年调部工作
范玉庭	1973—1981 年	所党委副书记	1983 年离休 1987 年 8 月因病去世
刘　杰	1975—1978 年	副所长	1978 年调河南省工作
赵　琅	1976—1976 年	所党委书记	1976 年 10 月在执行公务时因车祸不幸去世
李寿枬	1978—1988 年	副所长	1989 年离休
王传英	1978—1982 年	常务副所长兼党委副书记	1982 年调部工作

续表

姓　名	任职时间	职　务	备　注
延永生	1978—1980 年	副所长	1980 年调国家档案局工作
田子钦	1978—1983 年	副所长	1983 年底离休 2001 年 11 月因病去世
戴传曾	1978—1990 年	副所长、所(院)长、名誉院长	1990 年 11 月因病去世
任　和	1978—1982 年	副所长	1982 年调部一院工作
桓水清	1978—1985 年	副所长、调研员	1985 年离休
徐乃欣	1980—1982 年	副所长	1982 年调部工作
吴永顺	1980—1983 年	副所长	1983 年底离休 2004 年 1 月因病去世
叶锡范	1980—1988 年	副所长、调研员	1988 年离休 2010 年 7 月因病去世
黄祖洽	1980—1983 年	兼副所长	北师大低能物理研究所工作
杨　申	1980—1983 年	所党委副书记兼纪委书记、顾问	1983 年底离休
战毅军	1980—1985 年	所党委常务副书记、院党委书记	1988 年离休
任大明	1980—1992 年	所党委副书记、常务副所(院)长、副院长、调研员	1992 年底离休
杨敏章	1981—1989 年	所党委副书记兼纪委书记、院党委副书记	1989 年离休 2004 年 11 月因病去世
范淑贤	1982—1989 年	副所(院)长、调研员	1989 年离休

续表

姓　名	任职时间	职　务	备　注
陈　松	1982—1983年	副所长	1983年调部工作
忻贤杰	1982—1988年	副所长	1988年11月因病去世
张正华	1983—1988年	副所(院)长	1988年调中原公司工作
马福邦	1983—1984年	副所长	1984年调部工作
李福恒	1983—1997年	所党委副书记、院党委副书记、党委书记兼副院长	1999年退休
徐义全	1983—1985年	副所(院)长	1985年调核工业研究生部工作
孙祖训	1985—1996年	院长	1999年退休
严叔衡	1985—1998年	副院长	1998年调中核总工作
田亚民	1985—1991年	副院长	1991年调中原公司工作
郭子文	1985—1999年	副院长、调研员	2000年退休
王德绵	1985—1990年	院纪委书记	1990年离休
朱天玉	1989—2003年	院党委副书记、党委书记兼副院长	2004年退休
王时举	1990—1996年	院党委副书记、副院长	1996年退休
汪志勤	1990—1999年	院纪委书记	1999年退休
王乃彦	1991—1992 2007——	副院长	
李玉崙	1991—1993年	副院长	1993年调中核总工作
杨天禄	1991—1999年	副院长	1999年调原子能公司工作

续表

姓　名	任职时间	职　务	备　注
李路明	1991—1999年	副院长	1999年退休
康日新	1993—1996年	副院长	1996年调中核总工作
许文珍	1993—2000年	副院长	2001年退休
舒卫国	1993—2006年	院党委副书记、副院长、院党委书记兼副院长	2006年调中核集团公司人力资源部工作
樊明武	1995—2000年	副院长、院长	2001年调华中理工大学工作
李林虎	1997—	院党委副书记兼纪委书记	
张恩琇	1997—2003年	院党委副书记	2004年退休
赵志祥	2000—	副院长、院长	
李金英	2000—2005年	副院长	2005年调中核集团公司综合计划部工作
张昌明	2000—	副院长、院党委书记兼副院长	
杨河涛	2000—2007年	副院长	2007年调福清核电站工作
李和香	2002—	核工业研究生部党委书记、院党委副书记	
张锦荣	2003—	副院长	
柳卫平	2005—	副院长	
邵焕会	2006—	中国核工业科技馆筹备办公室主任、副院长	
万　钢	2007—	副院长	

续表

姓　名	任职时间	职　务	备　注
刘森林	2007—	副院长	
叶国安	2007—	副院长	

说明:1. 1950—1953 年我所为中国科学院近代物理研究所,1953 年更名为物理研究所,1956 年与新基地合并仍称物理研究所,1958 年更名为原子能研究所,1984 年底更名为中国原子能科学研究院。在任领导职务随单位名称变动。

2.“文化大革命”期间,大多数领导被迫停职审查或遭受迫害,任职时间仍连续计算。

3.“文革”期间革委会职务未列入本表。

4. 调离我院后去世的领导未注明去世时间。

附录二：1978 年以来获国家级和省部级奖励的成果统计表

获奖情况 / 年度	国家自然科学奖					国家发明奖					国家科技进步奖					国防科工委级奖 中核集团级奖（核工业部、中核总）北京市级奖					何梁何利科技进步奖 吴有训物理奖 叶企荪物理奖 王淦昌物理奖 胡济民教育科技奖	申请国家专利	发表论文
	一	二	三	四	小计	一	二	三	四	小计	特	一	二	三	小计	一	二	三	四	小计			
1978—1985	1		2	1	4		1	4	0	5		1	2	8	11	0	23	117	281	497[1)]		6	
1986—1990			1		1			2	2	4	1	1	2	6	10	5	67	183		255		22	
1991—1995								1	1	2			3	11	14	12	50	142		204	3	32	
1996—2000			1		1			1		1		2	2	6	10	5	47	98		151[2)]	2	43	
2001—2005													2		2	4	14	37		55	8	54	1261
2006—2009													1		1	16	46	65		127		269	2008
合　计	1		4	1	6		1	8	3	12	1	4	12	31	48	42	247	642	281	1289	13	426	3269

1）含 1978 年获全国科学大会奖 76 项。

2）含 1996 年获全国科学大会奖 1 项。

附录三：经营性收入

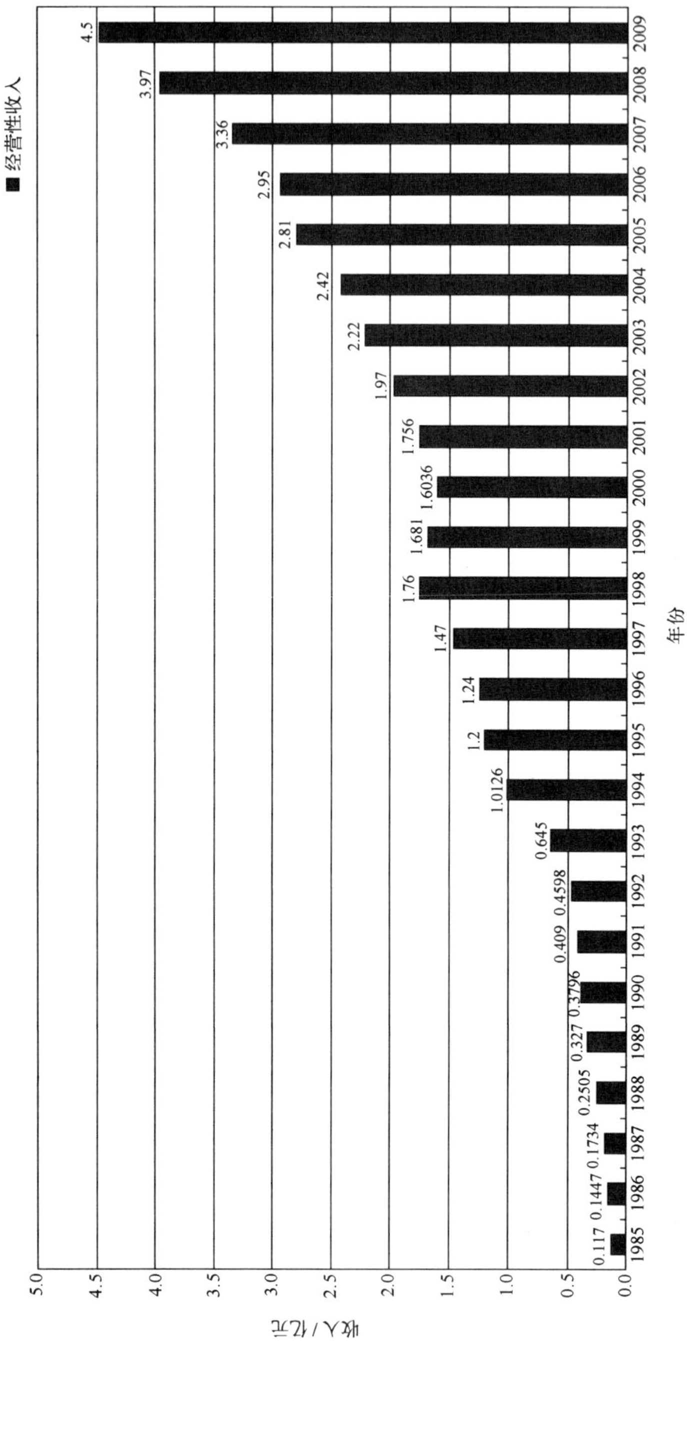
■ 经营性收入
收入/亿元
0.0
0.5
1.0
1.5
2.0
2.5
3.0
3.5
4.0
4.5
5.0
年份
1985 0.117
1986 0.1447
1987 0.1734
1988 0.2505
1989 0.327
1990 0.3796
1991 0.409
1992 0.4598
1993 0.645
1994 1.0126
1995 1.2
1996 1.24
1997 1.47
1998 1.76
1999 1.681
2000 1.6036
2001 1.756
2002 1.97
2003 2.22
2004 2.42
2005 2.81
2006 2.95
2007 3.36
2008 3.97
2009 4.5

附录四：建院以来职工人数

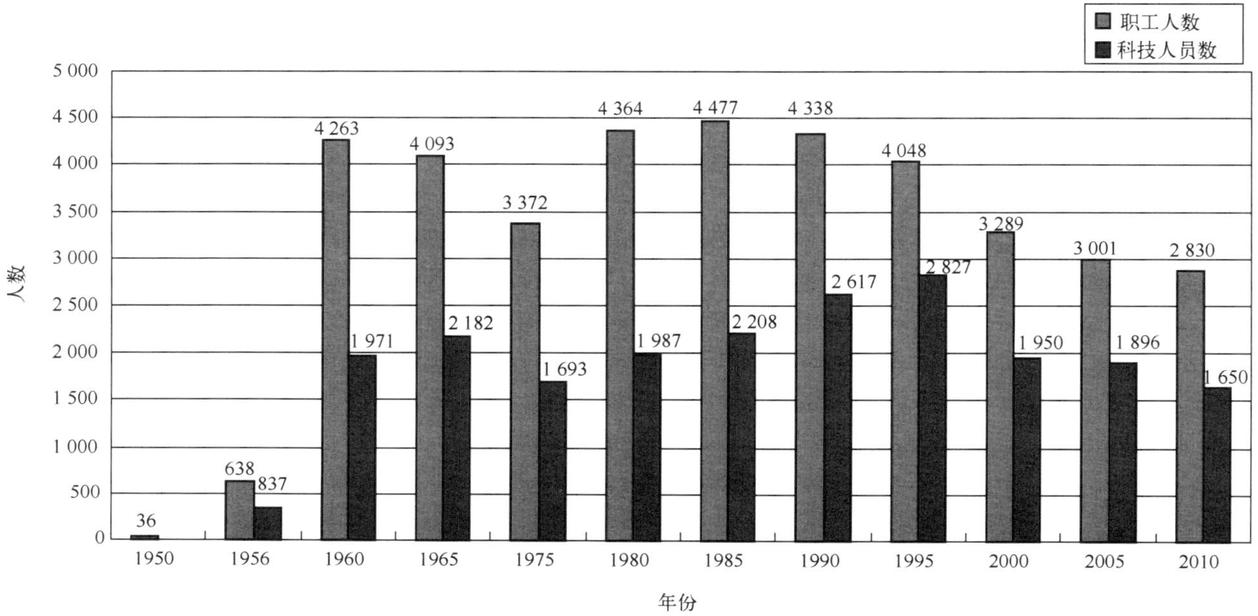

大事年表

1950 年

5 月 19 日，中国科学院成立“近代物理研究所”（即我院前身），政务院任命吴有训任所长，钱三强任副所长。所址在北京东黄城根甲 42 号。

6 月 24 日，吴有训、王淦昌等人出席德国科学院 250 周年纪念学术讨论会。

10 月 17 日，举行第一次所务会议，决定将理论物理、原子核物理、宇宙线、放射化学作为初期研究方向，重点是原子核物理。吴有训提出实验物理在中国生根的思想。

11 月底，我国著名核物理学家赵忠尧教授等 3 人，冲破重重阻挠从美国胜利返回祖国，参加我所工作。

12 月 31 日，理论化学家郭挺章，理论物理学家金星南、邓稼先，实验物理学家肖健等在本年度先后回国参加我所工作。

1951 年

3 月 2 日，吴有训辞去近代物理所所长职务，政务院任命钱三强继任所长。

5 月 16 日，王淦昌、朱洪元等 7 人前往西南大区参加土地改革工作。

上半年，核物理学家杨澄中、陈奕爱夫妇回国参加我所工作。

8 月 20 日，举行第一次科学工作会议，钱三强报告了建所以来的工作。

10 月中旬，举行科研工作检讨会。发扬民主，批判学院式的旧学风，明确了科研工作必须理论联系实际、必须为人民服务的观点。

10 月，放射化学家杨承宗从法国回国参加我所工作。

11 月，核物理学家戴传曾回国参加我所工作。

12 月初，所内开展思想改造学习运动。

年内，对研究工作的组织和领导作了调整，分为 7 个小组：

第一组：高压静电组，组长赵忠尧；第二组：核乳胶组，组长何泽慧；第三组：电子学组，组长杨澄中；第四组：探测器组，组长钱三强；第五组：理论组，组长彭桓武；第六组：宇宙线组，组长王淦昌；第七组：放化组，组长杨承宗。

1952 年

1月至5月,开展"三反"、"五反"运动。

8月,参加科学院的整党活动。

8月,王淦昌、林传骝等被派往朝鲜战场,实地考察美帝国主义是否投掷放射性物质。

10月,制定了第一个五年科研工作计划(1953—1957年),明确以原子核物理研究为中心,以实验研究为重点,并为原子能应用准备条件,充分发展放射化学。

11月,我所成立第一届中共党支部(我所与物理所、古脊椎所联合成立一个党支部),支部书记王守愚、副书记胡翼之。

12月,正式成立了所务会议,由副研以上科学家和所务秘书参加。

12月,为保证第一个五年计划的实施,对研究机构作了调整,建立四个大组:

一组为实验核物理组,组长赵忠尧,副组长杨澄中、何泽慧。下设四个小组,即:加速器组,负责人赵忠尧、杨澄中;探测器组,负责人戴传曾;电子学组,负责人杨澄中、忻贤杰;核乳胶和云室组,负责人何泽慧。

二组为放射化学组,组长杨承宗,副组长郭挺章。

三组为宇宙线组,组长王淦昌,副组长肖健。

四组为理论组,组长彭桓武。

1953 年

4月10日,政务院正式任命王淦昌、彭桓武为我所副所长(在1952年已担任了副所长工作)。

10月6日,科学院院务会议决议:将"电子学研究所筹备处"、数学研究所"电子计算机部分"合并到我所,并决定将我所改名为:"中国科学院物理研究所"。

11月,成立办公室,由岳起任办公室副主任,协助所长主持行政领导工作。

年内,核物理学家梅镇岳回国参加我所工作。

1954 年

1 月，物理所从东黄城根迁到西郊中关村。

4 月，根据科学院指示："有重点地适当配备力量，巩固与发展已获得的成绩，提高科研成果质量与工作人员水平"的精神，修订了全所 1954 年度科研计划。

下半年，组织了以钱三强为首的宣讲团，分别到中央领导机关和全国各地宣讲原子能和平利用的科普知识；由赵忠尧、何泽慧、杨承宗主持编写了《原子能原理与应用》；由杨澄中任科技顾问，在北京电影制片厂拍摄了原子能科普电影。

8 月，钱三强当选为第一届全国人民代表大会代表。

10 月，二〇组电解法重水浓缩实验室发生爆炸事故，党支部及时配合处理事故，发动群众认真总结，吸取教训。

年底，我所在云南落雪山海拔 3 180 米处建造了我国第一个高山宇宙线实验室，开始了奇异粒子和高能核作用的研究工作。

1955 年

1 月，所务会议讨论通过 1955 年科研计划，确定"以加速器装置，铀的制备和原子核实验用各种探测器的研制和研究为重点"。

1 月 15 日，在中央书记处扩大会议上，毛主席听取李四光、刘杰、钱三强关于铀矿资源和原子能科学研究基本情况的汇报，并对发展原子能事业作了重要指示。

1 月 31 日，国务院讨论通过了《关于苏联建议帮助中国研究和平利用原子能问题的决议》。

3 月，国务院派刘杰、钱三强、赵忠尧 3 人为中国政府代表团赴苏谈判。

4 月 29 日，我国同苏联签订和平利用原子能协定。由苏联帮助我国建造功率为 7 000 千瓦的实验性原子反应堆和 1 250 万电子伏特的回旋加速器。

6 月，中科院成立学部委员会，我所科学家钱三强、赵忠尧、王淦昌、彭桓武等担任学部委员。

8 月，所成立党的总支委员会，李毅副所长兼总支书记，马俭任副书记。

8 月 15 日，选定在北京西南郊坨里附近建设新的科研基地（代号六〇一厂,即我院现址)。

BF_3计数管由我所研制成功,并与长春光机所合作成批生产64进位定标器。

10月10日,召开所务会议,确定所务会议成员为:钱三强、李毅、王淦昌、彭桓武、赵忠尧、何泽慧、杨澄中、杨承宗、陈芳允、马俭、刘书林、岳起。

11月4日,派26名科学技术人员前往苏联学习原子堆和加速器实验技术及理论工作。

11月26日,新科研基地(六〇一厂)破土动工。占地面积:厂区486亩,生活区317亩,总投资4 700余万元。

年内,计算机和真空器件专家范新弼、加速器专家谢家麐回国参加我所工作。

1956年

1月,召开所务扩大会议,由李毅传达周总理在党中央关于知识分子问题会议上的重要报告,并组织全所职工认真学习贯彻。

3月20日,钱三强应邀赴苏参加成立联合原子核研究所问题的国际会议,并在苏联科学院主席团大楼代表我国政府签字,正式成为联合所成员国。

3月26日,中科院物理数学化学部学部委员周培源、叶企孙、王竹溪等9人来所检查、指导工作。

4月2日,所务会议决定组成"和平利用原子能规划组",组长王淦昌,副组长李毅、杨澄中、郭挺章、肖健,秘书王树芬。该组编制的规划草案经在莫斯科访问的钱三强等科学家修订,构成《1955—1967年全国科学技术发展远景规划》的一部分。

5月26日,实验性反应堆和回旋加速器开工兴建。

上半年,核物理学家李整武、郑林生,放射化学家肖伦、冯锡璋先后回国来所工作。

8月,钱三强当选为党的八大代表,并参加了9月15日至27日召开的党的第八次全国代表大会。

9月,我所中关村部分与正在建设中的新科研基地——六〇一厂合并,名称仍用"中国科学院物理研究所"。所长钱三强,副所长李毅、赵忠尧、郑林、王淦昌、彭桓武、罗启霖、力一、梁超。

中关村部分为所的一部，坨里部分为所的二部。

物理所下设8个研究室和反应堆、加速器2个技术单位。

9月20日，莫斯科联合原子核研究所召开成员国全权代表会议，讨论并通过联合所章程，确定工作人员等事项。王淦昌、李毅为我国全权代表参加会议。会后王淦昌留联合所工作。

10月1日，我所主编的《原子能》杂志创刊。

12月，中科院成立电子所和计算机所，我所原电子学组和计算机组分别划归该两所。

12月28日，三机部（后改为二机部）与中科院党组联席会议决定：我所隶属中科院和三机部双重领导。所里设“分党组”性质的“党员干部领导小组”，负责全所的领导工作，组长钱三强，副组长李毅。

中关村一部设党总支，总支书记郑林，副书记马俭。

坨里二部设党委，党委书记李毅，副书记梁超、武连魁。

会议还决定：我所在接受双重领导方面，如有需要共同研究解决的问题，请求召开宋任穷、张劲夫、刘杰、杜润生、钱三强五人小组会讨论决定。

年内，在何泽慧领导下研制的核乳胶和在戴传曾、李德平领导下研制的计数管已达到国际同类型号的水平，获得中科院自然科学三等奖。这是我所自国家颁布科学奖励条例以来首批获奖者。

金建中研制成4英寸和9英寸两种金属油扩散泵，填补了我国高真空技术的空白。

于敏发表了“关于^{208}Pb附近一些原子核的能级”等文章，填补了我国核理论研究的空白。

下半年，我所举办反应堆理论训练班，由彭桓武和黄祖洽任教，学员近20人，这是我国培养的第一代反应堆理论工作者。

高能物理学家张文裕、理论物理学家王承书夫妇回国到我所工作。

1957年

1月2日，所党员干部领导小组召开第一次会议，讨论了如何贯彻部、院党组联席会议的决议；所领导成员分工；研究确定所内基建、培干、科研等主要工作进度；建立各项会议制度（领导小组会两周一次、所长办公会每月一次、所务会议不定期、科学家茶会每周一次）等重要问题。

2月,物理学家汪德昭回国到我所工作。

3月11日,理论化学家郭挺章逝世。

4月24日,所领导开始学习《关于正确处理人民内部矛盾的问题》。通过学习,分析了所内情况并研究如何保证基建工程质量、进度,同时抓紧科研生产的准备工作;研究了如何适应科研单位的性质,改进机构体制与领导方法以及解决职工福利待遇等问题。

上半年,杨澄中率兰州物理室人员,全部迁到兰州新址。

5月13日,宋任穷部长、刘杰副部长召开会议,讨论我所基本建设中的问题。决定反应堆、加速器主要的工程技术人员、操纵人员、检修人员应参加安装工作,并指示我所以甲方身份参加基建活动的人员可以停止整风。

5月16日,开始整风运动并强调用整风促进基建工程。

5月27日,乌兰夫副总理、最高检察院检察长张鼎承、李达上将、工交部长曾山等领导来所(指我所二部,以下均同)视察并指导工作。

6月5日,贺龙、罗荣桓、徐向前元帅,谭政大将,许光达、王树声、刘亚楼、苏振华上将等来所视察并指导工作。

6月15日,彭德怀元帅来所视察并指导工作。

6月25日,叶剑英元帅,肖劲光、许世友、张爱萍、杨成武、邓华、朱良才、李志民、贺炳炎、廖汉生、陈锡联、陶峙岳、陈明仁、李天佑、董其武、肖向荣等高级领导来所视察并指导工作。

7月10日,我所开始反右派斗争。

10月10日,陈毅、刘伯承元帅来所视察并指导工作。

10月15日,中央政治局委员董必武、林伯渠,副总理谭震林,中央委员胡乔木,总参谋长黄克诚,张云逸、陈赓、粟裕大将,肖华、肖克、李克农、甘泗琪上将,中央书记处候补书记刘澜涛,中央办公厅主任杨尚昆,民革副主席蔡廷锴,商业部部长程子华,纺织部部长蒋光鼐,北京市委第二书记刘仁及国务院各部委负责同志来所视察并指导工作。

10月30日,我所结束反右派运动。这次运动,经部、院党组分别批准,有24人(一部13人、二部11人)被定为右派分子。1960年以后,根据上级指示,及时将大部分右派帽子摘掉。1979年党的十一届三中全会之后,按照党的正确政策,为全部右派分子彻底平反。

11月12日,召开所长、室主任联席会议,讨论、审议并通过了1958年科研工作计划。会议认为,制定计划要本着勤俭办科学和多快好省的精神,严肃认真,层层负责,且要估计到器材供应和加工等条件。

年内,我所在北京和广州分别建立了宇宙线强度观察站。

年底,研制成功第一台能量为2.5兆电子伏的质子静电加速器。

1958年

1月20日,实验性重水反应堆进行试验运转。

2月15日,开展“双反”运动——反保守、反浪费。

3月9日,所务会议决定:一、关于加速器技术发展问题,应在第二个五年计划内以掌握设计制造各种低能加速器的全部先进技术为主,使之在国内形成一支加速器研究、设计、制造的力量,为第三、四个五年计划研制高能加速器准备条件;二、关于探测技术和电子学技术发展问题,应将所内必需的若干种探测器制造标准化、常用电子学线路标准化作出模型。

5月16日,全国人大副委员长班禅额尔德尼·却吉坚赞来所视察并指导工作。

5月30日,召开全所“七一”献礼跃进大会。

6月13日,反应堆开始达到临界。

7月1日,反应堆正式运行,回旋加速器也已建成。我所改名为“中国科学院原子能研究所”,实行部、院双重领导,以部为主。

8月22日,柬埔寨王国首相诺罗敦·西哈努克亲王由周恩来总理、贺龙、陈毅副总理陪同来所参观。

9月27日,为我国第一座实验性重水反应堆和回旋加速器建成举行隆重的移交典礼。典礼仪式由中科院张劲夫副院长主持,郭沫若院长、聂荣臻副总理先后讲话,陈毅元帅剪彩。参加典礼仪式的还有林伯渠、张闻天、吴玉章、徐特立、谢觉哉、李济深、黄炎培、陈叔通等以及各部门、各人民团体、各民主党派的负责人,解放军首长和首都科学界人士。苏联原子能利用总局副局长叶夫列莫夫、科学院院士阿里哈诺夫、维诺格拉多夫和帮助建造堆器的专家也参加了典礼。

10月1日,我国第一座实验性原子反应堆生产出钴-60、钠-24、磷-32、钙-45等33种放射性同位素。

10月5日,所成立党委。郑林为第一书记,李毅、钱三强、罗启霖、梁超为书记处书记。

10月9日,朱德副主席来所视察并指导工作。

11月2日,中国人民志愿军司令员杨勇、政委王平等300多名志愿军代表来所参观。

12月,中央下达研制核潜艇的任务,代号“09”。二机部决定,今后“09”工程的研究实验任务,从堆理论、堆物理、堆材料到热工水力、元件考验等全部由我所承担。并指示,原子能研究所的“能”字,今后主要就是开展核动力堆的研究。

12月16日12时15分,反应堆发生重水泵漏水事故,原因为镍铬合金套筒破裂。

12月21日,中共中央总书记邓小平、中央书记处书记兼北京市市长彭真来所视察并指导工作。

1959年

1月20日,王淦昌当选为杜布纳联合原子核所副所长。

2月24日,由我所自己设计、制造和安装的我国第一座零功率反应堆基本完工。

3月2日8时30分,重水反应堆发生重水泵(甲)漏水事故,原因是薄膜破裂。

3月,王淦昌、何泽慧当选为第二届全国人民代表大会代表。

4月16日,我所体制机构调整为“四办”、“三处”、“五线”、“一片”。

“四办”:第一办公室,负责行政管理、生活后勤;第二办公室,负责科研管理、学术交流;第三办公室,负责生产后勤;第四办公室,负责基本建设。

“三处”:干部处、保卫处、保密处。

“五线”(坨里部分按学科分为五条线):物理线、化学线、堆工线、生物防护线、物理化学线。

“一片”:中关村部分。

6月19日,“安全运动”结束。这次运动,以技术安全、剂量防护、保密、保卫为主要内容,采取辨思想、追事故、查漏洞、找教训、论原因、订措施、边整边改等形式。

7月4日,我国驻印度、印尼、阿联等国大使30人来所参观。

7月7日,遵照部关心群众生活的紧急通知,我所建立生活办公室,并派人到东北开荒，到舟山联系捕鱼，发动群众渡过难关。

10月5日，举行迎接国庆十周年科技成果献礼报告会，会上共有报告96篇。

10月10日，《原子能科学技术》创刊。

10月25日，我所出席全国群英会的代表有林兴炎、孙法大，特约代表王承书。

经过1958—1959年的大发展，我所由1956年的8个研究室和2个工程技术单位发展为16个研究室和5个技术单位。

1960年

1月12日至16日，我所召开首次党员代表会，李毅作《高举毛泽东思想红旗猛攻科技关》的报告。

1月19日，游泳池式反应堆工程开工。

3月，王淦昌在苏联联合原子核研究所领导的研究小组发现了反西格玛负超子。

4月1日，零功率装置东风3号达到临界状态，并开始运转。

4月，研制核潜艇动力堆的任务正式下达到我所，代号“09”。为此建立了以彭士禄为主任的“74-1”室，开展研究工作。

4月14日，重水反应堆“开堆自动化”初步试验成功。

4月，汪德熙由天津大学调来我所任副所长。

5月，我所接受国家下达的合成化合物的任务。

6月，苏联专家撤离我所，并停止原订设备和六氟化铀供应。

7月，部党组下达生产六氟化铀简法生产任务。

8月，党委决定由李毅和吴征铠、汪德熙等科学家负责组织生产六氟化铀攻关任务。

9月，建成第一个六氟化铀简法生产工艺——“615乙”工程，10月获得合格产品。

11月，部党组下达我所建立“615丙”工程任务。

11月17日，为响应党中央号召，第一批下放干部151名起程到山东、新疆等支援农业生产第一线。

12月24日，王淦昌在联合所任职期满回国。

12月,我所为二十一所研制出全套链式反应动力学测量仪器,后为核试验所采用。

1961年

1月15日,所务会议确定:调整行政机构,成立所长办公室、行政处和生活区办公室,原“一办”即行撤销,并增设49-2室(游泳池式小元件试验堆)、16室(同位素制备实验)等单位。

2月7日,党委扩大会研究贯彻二机部提出的“自力更生,过技术关,质量第一,安全第一”的方针和搞好整风与生产、生活等任务。

3月9日,所属各科学技术单位按“线”成立科学技术领导小组。

3月28日,二机部决定将我所第7研究室(放射线生物室)和技安室的一部分人员调去太原组成“华北工业卫生研究所”,并调副所长梁超任该所所长。

5月12日,为贯彻国务院关于在科研机构中坚持8小时工作制和保证科学研究时间的通知,我所制定8项规定。

7月,传达贯彻《自然科学研究机构当前工作的14条意见》。

7月20日,所召开会议,讨论了“学术民主与责任制”、“任务与学科”、“成果与文章”、“精兵简政”、“行政部门如何贯彻14条”、“树立一切为科研服务的思想”等问题。

12月,我所承担的二氧化铀中锰、铁、铜、铬、钆和六氟化铀中钨、钼、钒、铬等杂质的光谱分析方法已确立,其灵敏度和准确度均达到二机部颁布的标准。

1962年

1月18日,经部批准,我所行政组织体制改为党委领导下的所长负责制,副所长协助所长进行工作,并将中关村一部改为“分部”,坨里二部各线改为“研究部”。

2月,在东北北安建立了副业生产基地。

3月8日,“502”号工程(氚制备实验室)开工。

3月24日,钱三强向全所干部传达在广州召开的全国科学技术工作会议精神。

5月3日,我所职工医院正式成立。

7月,接受部里下达的生产六氟化铀任务。

10月26日,丹麦物理学家波尔和尼尔森来所参观,并作了学术报告。

12月15日,中科院批准建立所务委员会和学术委员会。

12月,第八研究室(同位素应用研究)迁往上海合并到上海原子核研究所。

12月31日,为贯彻中央精简机构的指示,从1960年7月到1962年12月,我所共精简职工1 975人,占全所职工总数的45.9%。

1963年

2月25日,"503"工号开始冷操作试验。

4月18日至20日,我所召开第二次党员代表大会,大会作出关于开展增产节约和"五反"运动、加强党的领导和政治思想工作等决定,并选举第二届党委会和监委会。党委书记郑林,副书记李毅、钱三强;监委书记李毅,副书记刘书林、胡国春。

5月17日,开展"五反"运动(反官僚主义、反铺张浪费、反分散主义、反贪污盗窃、反投机倒把)。

5月,9室和11室在戴传曾、李整武指导下,设计研制成功第一台离子源。

7月,"615丙"完成过技术关任务。

7月30日,完成了点火中子源第一阶段研制任务。

9月1日,成立计划处,处长刘书林;撤销动力室成立机械动力处,处长廖岳;生活区办公室与行政处合并成立行政处。

9月13日到14日,召开第一次学术委员会议。钱三强就我所五年来科技和培干工作作了汇报,张劲夫副院长到会讲话。

10月6日,"615乙丙"胜利完成任务,为我国第一次核试验提供了足够的六氟化铀原料。

年内,建成我国第一台30兆电子伏电子直线加速器。

1964年

1月,苏制2.5兆伏质子静电加速器投入运行。该器是在苏联拒派专家后,由我所自己安装、调试建成。

1月,二机部决定将我所反应堆研究部(101重水反应堆除外)划出,成立一九四所,归部二院领导。

2月21日,部以特急件下达本所“9503”任务。

3月2日,成立以肖健、陈美乾为正副主任的“311”(云南观测站)筹备处,全面领导“311”工程。

3月12日,2室4组在101反应堆上用钚靶做物理实验时,靶内钚微粒逸出,造成101厂房大面积严重放射性污染事故。

4月11日,部批准范玉庭为党委副书记兼政治部主任。

4月15日和10月28日,分两批派出751名干部到河南省罗山县参加劳动锻炼和“四清”运动。

4月,16室承担的模拟裂变中子源研制成功。

5月1日,部决定将我所“615”室全体人员、设备划归华北“六〇五”所(现在天津三院)建制。

7月7日,开展安全大检查并相应建立了岗位和安全责任制。

7月,完成了钴-60 KBF-1、钴-60 KBF-2的研制和投产。

7月23日,王方定小组承担的点火中子源研制任务全部完成,为我国第一颗原子弹爆炸作出了重要贡献。

7月31日,经中科院院务会议批准,任命汪德熙、张文裕、何泽慧、马俭、苏振芳、刘书林为副所长。

10月17日,在我国第一颗原子弹爆炸的第二天,向部准确地提出了燃耗测试分析报告。

11月30日,二机部决定将我所黄祖洽、于敏第一批业务骨干共31人以及他们所从事的轻核理论研究工作合并到九院。

12月,新建职工子弟中学教学楼竣工。

12月,钱三强、汪德熙、王淦昌当选为第三届全国人民代表大会代表。

1965年

2月11日,二机部下达35#紧急任务。

5月13日,所党委决定将我所45室(反应堆理论,反应堆物理研究室)和6室(反应堆材料室),划归一九四所建制。

上半年，根据部建设三线的要求，由副所长李毅、罗启霖及孟戈非等同志，到四川选点建设三线科研基地。

7月，力一副所长出席联合所非常全权代表会议，在陈述了我国在联合所受到的不平等待遇后声明退出联合所。

8月，胜利完成35#-1、35#-2任务，为研究选择氢弹装置的技术路线提供了重要数据。

9月，与清华大学合作，首次完成萃取新流程热实验任务。

9月，我所组成以李毅为队长的200多人的“四清”工作队，到河南南阳农村参加“四清”工作；以罗启霖为队长的600多人的“四清”工作队，到河南罗山农村参加“四清”工作。

11月，“616”电磁分离器正式投产，经试分离完全达到了预期目标。从此，我国就拥有了生产克量级稳定同位素的手段。

11月30日，为研究宇宙线高能物理的大云雾室(311工程)基本建成。

1966年

5月11日，开始“文化大革命”。成立“文化革命”领导小组，由刘书林任组长。

5月24日至6月3日，传达讨论中共中央《五·一六通知》。

7月，朱洪元与胡宁(北大)、何祚庥、戴元本(数学所)等人合作研究提出的“层子模型”理论，为强子结构研究领域作出开创性工作，荣获1982年自然科学二等奖。

8月16日，撤销“文化革命”领导小组，成立“文革”筹委会，段存华任主任。

9月1日，参加罗山、灵宝、安阳“四清”运动的834人全部回所。

在全所大动乱的情况下，2室在高压倍加器和静电加速器上建立了中子通量绝对测量装置，于1968年达到了国外同类工作的测量水平。

11月，电磁分离器正式投入生产，为35#-1任务提供了锂同位素浓缩样品。

1967年

1月21日，所“造反总部”召开大会宣布夺权公告，并成立了“临委会”，由罗启霖任主任。

2月,同位素制备车间(104)竣工,交付使用。

5月19日,国务院决定派“军管会”对我所实行军管,由项明任主任。

9月,完成了锶-90大面积源的研制任务。

10月,在军管会推动下,所内成立了“大联委”。

年内,101室抵制派性干扰,完成了“09”元件综合考验任务,为我国第一艘核潜艇建造作出了贡献。开始向石油部提供测井用的钋-铍中子源,为我国石油开发作出了贡献。

年末,研制的碘-131、金-198、磷-32等医用同位素开始供应全国医用系统。

1968年

1月初,二机部决定我所中关村一部由部直接领导。

3月1日,成立“革委会”,第一副主任罗启霖。

4月5日,第一届军管会撤离,第二届军管会进所,主任白恩章。

5月,主要党政领导和一些群众共48人被“造反派”陆续关进“牛棚”。

8月16日,成立“生产办公室”,统一管理科研生产。

10月到11月,101反应堆水塔大检修。

11月27日,首都工人宣传毛泽东思想宣传队(简称“工宣队”)230人进驻我所。

12月6日,工宣队决定撤销我所政治部。

年内,承担完成了我国核试验的燃耗和当量的测量任务。中断了中科院对我所的双重领导关系。

1969年

1月22日,工宣队宣布我所成立“群众专政指挥部”。

3月5日,我所3 000多人到苏联大使馆前游行示威,愤怒声讨苏军侵犯我珍宝岛。

5月,为我国第一艘核潜艇下水提供了两个2×10^8中子/秒的强钋-铍中子源。

7月10日,军管会把研究室管理体制改为连队建制。

10月16日,101反应堆由于操作失误造成污染,停堆65天。

11月16日,为贯彻林彪的所谓一号命令,全所1 669名职工及其部分家属被迫下放湖北"五·七"干校。

11月初,生产医用同位素的144工号动工兴建。

12月11日,经部军管会同意,我所成立整党领导小组,组长周文革,开始整党工作。

12月,二机部决定将我所14室划出与东北技术物理研究所的部分研究室合并,组成西南物理研究所(五八五所)。

1970年

2月,进驻我所的"工宣队"全部撤走。

3月3日,我所召开"坚决贯彻中共中央三个文件动员大会",开展"一打三反"运动,即打击现行反革命分子、犯罪分子,反对贪污盗窃、反对投机倒把、反对铺张浪费。

5月,为09-196工程提供了放射性同位素、各种放射源、标准源和高温中子计数管等设备。

5月28日,放化实验室乳胶管崩裂,大量强放料液流出,5名工作人员身受严重污染。

10月16日,贯彻国防科委计划会议(即8.15会议),在部系统搞5个重点项目(即所谓"五朵金花"),其中我所承担了2项:一项是核燃料后处理工艺要用干法取代溶剂萃取法,一项是用加速器生产核燃料。

12月,完成了生产堆元件后处理三循环改为二循环的热试验及其分析测量方法研究的任务;完成了生产氚的提取、浓缩等全部工艺流程及其测试方法的研究任务。

1971年

1月12日,我所召开全所职工大会,郑家璜作开展"一打三反"运动和清查"5.16"分子的动员报告。

2月,戴传曾应邀参加周恩来总理主持的发展核电问题座谈会。席间,周总理与戴传曾谈话时说:“二机部要抓核能,不要成为爆炸部。”

3月,1969年下放湖北“五·七”干校的一部分干部开始回所工作。

3月12日,我所为我国第一颗人造卫星地面测试装置提供了放射性总强度为1 110居里的钋-210核电池能源。

6月24日,我所召开第三次党员代表大会,选举第三届党委会。郑家璜(军管会主任)任党委书记,霍振泽(军管会副主任)、范玉庭任副书记。

7月30日,美籍华人科学家杨振宁来所参观。

10月,我所召开全体党员大会,部军管会主任袁学凯传达中央关于林彪反党集团叛逃的文件。

10月,我所成立“五·七”连,组织干部轮流从事农副业劳动。

1972年

1月,举办干部学习班,深入批判林彪反党集团的罪行。

2月,49-2堆管道破裂,造成局部污染事故。

3月9日,下放湖北“五·七”干校的人员全部回所。

5月,7室部分同志在原来工作的基础上开展了堆中子活化分析、快中子活化分析和带电粒子活化分析工作。

8月4日,刘昌任所党委副书记。

11月28日,召开“射线物理测量方法专业会议”。

12月,二机部召开的“远东饭店”会议确定我所任务是:“二主”(核物理、放射化学)、“六从”(加速器、计算数学、同位素、核探测器、安全防护、三废处理);并决定把中关村一部交科学院成立高能所;一九四所搬到四川一院;615分部回天津;化学部分成立化工所(后因故未成立)。

1973年

1月,将连队建制恢复为处和研究室建制。

2月,开始创办英语学习班。

2月28日,部党组同意我所恢复政治部。

5月28日,101反应堆开始停堆进行大修。

6月到7月,与中科院情报所共同筹办的放射性同位素与射线应用展览会在北京开幕。

7 月 15 日，第二届军管会撤离我所。

7 月，周祖英当选为党的十大代表，并参加了 8 月 24 日至 28 日召开的党的第十次全国代表大会。

8 月 2 日，部党组任命刘书林为所党委书记，刘昌、范玉庭为副书记。

10 月 10 日，美籍华人科学家吴健雄、袁家骝博士来所参观。

10 月，放化实验室误将强放料液作为废水排入弱放废水系统，造成经济损失 15 万元以上。

10 月，开始制定 1973—1980 年科学技术发展规划纲要(即“八年规划”)。

12 月 3 日，二机部在京召开“核参数测量讨论会”，即我部第一次核数据工作会议。会后，我所成立核数据编评小组。

12 月 13 日，我所召开共青团第三次代表大会，选举产生了共青团第三届委员会，任大明任所团委书记。

年底，开始筹建电子直线加速器和串列静电加速器的工作。

1974 年

年初，7 室研制了半导体探测器的 $\Delta E\text{-}E$ 带电离子鉴别能谱仪，并解决了在 TRIDAC-C 上进行在线获取数据和处理数据的方法，达到了国际上较先进的水平。

2 月，我所第一批去河南上蔡二机部“五・七”干校劳动锻炼的人员离京。

2 月，部调我所党委书记刘书林参加二二一厂整顿工作。所内工作由副书记刘昌主持。

2 月，开始“批林批孔”运动。

5 月，将 13 室光电倍增管小组人员连同设备全部调北京综合仪器厂。

12 月，钱三强、王淦昌当选为第四届全国人民代表大会代表。

年内，为北京市集成电路大会战承担了单晶硅杂质分析；为上海半导体所分析了国内外不同型号的石英管；为大港油田解决了利用中子源在测井过程中的剂量问题；为国防科研、医学、生物研究等 30 个单位提供了核乳胶；为四川水泥厂提供了 70 多克镭当量钴源等。完成了回旋加速器由单能点改为等时性可变能量加速器，氘核能量可在3～14 兆电子伏范围内连续可变。

1975 年

1月7日,重水反应堆中央5号实验管道破漏造成污染,停堆50天。

1月,10室开始进行百居里级锔-242α放射源的研制工作。这是我国第一次在较简陋的条件下提取较大量的超钚元素。

2月20日,召开总结工作、表彰先进大会,刘昌作了《1974年工作总结和1975年工作任务》的报告。

2月23日,我所第二批去河南上蔡二机部"五·七"干校劳动锻炼的人员离京。

8月21日,二机部分配刘杰来所任副所长。

8月,高压倍加器(45#)建成交付使用。

10月,部在我所召开第二次核数据会议,制定了十年规划,我所成立核数据编评研究室(即3室),对外为部核数据中心,建立了全国核数据网。

11月12日,美籍华人、高能物理学家丁肇中教授来所参观。

12月20日,原一九四所49-2室(轻水反应堆)划归我所建制。

年内,完成了F-3电磁分离器的改建工作并投入运行。

1976 年

1月,全所职工沉痛吊唁周恩来总理。

2月,原一九四所堆材料和堆物理研究室移交我所,分别成立6室和8室。

2月19日,召开总结工作、表彰先进大会,刘昌作了《1975年工作总结和1976年工作安排》的报告。

3月1日,二机部调派赵琅任我所党委书记。

4月15日,"四人帮"姚文元派新华社记者来所,调查清明节前后所内发生的所谓政治问题。

5月10日,二机部派工作组进所清查与"天安门事件"有牵连的人和事。

6月,一九四所材料腐蚀研究组移交我所。

7月28日,唐山地震波及北京,为抗震停止工作一周。

9月11日,全所举行毛泽东主席逝世吊唁仪式。

10月6日,提前完成某次核试验急需的锔-242,满足了九院的要求。

10月16日，党委书记赵琅因车祸不幸逝世。

10月24日，我所910名同志前往天安门广场参加首都百万军民隆重集会，庆祝彻底粉碎“四人帮”。

年内，4室阳明珠与中科院数学所朱广田合作完成的“迁移算子的占优本征值问题”的研究、2室杨桢关于“α-碘酸锂外场衍射增强效应的发现”均获国家自然科学奖三等奖。13室半导体探测器研究组在工厂配合下，研制成离子注入PIN电流型探测器，接近国际水平。2室科研人员研制成WH_3、WH_4型细颗粒电子灵敏乳胶，主要性能达到国际水平。

1977年

2月15日，将重水堆用过的第七批元件，分装铅罐运往四〇四厂处理。

3月11日至12日，召开总结工作、表彰先进、深入开展工业学大庆运动的全所大会，范玉庭作了《1976年工作总结和1977年工作安排》的报告。

3月19日，召开全所职工揭发、控诉“四人帮”大会。

4月15日，全所掀起学习《毛泽东选集》第五卷新高潮。

6月，新建600千伏高压倍加器投入运行。

7月23日，经二机部批准，恢复汪德熙副所长职务。

8月22日，所召开规划工作会议，根据“以军为主、军民结合”的原则，拟于1980年结束核武器试验阶段所承担的任务，并研究规划了近期的重点任务。

11月12日，二机部在我所主持召开核参数讨论会。

12月，我所放射性同位素已生产140多种产品。

1978年

2月，将原117室改为第11研究室；将串列加速器引进工作从201划出，成立第12研究室；将水腐蚀组改为第5研究室。

2月24日，召开总结工作、表彰先进大会，刘昌作了《1977年工作总结和1978年任务》的报告。

2月，钱三强、王淦昌当选为第五届全国人民代表大会代表。

3月15日，决定由刘昌、吴征铠、马福邦、林漳基、蔡敦九、王世信6人出席全国科学大会。

4月,我所76项优秀科研成果获全国科学大会奖。

5月9日,部党组任命刘昌为我所党委书记。

7月13日,受全国科学规划会议委托,由我所筹备的第一次活化分析会议在房山县召开。

7月21日,经部批准恢复所学术委员会,主任委员王淦昌,副主任委员李寿枬、汪德熙、王传英、戴传曾,委员由所内外81名专家学者组成。

7月22日,国务院任命王淦昌为二机部副部长兼我所所长。部党组任命王传英、李寿枬、田子钦、延永生、戴传曾、任和、桓水清为副所长(原任命汪德熙、刘杰为副所长)。

8月1日,由我所筹备的全国第三次核物理报告会在庐山召开。

10月19日,中央调我所副所长刘杰到河南省任职。

10月20日,部党组恢复李毅工作,任命为我所党委常委、副书记、副所长。

10月31日,成立教育办公室,暂隶属政治部。

10月14,与美国高压工程公司在北京签订合同,引进HI-13型串列加速器。

11月13日,经二机部批准,重水堆停堆进行大修改建,并成立了工程领导小组。

11月,49-2反应堆试生产出4种短寿命放射性同位素产品。

11月21日,所党委常委会决定,成立所工会筹备组,王松年任组长,陈芬敏任副组长。

12月15日至20日,以朝鲜原子能委员会委员长崔学根为团长的朝鲜原子能动力考察团来所参观考察。

12月28日,召开落实政策大会,为"文革"中受迫害的张允昌等51位同志平反昭雪。

1979年

1月5日,传达贯彻党的十一届三中全会精神。

1月12日至3月29日,举行第三届科技成果报告会,共报告了398篇成果。

1月20日，由王淦昌主编的《原子核物理》和由汪德熙主编的《核化学与放射化学》两种杂志首刊出版。

1月26日，召开总结工作、表彰先进大会，刘昌作了《1978年工作总结和1979年工作任务》的报告。

3月24日，由方毅、余秋里、耿飚、王震副总理批准，我所恢复二机部和中科院双重领导，以二机部为主（因故未能实现）。

3月31日，经部批准，一九四所留下的909室部分人员移交我所建制，并组建成第17室（热工水力研究室）和第18室（元件实验研究室）。

7月25日，朝鲜劳动党政治委员会委员、中央委员会书记金焕，朝鲜驻华大使金明珠来所参观。

9月3日，我所成立修缮服务社。

11月6日，副所长延永生调中央历史档案馆工作。

11月30日，所工会召开第二次会员代表大会，选举产生了第二届工会委员会，王松年为院工会主席，陈芬敏、杨成福为副主席。

11月，147工程（同位素标记车间）竣工交付使用。

11月，由李寿枬主编的《中国原子能研究所年报》首刊出版。

1980年

1月11日，经二机部批准，我所财务科升为财务处。

1月24日，从1980年起全所试行奖励制度。

1月30日，完成等时性回旋加速器改建，达到预定指标。

2月2日，召开总结工作、表彰先进大会，李毅作了《1979年工作总结和1980年工作任务》的报告。

3月5日，国防科委公布1978至1979年度优秀科研成果奖，我所有195项科研成果获奖。其中二等奖17项，三等奖64项，四等奖114项。

3月，部党组任命战毅军为所党委常委、常务副书记，杨申为党委副书记，王传英为党委副书记、常务副所长，徐乃欣、吴永顺、叶锡范、黄祖洽为副所长。部党组同意我所成立党的纪律检查委员会，杨申任书记，杨敏章任副书记。

5月5日，部党组任命李毅为我所党委代理书记，免去刘昌党委书记职务，调部五局工作。

6月27日，反应堆大修改建工作，历时一年零八个月，于凌晨5时5分试运行安全达到临界。受到国家多项奖励。

7月,二机部批准我所实行三级管理,设置研究部一级管理机构。

8月1日,将同位素处组建为同位素部,肖伦任主任,马美田任党总支书记。

将食堂、车库、托儿所、商店、行政处机关、职工医院、新镇等单位组成“行政生活管理部”并成立分党委。

8月29日,我所召开共青团第四次代表大会,选举产生了共青团第四届委员会,邴纪煜任所团委书记。

9月10日,成立反应堆研究部,戴传曾兼任主任,徐龙山任临时党总支委员会书记。

11月13日,所长王淦昌、副所长汪德熙等出席在美国召开的“世界核能会议”。王淦昌作了《中国核能发展的前景》的报告,汪德熙作了专题发言。

11月27日,成立所科学技术干部职称评定委员会,王淦昌任主任。

12月5日,所研制的强流脉冲电子加速器出束。

12月5日,二机部批准我所修缮服务社改名为修建服务公司。

12月21日,调整工资工作结束。

年内,汪德熙、肖伦当选为中国科学院学部委员。

1981年

1月23日,成立化学研究部,汪德熙兼任主任,章斐任临时党总支委员会书记。

1月,将7室惯性约束组分出,成立第14研究室。

2月19日,召开总结工作、表彰先进大会,战毅军作了《1980年工作总结和1981年工作任务》的报告,王淦昌讲了话。

3月10日,召开党委常委办公会,传达贯彻部工作会议精神,中心是“保军转民”,在优先保证军用的前提下,把工作重点转移到民用。

3月,将6室303辐射检验与热室技术研究部分划出,成立第16研究室。

4月3日,将同位素生产研究部下属的1个研究室和2个车间改为4个研究室,即:第19室(放射性同位素制备应用研究室),第20室(放射源制备应用研究室),第21室(标记化合物及药盒制备研究室),第22室(同位素质量控制管理室)。

4月14日，经国防科工委和二机部决定，在我所建立一级放射性计量站。

7月17日，部党组听取我所工作汇报，批准我所把“重视应用研究，加强应用基础研究，巩固发展基础研究，注意新领域新技术探索”作为工作方针。

9月4日，成立电物理研究部，王传英兼任主任，张寿通任临时党总支委员会书记。

9月16日，成立职工教育委员会，主任委员王传英，副主任委员汪德熙、陈松。

10月29日，召开第四次党员代表大会，选举产生第四届所党委会和纪委会，战毅军任所党委书记，王传英、任大明、杨敏章任副书记，杨敏章兼任所纪委书记。

12月30日，技安室改为安防处，下设2个科1个室。

1982年

2月13日，召开总结工作、表彰先进大会，王传英作了《1981年工作总结和1982年工作任务》的报告。

2月22日，二机部政治部任命马福邦、龚志源为我所副总工程师。

3月4日，成立物理研究部，李寿枬兼任主任，李建林任党总支委员会书记。

4月6日，成立电子技术研究部，杨斌任副主任并代理党总支委员会书记。

4月8日，中组部批复，中央同意战毅军任所党委书记。

5月12日，全国政协副主席王首道、胡子昂、钱昌照和政协常委、委员等150人来所参观视察。

5月27日，核工业部任命范淑贤、陈松为我所副所长。

6月7日，将13室分成电子研究室(13室)、探测器研究室(23室)。

6月17日，党委常委扩大会研究了我所的科研工作，强调要充分发挥多学科综合性优势，扬长避短，从主体上转向为经济建设服务的轨道，全面落实“保军转民”方针。

6月30日，王传英调部工作。

7月23日，徐乃欣调部工作。

8月2日，将2室6组分出，成立中子散射研究室(第25室)。

8 月 4 日，核工业部调忻贤杰回所任副所长，兼任电子部主任。

8 月，王方定当选为党的十二大代表，并参加了 9 月 1 日至 11 日召开的党的第十二次全国代表大会。

9 月 13 日，中央任命王淦昌为我所名誉所长，戴传曾为所长。

9 月 16 日，核工业部通知将“二机部北京四〇一所”改为“核工业部原子能研究所”。

9 月 25 日，所举办第四届职工运动会。

10 月 20 日，为进一步落实“保军转民”方针，抽调专业人员，分成 5 个组，到 17 个省市部分经济单位进行调查研究工作。

11 月 23 日，印度国家科学院院长梅农、驻华大使来我所参观。

12 月，核工业部党组任命李毅、杨申为我所顾问。

12 月，党委召开扩大会议，进一步检查研究“保军转民”工作，编制“三年科技发展规划”(1983—1985)，明确以应用和开发研究为重点，少而精地搞好基础研究。

年底，本所获得国家自然科学奖 4 项。其中：

①王淦昌等人关于“反西格马负超子($\tilde{\Sigma}^{-}$)的发现”，获国家自然科学奖一等奖。

②杨桢等人关于“在外场作用下某些单晶的中子衍射强度异常增大现象的发现”，获国家自然科学奖三等奖。

③阳明珠等人“迁移算子的占优本征值的研究”，获国家自然科学三等奖。

④原 201 室方守贤、魏开煜关于“等时性回旋加速器中的不等时现象的研究”，获国家自然科学奖四等奖。

此外，刘永福等同志和二十一所部分同志合作研究的“氢弹定爆燃耗测定”，获国家发明奖三等奖。

孙德仁关于“重水反应堆主泵用轴承新材料的研制”，获国家发明奖三等奖。

1983 年

2 月，串列加速器工程 A 单元开工。

2 月 26 日，召开总结工作、表彰先进大会，战毅军作了《1982 年工作总结和 1983 年工作任务》的报告。

3 月 5 日，全所首次开展为民服务活动。

3月9日，在同位素部开始改革试点。内容是调整领导班子，改进技术管理，修定经济政策，建立经济责任制。

3月18日，经国家科委和经委批准我所引进大型百万次电子(Cyber170/825)计算机，与美国CDC公司正式签订合同。

3月22日，部科技局正式下达“援阿工程”(871工程)任务。

4月19日，我所决定进行火灾报警器试生产。

5月4日，中科院卢嘉锡、严东生、钱三强等领导来所指导工作。

5月，王淦昌当选为第六届全国人民代表大会代表；戴传曾当选为第六届全国政协委员。

7月11日，部党组批准调整本所领导班子：王淦昌留任名誉所长，战毅军留任党委书记，戴传曾留任所长；党委副书记杨敏章、李福恒；常务副所长任大明，副所长范淑贤、马福邦、徐义全、张正华；科技委主任汪德熙，副主任忻贤杰、李寿枬、丁大钊、王方定；叶锡范、桓水清任调研员；陈松调核工业部工作。

7月12日，李鹏副总理在蒋心雄部长陪同下来所视察。

8月3日，经核工业部同意撤销我所政治部，设党委办公室、组织部、宣传部，负责党委日常工作。

8月，经核工业部批准，全所设立了14个管理处室，即：劳动人事处、保卫处、科技情报处、动力处、器材处、基建处、财务处、科研生产处、行政处、安防处、教育处、交通运输处、生活管理处和所办公室。

10月17日，开始举办学习《邓小平文选》干部学习班。

12月26日，“神剑文学艺术学会核工业部原子能所支会”正式成立，汪德熙任名誉理事长，李福恒任理事长。

1984年

1月，党委决定对各研究室的机构和领导班子进行调整。

2月18日，召开总结工作、表彰先进大会，任大明作了《1983年工作总结和1984年主要任务》的报告。

2月29日，物理部、化学部、电子部、堆工部、同位素部、电物理部改设临时党委。

3月31日，我所研制的我国第一座微型反应堆提升功率试验并达到满功率运行。

5月10日,所科学技术委员会成立,汪德熙任主任。

5月至7月,各研究部科技委相继成立。

8月10日,全面开展整党工作。

8月30日,核工业部在我所主持召开微型反应堆技术鉴定及汇报交流会,微型反应堆通过国家鉴定。

12月1日,经核工业部决定,我所改名为"中国原子能科学研究院",中央军委副秘书长、国防部长张爱萍题写了院名。

12月18日,我院召开共青团第五次代表大会,选举产生了共青团第五届委员会,舒卫国任院团委书记。

12月21日,召开全院党员大会,由党委书记战毅军代表院党委作整党对照检查,并对我院今后工作提出了改进意见。

12月,我院钴-60源辐照装置和铯-137辐射源生产线建成并投入使用。

年内,王方定等15人完成的"裂变燃耗放射化学诊断方法"获1984年度国家发明奖二等奖;温书贤等16人完成的"锗(锂)探测器——脉冲中子源γ能谱测井"获1984年度国家发明奖三等奖。

1985年

年初,我院与高能所签订了"8312"工程(北京电子对撞机)中5项设备的研制任务。

1月23日,101反应堆开始对"728"燃料元件进行堆内综合考验工作。

1月31日,决定调整转民收益分配政策,扩大研究部职权,把机关工作重点转向民用。

2月17日,国家科委主任宋健、副主任曾宪树在蒋心雄部长陪同下来我院视察。

3月15日,核工业部同意我院在整党基础上进行整顿工作方案。主要内容是:调整领导班子,简政放权,清理课题,明确方向任务,改革拨款制度等。

4月1日,我院向国家专利局递交了高纯镍管钠汞齐、高温直插式氧化锆氧量计两项专利申请,并取得首日专利申请纪念证。

5月6日至31日,国际原子能机构委托我院举办了核技术元素分析国际高级培训班,有14个国家的专家参加。

5月8日,我院成立思想政治工作研究会,李毅为名誉理事长,李福恒为理事长。

5月28日，召开全院党员大会，由党委书记战毅军作整党总结报告，刘书林副部长代表部党组批准结束整党工作并讲了话。

7月6日，院工会召开第三次会员代表大会，选举产生了第三届工会委员会，高存恕任院工会主席，宋建东、杨成福(兼)、贾雅敖(兼)任副主席。

7月底，院批准44项合理化建议与技术改进获奖项目。

8月12日，我院参加“讲师团”的40名同志离院赴湖南省怀化。

8月23日，根据国防科工委和部的指示，开展全院的科研普查工作。

9月7日，部党组任命孙祖训为院长，戴传曾改任名誉院长。

9月23日到24日，我院举行“庆祝建院35周年学术报告会”，汪德熙等14位专家作学术报告。

9月25日，召开劳动模范和先进集体大会。

9月27日，院隆重集会，庆祝建院35周年。会上，戴传曾作了题为《继承“两弹”过关的优良传统，为开创核科学技术研究工作的新局面而奋斗》的报告。国务委员张劲夫、政协副主席周培源、北京市副市长陈昊苏、国家核电安全局局长姜圣阶、中科院副院长周光召、国防科工委科技委常委程开甲、国家科委新技术局局长胡兆森以及各有关单位的领导、核工业部新老部长、本院历届党政领导、老科学家和房山县代表参加了庆祝大会。张劲夫、陈昊苏、周光召、程开甲先后讲了话。刘伟、赵宏代表新老部党组致贺词。

11月15日，核工业部党组任命严叔衡、田亚民、郭子文为我院副院长，范淑贤改任调研员，徐义全调核工业部研究生部工作。

11月20日，核工业部党组任命王德绵为我院纪委书记。

12月6日，国家劳动人事部同意我院为压力容器设计资格单位，并正式发给证书。

12月下旬，国家科委公布了我院申报的两项发明奖项目。

年内，我院参加杭州、青岛、北京“军转民”经济技术交易会，签订合同近百项，成交额2 000多万元。

堆工所马福邦等人完成的“101研究性重水反应堆改建”获1985年度国家科学技术进步奖一等奖；放化所严叔衡、核物理所李泽等人完成的“中子诱发铀-235、铀-238裂变产额测定”，核物理所蔡敦九等人完成的“中国评价核数据库——第一版”获1985年度国家科技进步奖二等奖。

1986 年

1 月 21 日,党和国家领导人胡耀邦、杨尚昆、李鹏、方毅等接见核工业部 10 位专家代表,其中包括我院名誉院长王淦昌、院长孙祖训。

2 月 27 日至 28 日,我院召开工作会议。孙祖训作了《团结起来,为开创我院"保军转民"新局面而奋斗》的报告;李福恒作了《大力加强思想政治工作,为开创我院两个文明建设的新局面而奋斗》的报告。

3 月 15 日,核工业部批复,同意我院将物理部、电物理部、电子部、同位素部、堆工部调整为核物理研究所、反应堆工程技术研究所、放射化学研究所、核技术应用研究所、同位素研究所以及通用技术部和电子仪器厂。

5 月 16 日,北京国际串列加速器核物理讨论会在我院召开,中外核物理专家 150 人出席会议。

7 月 16 日至 18 日,院召开第五次党员代表大会,选举产生了第五届党委会、纪委会。李福恒任党委书记,杨敏章任副书记,王德绵任纪委书记。会上还表彰了 29 名优秀共产党员和 5 个先进党支部。

9 月 2 日,北京核工业学校举行首届开学典礼。

9 月 6 日,核工业研究生部在我院举行首届研究生开学典礼,庆祝研究生部成立。

10 月 16 日,从美国引进的 HI-13 串列加速器建成并举行验收移交签字仪式。

堆工所周永茂等人完成的"微型中子源反应堆"获 1986 年度国家科技进步奖一等奖,卢存纲等人完成的"中子嬗变掺杂技术"获 1986 年度国家科技进步奖二等奖。

1987 年

2 月 7 日,张怀庆等研制的"节能电磁阀"获第 25 届布鲁塞尔尤里卡世界发明博览会金质奖。

2 月 25 至 27 日,我院召开工作会议。孙祖训作了《理顺关系,加强管理,在整顿改革中不断前进》的报告;李福恒作了《坚持四项基本原则,加强社会主义精神文明建设》的报告。

4月5日,我院研制成功“北京谱仪大型螺旋管线圈”。国务院副总理方毅作了批示:“此事做得很好,证明我国是有人才、可以造重要设备的,必须树立独立自主、借鉴外国经验的思想。”

4月23日,核技术应用研究所改建的用于电子辐照的电子直线加速器出束。

5月15日,从即日起,我院实行院长负责制。

5月27日,核技术应用研究所研制的强流短脉冲电子加速器出束。

6月10日,院召开首届“五四”青年学术报告会优秀论文颁奖大会。

6月29日,我院自筹资金兴建的北戴河休养所竣工。

7月29日,核工业部决定将快堆工程由中国核动力院移交我院。

8月13日至14日,“HI-13串列加速器核物理实验室工程”竣工,通过核工业部验收。

10月14日至22日,国际原子能机构(IAEA)“快中子核数据评价中的核数据”顾问组会议和第16届国际核数据委员会会议在我院召开。17个国家的30余位科学家和国际原子能机构的官员出席了会议。

12月8日至9日,我院召开第一次职工代表大会。

12月11日,我院青年科学研究基金委员会正式成立。

12月23日,我院召开第六次共青团代表大会,选举产生了共青团第六届委员会,舒卫国任院团委书记。

年内,马鸿昌等人完成的“0.1～15兆电子伏快中子剂量率绝对测量”获国家科学技术进步奖二等奖。

1988年

1月1日,我院正式对研究所、室实行新的统一编号,即输入计算机编码代号。

2月,汪德熙、戴传曾当选为第七届全国政协委员。

3月7日至8日,我院召开工作会议。孙祖训作了《进一步开拓进取,在改革中不断前进》的工作报告;李福恒作了《解放思想,振奋精神,在改革开拓中前进》的党委工作报告。

3月10日,以孙祖训为组长,李福恒、任大明为副组长的院体制改革领导小组正式成立。

5月25日至26日,院工会召开第四次会员代表大会,选举产生了第四届工会委员会,仇振扬任院工会主席,孙树华任副主席。

5月27日至6月10日,以孙祖训为团长的我院核技术代表团,对巴基斯坦进行考察访问,双方签署了协议,为巴基斯坦建造微型堆。

6月20日,由肖伦主编的《同位素》杂志创刊。

8月3日,我院职工技协成立。

8月25日,国家计委下文批准我院建造生产中短寿命放射性同位素装置、引进回旋加速器技术和设备。

9月9日,院科技委换届,王方定任第二届院科技委主任。

9月27日,我院召开重水反应堆、回旋加速器建成30周年纪念会。

10月27日,庆祝中法合作"重水堆冷中子源"建成典礼在我院举行。著名科学家钱三强、王淦昌,法国原子能总署基础部主任克里比埃教授,法国驻华使馆核参赞雷华安等180人参加了典礼。

10月30日,我院开发的第一座商业用微型堆在深圳大学建成。

11月15日,孙祖训院长在比利时与比利时新鲁汶大学离子束应用公司签定了回旋加速器合作协议。

12月22日,经国家科委批准,HI-13串列加速器核物理实验室被列为国家实验室。

1989年

1月,《原子能院关于推行多种形式责任目标承包制试行办法》开始试行。

2月15日,我院承办的《原子核物理》杂志英文版正式出版发行。

2月23日至25日,我院召开工作会议。孙祖训作了题为《明确目标,深化改革,为我国科技发展和国民经济建设作出新贡献》的工作报告;李福恒作了题为《坚持贯彻党的十三届三中全会精神,为推动我院改革的深化和科研生产任务的完成而努力奋斗》的党委工作报告;任大明对《院改革总体方案(草案)》作了说明。授予21名同志"院劳动模范"称号、10个单位"院先进集体"称号。

3月2日,由田亚民、李玉崙等人组成的中国技术贸易代表团赴伊朗访问,签订了我院为伊朗提供微型中子源堆和重水零功率堆两项合同。

3月8日,中核总党组任命朱天玉为我院党委副书记。

3月8日,全国妇联授予程萍为"全国三八红旗手"光荣称号。

5月11日，国务委员、国务院核电领导小组组长兼机械电子部部长邹家华来院视察。

5月至6月，我院广大干部、职工在北京发生的政治风波中，坚守工作岗位，经受住了考验。

7月，我院研制的微型反应堆和4兆电子伏驻波电子直线探伤加速器在北京国际博览会上分获金质奖和银质奖。

8月31日，院务会研究决定，将科研生产处改为综合计划处，成立对外工程处。

10月1日，我院张怀庆被授予“全国先进工作者”称号；汪幼梅被授予“能源工业特等劳模”称号，阳名珠和边文敬被授予“能源工业劳动模范”称号；同位素所52室被授予“能源工业先进集体”称号。

11月13日，我院为巴基斯坦援建的微型反应堆举行移交和验收仪式。

12月19日，我院宋全埙、田伟之同志在人民大会堂参加国家科技奖励大会，并受到国家主席江泽民、总理李鹏等中央领导的接见。

12月30日，国家环境保护局给我院颁发甲级环境影响评价证书。

1990年

2月至6月，我院根据中央和上级要求，进行了中共党员重新登记工作。

2月7日，丁大钊、孙祖训、王乃彦、李长春、周永茂被国家科委和人事部授予核工业国家级有突出贡献的专家。

3月23日，我院召开工作会议。孙祖训作了题为《坚持四项基本原则，在治理整顿和深化改革中不断前进》的工作报告；李福恒作了题为《坚持党的领导，加强党的建设，充分发扬党组织的政治核心、保证监督和战斗堡垒作用》的党委工作报告。

3月26日，汪德熙、王方定被共青团中央聘为“中国青年思想教育中心”特邀报告员，在中南海怀仁堂受到江泽民总书记及其他中央首长的接见。

4月25日，北京国际准分子激光学术讲习班和研讨会在我院召开，中国、美国、日本等国的80位学者出席，王淦昌作了“原子能院氟化氪准分子激光研究”的报告。

4月27日，汪德熙、王方定、阳名珠荣获全国“五一”劳动奖章。

6月29日，中共中央国家机关工作委员会授予周志宏优秀党务工作者称号,授予汪德熙、王方定、谢海洪、杨天禄、边文敬优秀共产党员称号。

7月1日凌晨2时40分,我院生活区11#楼发生重大火灾,未造成人员伤亡。

9月13日至14日,院召开第六次党员代表大会,选举产生了第六届党委会、纪委会。李福恒任党委书记,朱天玉、王时举任副书记,汪志勤任纪委书记。

9月20日,院举办庆祝建院40周年座谈会,院历届党政领导、老科学家钱三强、王淦昌、赵忠尧、刘书林、李毅、何泽慧、戴传曾、力一、汪德熙、战毅军、钱皋韵、彭桓武、王传英、梅镇岳、王金才、李寿枬、郑林生、金星南、李林、屈智潜、王一、肖振喜、周渊泉、刘金华等60人到会祝贺。

11月18日,名誉院长戴传曾病逝,享年69岁。

11月19日,快堆研究中心工程奠基,国务委员、国家科委主任宋健奠基揭幕。

11月30日,王德绵被评为全国优秀纪检干部。

12月27日至28日,院召开共青团第七次代表大会,选举产生了共青团第七届委员会,张静波任院团委书记。

1991年

2月26日至28日,我院召开工作会议。孙祖训作了题为《坚持改革开放,狠抓质量效益,为完成"八五"第一年计划而奋斗》的工作报告,李福恒作了题为《中共中国原子能科学研究院委员会1991年工作要点》的报告。

2月27日,中核总任命李玉崙为我院副院长、王乃彦为副院长兼科技委主任。

4月至9月,我院举办了第六届职工运动会。

4月25日,王淦昌被国务院授予国家"863"计划荣誉证书,"百焦耳氟化氪准分子激光"和"快堆热工水力安全特性"两个课题组被授予"863"计划先进集体,王乃彦等8人被评为"863"计划先进工作者。

6月12日,原中国人民解放军代总参谋长、全国政协副主席杨成武上将来我院视察。

6月20日,我院被评为全国职工教育先进单位。

6月21日,庆祝建党70周年,邀请房山区人大常委会副主任、窦店村党总支书记、全国劳动模范仉振亮来院作报告。

6月24日，我院召开庆祝建党70周年暨表彰大会。

8月30日，中核总任命孙祖训为院长；郭子文、李路明、杨天禄、李玉崙为副院长。

9月9日，由我院、北京串列加速器核物理国家实验室和中国核学会联合举办的“国际快中子物理北京研讨会”在北京举行。来自国内外的65位中子物理学家参加会议。

9月至10月，我院职工踊跃为江苏、安徽、浙江等省灾区捐款捐物。

10月29日，邀请著名老红军、原抗大二分校校长、原总参顾问、88岁高龄的孙毅上将来院作报告。

10月，我院核物理所柳卫平申请的“产生^{8}Li、^{7}Be等放射性核素用于天体核反应研究”项目，获国家自然科学基金委员会青年科学基金，这是我院首次获得该基金资助的项目。

11月，丁大钊、黄胜年、王方定当选为中国科学院学部委员。

1992年

2月13日，我院参与建造的阿尔及利亚15兆瓦多用途重水研究堆达到临界。

2月28日至29日，我院召开工作会议。李路明作了题为《深化改革，提高效益，为全面完成1992年工作任务而奋斗》的工作报告，李福恒作了总结。

3月4日，中央党校国家机关分校核工业(二)班在我院开班。

3月18日，美国驻华大使芮效俭访问我院。

4月11日，我院与俄罗斯联邦列宁原子反应堆研究院合资创建的“北京双原同位素技术有限公司”成立。

6月28日，钱三强在北京病逝，享年79岁。

8月28日至29日，院工会召开第五次会员代表大会，选举产生了第五届工会委员会，沈荣林任院工会主席，钱学强任副主席。

9月，张恩琇当选为党的十四大代表，并参加了10月12日至18日召开的党的第十四次全国代表大会。

10月28日，经院研究决定，计算机应用部改为计算机应用研究所。

11月19日，快堆研究中心竣工，国务院副总理邹家华题名。

12月25日至26日,院第二届一次职工代表大会召开。

年内,核物理所卢涵林等人完成的“快中子激发函数研究”、堆工所王树人等人完成的“30万千瓦核电厂考验燃料组件的堆内综合考验及辐照后检验”获国家科学技术进步奖二等奖。

1993年

1月20日,国家核安全局向我院101堆、49-2堆和微堆、零功率装置颁发了有条件运行许可证。至此,两堆整治工作第一阶段任务圆满完成。

2月16日至17日,我院召开工作会议。孙祖训作了题为《解放思想,深化改革,为开创我院新局面而奋斗》的工作报告;李福恒作了《在改革开放的新形势下,进一步加强和改善党的工作,推动我院改革和发展胜利前进》的党委工作报告;杨天禄对《关于深化改革的方案〈试行〉》作了说明。

2月19日,国家科委对在“863”计划中作出突出贡献的专家、先进集体进行表彰,“快堆设计研究课题组”获优秀集体三等奖,张继才获优秀工作者一等奖。

2月,王方定当选为第八届全国政协委员。

3月12日,对外经贸部、国家科委、国防科工委、教育部联合召开国家赋予首批科研院所科技产品对外经营权授权大会,我院获首批授权。

4月21日,我院向伊朗出口的稳定同位素电磁分离器通过中伊双方联合验收,正式交付使用。

6月25日,核技术应用所研制的第一台1.5兆电子伏、15千瓦的电子辐照加速器运往青岛。

8月26日,正式组建北京原丰科技开发总公司。

9月16日至17日,我院召开第七次党员代表大会,选举产生了第七届党委会和纪委会,李福恒任党委书记,朱天玉、舒卫国任党委副书记,汪志勤任纪委书记。

10月11日,纪念钱三强诞辰80周年报告会暨《钱三强论文集》首发式和钱三强铜像揭幕仪式在我院举行。宋任穷、刘杰、周光召、朱光亚、王淦昌、王大珩、蒋心雄、彭桓武、黄齐陶等出席会议。宋任穷为钱三强铜像揭幕,周光召颁发《钱三强论文集》。

11月8日,我院举办“第四届亚太地区研究堆学术研讨会”。

11 月，王乃彦当选为中国科学院学部委员。

12 月，我院开展多种形式的活动，纪念毛泽东诞辰一百周年。

1994 年

1 月 26 日至 28 日，我院召开工作会议。孙祖训作了题为《加大改革力度和深度，使我院科研生产、经营工作走上一个新台阶》的工作报告；李福恒作了题为《解放思想，实事求是，团结奋进，真抓实干，夺取改革和发展新成绩》的党委工作报告。

2 月 1 日，我院核物理所在串列加速器上建成的我国第一条放射性核次级束流线通过部级鉴定。

2 月 27 日，中共中央政治局常委、中共中央书记处书记胡锦涛探望王方定院士。

3 月 13 日，我院涉外工程项目伊朗微型中子源反应堆建成，通过验收。

3 月 18 日，经国家科委批准，我院为依托单位，在同位素所组建“国家同位素工程技术研究中心”。

3 月 30 日，经院务会议研究决定，成立民品处。

3 月 25 日，院务会议决定，对现核技术应用研究所的机构体制进行调整：将所属北京辐照医疗器材厂划为院直属单位，并将 43 室划归该厂。由应用所 42 室、44 室、201 室与物理所 17 室组建电物理和激光研究所。

4 月 20 日，我院召开共青团第八次代表大会，选举产生了共青团第八届委员会，邵焕会任院团委书记。

5 月 20 日，国家科委副主任邓楠来院视察快堆工作。

6 月 10 日，我院在北京香山主持召开中国先进研究堆中子散射应用研讨会，提出我国应建造一座先进研究堆。

6 月，院党委被中央国家机关工委授予先进基层党组织称号，李福恒获优秀党务工作者称号。

7 月 6 日，周书华等人合成新核素钌-90 以及赵葵等在英国发现新核素铱-199，通过部级鉴定。

8 月 1 日，院快堆工程筹备组正式从堆工所划出，独立建制。

10 月 19 日，我院聘任国际辐射防护协会主席、美国辐射防护和测量委员会主席 CharIes B. Memhold 教授为我院名誉教授，这是我院聘任的第一位外国名誉教授。

11月25日,院务会议决定,成立院电视广播中心,系院直属行政公益性事业单位。

12月6日,我院研制成Cyclone-30回旋加速器,束流强度370微安,达到国际先进水平。

12月26日,中国实验快堆中俄设计合作协议在俄罗斯正式签订,并经国家外贸部批准生效。

1995年

1月12日,我院名誉院长王淦昌荣获首届何梁何利基金优秀奖。

2月15日,全国政协常委、中华全国总工会副主席、国家民族事务委员会副主任江家福教授来院视察工作。

2月23日,我院召开工作会议。孙祖训作了题为《抓住机遇,深化改革,为加速我院发展而努力奋斗》的工作报告;朱天玉作了题为《解放思想,实事求是,改革进取,把党的建设提高到新水平》的党委工作报告。

5月7日至12日,由我院承办的1995北京国际同位素会议在香山饭店举行。这是我国组织的首次大型国际同位素会议。

6月22日,全国政协副主席、国防科工委科技委主任、中国工程院院长朱光亚为中国核数据中心成立20周年题词。

7月7日,阮可强当选为中国工程院院士。

7月7日至13日,101反应堆乏燃料元件运输处置专项工作第一批计划任务胜利完成,用国产的研究堆乏燃料运输容器以公路运输的方式,安全地长距离运输乏燃料元件,在国内尚属首次。

8月1日,重水反应堆03-05工艺管发生断裂事故。

8月20日,由我院承办的1995国际核物理大会在北京召开,中外579位核物理学家与会,孙祖训任大会主席。北京市市长李其炎出席会议并讲话。

8月31日,中核总聘任樊明武为我院副院长。

9月22日,经院党政领导联席会议决定,对院科学技术委员会领导班子进行调整,由王乃彦任科技委主任。

9月,院第七届职工运动会召开。

12月29日,中国实验快堆工程经国务院批准立项。

年内,核物理所和高能物理研究所谢家麟、庄杰佳等人完成的“北京自由电子激光装置”获国家科学技术进步奖二等奖。

1996 年

2月9日,我院召开工作会议。孙祖训作了题为《振奋精神,实事求是,深化改革,开拓进取,为实现“九五”发展规划而奋斗》的工作报告;李福恒作了《讲学习,讲政治,讲正气,提高素质,增强党性,促改革,促发展,促稳定,围绕中心,狠抓党建》的党委工作报告。

3月4日,我院向叙利亚出口的微型中子源反应堆首次达到临界。

5月9日,我院研制的“强流质子回旋加速器及生产中、短寿命放射性同位素装置”通过国家计委的验收。

5月17日,核保障技术重点实验室正式通过中核总验收。

7月2日,我院101堆第二批乏燃料公路外运任务顺利完成。

7月26日,中核总聘任樊明武为我院院长,孙祖训改任院科技委主任。

8月30日,柳卫平获“1996年香港求是科技基金会杰出青年学者”奖。

9月4日至5日,院工会召开第六次会员代表大会,选举产生了第六届工会委员会,沈荣林任院工会主席,钱学强、罗克平任副主席。

9月11日,我院向尼日利亚出口一座微型中子源反应堆的合同签字。这是我院出口的第五座微堆。

9月13日,国家计委王春正副主任等来我院对串列加速器升级工程进行实地考察。

9月27日,院成立学术顾问委员会,汪德熙任主任,委员有丁大钊、王乃彦、王方定、阮可强、肖伦、黄胜年等。

11月4日,中核总聘任王乃彦院士为核工业研究生部主任。

12月18日,堆工所曹宜铮等人与中原公司等单位合作完成的“援外15 MW多用途重水研究堆设计建造”获国家科学技术进步奖一等奖;核物理所白希祥等人完成的“H-13串列加速器上次级放射性核束的产生和应用”获国家科技进步奖二等奖。

12月18日至19日,我院召开共青团第九次代表大会,选举产生了共青团第九届委员会,邵焕会任院团委书记。

12月24日,强流质子回旋加速器被400多位两院院士评为1996年“中国十大科技事件”之一;“太阳中微子失踪之谜,提供了新的实验证据”入选《光明日报》组织评选的1996年“中国十大科技新闻”之一。

1997年

1月30日,我院电子仪器厂与德国西门子公司关于“火灾探测设备领域的技术合作”正式签字生效。

2月27日,我院召开工作会议。樊明武作了题为《全院动员起来,发扬务实创新精神,为实现经济腾飞、科研发展而努力奋斗》的工作报告;李福恒作了《加强党的建设和精神文明建设,为院改革发展提供坚强保证》的党委工作报告。

4月18日,海军副参谋长么兴远、海军潜艇基地副司令朱海根等来我院视察指导工作。

4月21日,樊明武被批准为国家人事部第七批有突出贡献的中青年科学、技术、管理专家。

5月13日至16日,由我院主办的第三十届国际快堆工作组年会在京召开,来自11个国家及国际原子能机构的代表40余人参加了会议。

6月28日,我院被确定为“核工业爱国主义教育基地”,揭幕仪式在我院举行。

7月,中国先进研究堆工程经国家批准立项。

8月27日,中国实验快堆初步设计通过国家科委审查。

8月,樊明武当选为党的十五大代表,并参加了9月12日至18日召开的党的第十五次全国代表大会。

10月,张焕乔当选为中国科学院院士。

12月3日至4日,我院召开第八次党员代表大会,选举产生了第八届党委会和纪委会,朱天玉任党委书记,李林虎、张恩琇任副书记,李林虎兼纪委书记。

12月18日,我院成立中国先进研究堆工程部。

12月25日,中核总聘任舒卫国为我院副院长。

年内,肖伦获何梁何利基金科学与技术进步奖,李吉根获全国(100名)青年技术奖,崔宗渭获全国(100名)技术能手称号。

1998 年

1月8日,101重水研究堆堆芯03-05位置严重磨损,杯行件脱落,停止运行14个月进行整改工作。

2月,许谨诚当选为第九届全国政协委员。

3月9日,我院召开工作会议。樊明武作了题为《认清形势,抓住机遇,深化改革,开拓进取,为开创我院改革和发展的新局面而奋斗》的工作报告;朱天玉作了题为《高举邓小平理论伟大旗帜,认真贯彻十五大精神,把我院党的建设工作推向新阶段》的党委工作报告。

4月22日,“21世纪初中国核物理发展规划研讨会”在我院召开。

4月24日,我院堆工所成为“轻水堆材料环境促进开展国际合作组织”正式成员。

5月29日,美国斯坦福直线加速器中心前主任潘诺夫斯基教授来院访问,并作题为“用于能量产生和核废物处置的加速器驱动器”的学术报告。报告会由丁大钊院士主持,方守贤、何作庥、谢家麐院士,高能所郑志鹏所长以及我院、高能所、北京大学、清华大学50余人参加了报告会。

6月,王淦昌、汪德熙、肖伦获中国科学院首批资深院士称号。

8月1日,我院研制生产的黄金成色仪、裂变钼-锝发生器及放免药盒获全国第十一届发明展览会金奖。

9月16日,同位素所缪增星等人完成的“医用裂变^{99}Mo的提取、^{99}Tc和^{99m}Tc药盒的研制”获国家科学技术进步奖一等奖。

9月25日,我院举行重水反应堆和回旋加速器建成40周年学术报告会。

10月9日,我院决定撤销核技术应用研究所、计算机应用研究所、电物理和激光研究所,在三所基础上建成核技术与计算机应用研究所。

10月22日,院隆重举行中国实验快堆主厂房开挖典礼。

12月10日,王淦昌病逝,享年92岁。

1999 年

2月4日至5日,我院召开工作会议。樊明武作了题为《坚定信心,同心协力,面向二十一世纪,深化改革,科技创新,实现跨世纪发展》的工作报告;朱天玉作了题为《面向新世纪,加强党的建设,为我院改革和发展提供坚强保证》的党委工作报告。

3月9日,我院为伊朗设计建造的重水零功率堆通过部级鉴定。

4月,中国物理学会设立"王淦昌物理奖",以奖励粒子物理和惯性约束核聚变方面有突出成就的研究工作者。

6月,我院为巴基斯坦恰希玛核电站用于初级启动的中子源棒研制成功。

6月,杨天禄被国家人事部批准为"1998年度有突出贡献的中青年科学、技术、管理专家"。

6月19日,国防大学校长邢士忠上将来院视察。

6月22日,科技部李学勇副部长来院检查指导快堆工作。

7月29日,104工号工作人员在进行镅-241 X射线系列源操作时,因违章操作造成实验室设备、地面污染及工作人员污染事故。

8月2日,院党委作出《关于坚决贯彻中央处理和解决"法轮功"问题的重大决策的决定》。

9月18日,中共中央、国务院、中央军委在北京召开表彰为研制"两弹一星"作出重要贡献的科技专家大会,曾在我院工作过的于敏、王淦昌、邓稼先、朱光亚、陈芳允、钱三强、彭桓武等荣获"两弹一星"功勋奖章。

10月1日,我院汪德熙、肖伦、丁大钊、黄胜年、王方定、阮可强、张焕乔、樊明武、许谨诚、李吉根等10位老、中、青科学家应邀出席新中国成立50周年庆典活动。

10月21日,北京市市长刘淇、副市长刘海燕来院视察。

11月3日,国防科工委主任刘积斌、副主任张华祝来院视察。

11月,樊明武当选为中国工程院院士。

12月9日,我院"加速器驱动洁净核能系统的物理及技术基础研究"项目获得批准立项,在《国家基础研究重点发展规划》中是国防科工委推荐项目中唯一被批准立项的项目。

年内,汪德熙院士荣获"何梁何利基金科学与技术进步奖"。核物理所张焕乔等人完成的"近垒和垒下重离子全熔合裂变的碎片各向异性的异常"获国家自然科学奖三等奖。

2000年

1月18日,院召开院务(扩大)会议,部署2000年工作,会议主题:"认清形势、明确方向、真抓实干”。

2 月 21 日，院科技委换届，罗上庚任第五届院科技委主任。

4 月 26 至 28 日，中国实验快堆通过核安全评审，获得建造许可证。

5 月 1 日，我院正式启用新院标，新院标为院的英文缩写“CIAE”的变形体。

5 月 10 日，国家主席江泽民为“中国原子能科学研究院”题写院名。

7 月 11 日，中核集团公司聘任赵志祥、朱天玉、舒卫国、李金英、杨河涛、张昌明为我院副院长。赵志祥全面主持行政领导工作。

8 月 16 日，李鹏为我院题词：“发展核科学技术，为民造福为国争光”。

9 月 15 日，李岚清为我院题词：“中国原子能科学研究院是我国核工业的发祥地和创新基地，50 年来为我国国防建设和核工业发展作出了巨大贡献。希望原子能科学研究院继续发挥基础性、创新性、先导性、前瞻性等综合优势，为促进我国核科学技术、核工业的发展和国防建设再立新功。”

9 月 26 日，王淦昌铜像揭幕仪式在我院隆重举行，国防科工委副主任张华祝和中核集团公司副总经理康日新为王淦昌铜像揭幕。

9 月 27 日，我院召开建院五十周年庆祝大会。原中央政治局常委、军委副主席刘华清，全国政协副主席朱光亚，国防科工委主任刘积斌，国防科工委副主任张华祝，国家科技部副部长周平，总装备部科技委委员钱绍钧院士，中核集团公司副总经理康日新以及国防科工委、科技部、财政部、中科院、总装备部、中核集团公司、国家环保局、国家医药管理局等国家有关部门、兄弟单位领导，中国科学院和中国工程院的院士陈能宽、何泽慧、彭士禄、程开甲、彭桓武、王大珩、肖伦、于敏、王乃彦、丁大钊、王方定等 1 000 余人出席了庆祝大会。

11 月 15 日，中国科学院资深院士肖伦病逝，享年 89 岁。

12 月 8 日，我院崔宗渭获第五届中华技能大奖。

年内，李金英、张天爵、柳卫平、罗志福入选国家“百千万人才工程”第一、第二层次人选。

核物理所刘廷进等人完成的“中国军用测试核数据库(第一版)”获国家科学技术进步奖二等奖。

2001 年

2 月 15 日至 16 日，院召开工作会议。赵志祥作了题为《团结奋斗、改革创新、打好开局、决战“十五”,为实现原子能院新世纪发展目标而奋斗》的工作报告;朱天玉作了题为《着眼全局、打好开局、围绕中心、开拓进取,以党的建设和精神文明建设的新成绩走进新世纪》的党委工作报告。表彰了10位1997—2000年度院劳动模范。

3月12日,经过基层推荐、考核及专家评审,柳卫平等56人被列为院首批青年学术技术带头人培养对象。

4月5日,赵志祥、柳卫平、叶国安获国防科技工业有突出贡献的中青年专家称号。

5月10日,北京原子高科核技术应用股份有限公司创立大会暨首次股东大会召开,标志着我院加速器与辐照产业改制及组建股份公司筹建工作基本完成。

6月至9月,院第八届职工运动会召开。

8月21日,首次在全院公开选聘的部分机关职能处室领导干部到位。

8月20日,院务会议研究决定成立HI-13串列加速器升级工程指挥部、顾问组、项目办和技术部。

9月,在院领导班子及成员中开展了“讲学习、讲政治、讲正气”学习教育活动。

9月28日,我院研制成功钴-60集装箱检测系统,并通过部级鉴定。

10月,丁大钊院士荣获第八届何梁何利基金科学与技术进步奖。

10月24日,院召开第十次共青团代表大会,选举产生了共青团第十届委员会,徐荣松任院团委书记。

11月,同位素所在进行09任务施工过程中,被施工人员偷走一枚600微克的锎-252中子源,源失控约24小时。

12月5日,院新闻中心正式成立。

12月30日,院后勤服务集团成立。

2002年

1月8日,中核集团公司聘任赵志祥为我院院长。

1月30日,院工会召开第七次会员代表大会,选举产生了第七届工会委员会,邵焕会任院工会主席,岳祖玉任副主席。

3月12日至13日,院召开工作会议。赵志祥作了题为《抓住机遇,苦练内功，改革创新，与时俱进，为加速原子能院的发展而努力奋斗》的工作报告；朱天玉作了《与时俱进，改革创新，开创党的工作新局面，为我院事业发展作出新贡献》的党委工作报告。

3 月 15 日，院士楼工程开工。

3 月 21 日至 22 日，由中国核学会辐射防护学会、中华医学会放射医学与防护学分会、中华预防医学会放射卫生专业委员会主办，我院承办的“21 世纪初辐射防护论坛”第一次会议在我院召开。

4 月 29 日，院第四届一次职工代表大会召开。

5 月 28 日，第四届全国准分子激光学术研讨会在常熟举行，同时举行江苏省常熟支塘中学更名为王淦昌中学揭牌仪式。

6 月 27 日，国务院总理朱镕基对我院三废治理、基础设施改造、大型核设施运行和提高人员待遇等方面的报告作出重要批示。

7 月 9 日，俄罗斯原子能部长鲁缅采夫在张华祝、李定凡等陪同下来院参观快堆并题词。

8 月 15 日，院隆重举行中国实验快堆主厂房封顶仪式。国家科技部马颂德副部长等出席仪式并讲话。

8 月 26 日，中国先进研究堆工程举行开工典礼，浇灌第一罐混凝土。国务院副总理吴邦国、全国政协副主席朱光亚为中国先进研究堆开工作了重要批示和题词。吴邦国副总理批示：“祝贺研究堆建设开工。希望高质量、高标准完成研究堆的建设，为核能的研究开发做贡献。”朱光亚题词：“祝贺中国先进研究堆开工建设。建设好先进研究堆为核能开发作贡献。”国防科工委副主任于宇林、中核集团公司总经理李定凡共同启动第一罐混凝土浇灌按扭。

9 月 5 日，我院研制的新型海关集装箱系统示范基地和 2 兆电子伏自屏蔽式电子束消毒灭菌装置通过鉴定。

12 月 4 日，韩国科技部副部长李升九、韩国原子能研究所所长张仁顺等一行 8 人来我院参观访问，希望在后处理、中国先进研究堆等项目上加强合作。

年内，核物理所杨丙凡等 10 人完成的“大型重离子串列加速器技术创新与重大设备国产化研究”荣获国家科学技术进步奖二等奖。

2003 年

1 月 6 日，总装备部副部长李安东等来我院视察指导工作。

1月27日，中国国际工程咨询公司通过了串列加速器升级工程项目建议书的评估。

2月12日，诺贝尔奖获得者，意大利国家新技术、能源和环境委员会(ENEA)主席卡罗·卢比亚、ENEA国际关系部主任及意大利驻华使馆科技参赞一行3人到我院参观访问。

2月14日，陆道纲荣获"国防科技工业有突出贡献的中青年专家"荣誉称号。

2月26日至27日，院召开工作会议。赵志祥作了题为《抓住机遇，奋力攻坚，深化改革，加快发展，为实现原子能院新世纪的腾飞而奋斗》的工作报告；朱天玉作了题为《围绕一个"中心"，坚持"两个务必"，落实"三个代表"，为加强我院党的建设作出新贡献》的党委工作报告。

2月，许谨诚、赵志祥当选为第十届全国政协委员。

3月14日，政协第十届全国委员会第一次主席团会议通过专门委员会委员名单，我院赵志祥任全国政协教科文卫体委员会委员。

3月21日，同位素改制转型大会召开。

6月23日，中核集团公司聘任赵志祥任我院院长，舒卫国、李金英、杨河涛、张昌明、张锦荣任副院长。

7月1日，院召开"庆'七一'暨抗'非典'表彰大会"，庆祝建党82周年，对在院抗击'非典'工作中涌现出来的先进集体和个人进行了表彰。

7月3日，HI-13串列加速器升级工程项目建议书获国防科工委批复。

8月14日，我院召开第九次党员代表大会，选举产生了第九届党委会和纪委会，舒卫国任党委书记，李林虎任副书记兼纪委书记，陈建欣任纪委副书记。

11月7日，国防科工委批复核燃料后处理放化实验设施项目建议书，项目正式立项。

年内，经国务院学位委员会第二十次会议批准，我院取得物理学一级学科博士、硕士学位授权，被批准设立物理学一级学科博士后流动站。

王乃彦院士荣获2003年度"何梁何利基金科技与进步奖"。放化所张先业等10人完成的"核燃料后处理中铀-钚分离和钚净化浓缩研究及微型萃取槽研制"获国家科学技术进步奖二等奖。

2004 年

1 月 14 日,中国科学院院士丁大钊病逝,享年 69 岁。

2 月 19 日,院科技委换届,许谨诚任第六届院科技委主任。

2 月 25 日至 26 日,院召开工作会议。赵志祥作了题为《立足当前,谋划长远,励精图治,乘势而上,为实现原子能院的振兴而奋斗》的工作报告;舒卫国作了题为《加强党建,发挥优势,围绕中心,促进发展,为"十五"攻坚凝聚力量和提供保证》的党委工作报告。

3 月 11 日至 16 日,第八届中国国际核工业展览会在北京举行。中共中央军委主席江泽民参观我院展台。

3 月,我院重新荣获中央国家机关文明单位称号。

4 月,我院成立核燃料后处理放化实验设施项目工程部。

8 月 23 日,由我院承办的国际原子能机构(IAEA)第三届核电站水化学和腐蚀控制会议(DAWAC)在北京举行。

8 月 27 日至 9 月 1 日,"中国核事业 50 年成就展"在北京举办。胡锦涛、江泽民、温家宝、曾庆红等党和国家领导人参观我院展台。

8 月 29 日,江泽民同志对《参考清样》"浅析我国核技术大大落后于国际水平的原因"一文作了重要批示:"这是一个大问题,我们对核问题起步不晚,但是由于种种历史原因,我们在乏燃料后处理方面甚至落后于印度 20～25 年,凭我们的财力要奋起直追地往前赶。我由于干过一段时间原子能工作,有切身体会。亡羊补牢,犹未为晚。"

8 月 31 日,胡锦涛同志也对《参考清样》"浅析我国核技术大大落后于国际水平的原因"一文作了重要批示:"泽民同志提出了一个十分重要的问题,即我国核事业发展问题。无论从经济社会发展的需要考虑,还是从国家安全考虑,都必须重视此问题。请国务院结合有关规划,认真研究,作出部署。"

9 月 10 日至 13 日,在第五届中国国际发明展览会上,我院研制的"自屏蔽电子束辐照装置"被评为金奖。

9 月 14 日,院召开共青团第十一次代表大会,选举产生了共青团第十一届委员会,贾建富任院团委书记。

10 月 14 日,院举行纪念我国核爆成功 40 周年暨院所文化要素发布会,发布了我院精神,院歌、院徽、院旗,同时成立了院职工体育总会和职工艺术团。

12月6日,中核集团公司在我院成立临界安全中心,并举行临界安全培训班开班典礼。

12月14日,中共中央政治局委员、国务院副总理曾培炎等来我院视察指导工作。

12月,国防科工委批准核燃料后处理放化实验设施可行性研究报告。

12月,院深化人事制度改革方案通过职工代表大会审议并经院批准正式发布,全员聘用制工作正式实施。

年内,张焕乔院士获"何梁何利基金科学与技术进步奖";苏胜勇获第七届"全国技术能手"称号;柳卫平获中央企业劳动模范称号;薛小刚、杨红义获"国防科工委有突出贡献中青年专家"称号。

2005年

1月15日,我院隆重举行升旗仪式,纪念中国核工业创建五十周年。

2月24日至25日,院召开工作会议。赵志祥作了题为《以人为本,协调发展,决胜十五,乘风破浪,为将原子能院建成为一个一流科研基地而奋斗》的工作报告;舒卫国作了题为《加强党的建设,为决胜"十五"实现新发展提供坚强可靠的政治和组织保证》的党委工作报告。

3月至9月,我院举办了第九届职工运动会。

4月,柳卫平获"全国劳动模范"称号。

7月至10月,我院开展了以实践"三个代表"重要思想为主要内容的保持共产党员先进性教育活动。

8月10日,中国实验快堆堆容器首批大型部件运抵现场,堆本体开始安装。

8月24日,中核集团聘任柳卫平为我院副院长。

8月31日,因实验孔道源项不明及辐射监测仪表失效,发生重水研究堆一工作人员超剂量照射事故。

9月10日,核工业研究生部举办成立20周年纪念大会,原全国政协副主席朱光亚、国防科工委主任张云川等分别题词表示祝贺。

9月22日,《院科技丛书》开始出版并举行首发式。

10月24日至28日,中美核材料综合管理技术演示会议在我院举行。中国国家原子能机构主任孙勤、美国能源部副部长兼保安署署长林登·布鲁斯共同为本次活动剪彩。

11 月 20 日，院总体发展建设规划完成并进入评审阶段。

11 月 22 日，院举行“十五”成果展览开幕式。

12 月 10 日，天然气入户工程正式启动。

12 月 12 日，院召开青年学术技术带头人培养工作总结大会，首批 50 名院青年学术带头人培养对象圆满结束培养周期。

12 月 29 日，院命名北京串列加速器核物理国家实验室等 16 个首批重点实验室并挂牌。

年内，我院被列为国防科工委首批基础性军工单位总体发展建设规划重点建设单位。

2006 年

1 月 12 日，核燃料后处理放化实验设施施工现场因就地通风装置中的过滤器堵塞，造成院场区局部污染事件。

2 月 27 日至 28 日，院召开工作会议。赵志祥作了题为《乘风破浪，打好开局，为建设一流核科研基地而奋斗》的工作报告，舒卫国作了题为《乘势而上，加强党建，扎实工作，提供保证，为实现“十一五”奋斗目标开好局起好步》的党委工作报告。

2 月 27 日，中国实验快堆首次核级钠充灌成功。

3 月 28 日，中国核工业科技馆项目由国家发展和改革委员会正式批复立项。

4 月 21 日，院工会召开第八次会员代表大会，选举产生了第八届工会委员会，邵焕会任院工会主席，岳祖玉任副主席。

5 月 15 日至 19 日，我院举办 IAEA 第 39 届快堆工作组年会。诺贝尔物理学奖获得者卡罗・卢比亚教授应邀出席会议。

6 月 22 日，原子高科一枚铱-192 放射源（当时活度为 0.96 居里，属Ⅳ类低危险源）被盗。

7 月 28 日，原子高科在深圳证券交易所代办转让系统成功挂牌。

8 月 8 日，中国科学院资深院士汪德熙逝世，享年 93 岁。

9 月 15 日，中核集团公司党组任命张昌明为院党委书记。

9 月 15 日，核工业科技馆筹备办公室正式成立。中核集团公司党组任命邵焕会为核工业科技馆筹备办公室主任。

9 月 18 日至 22 日,我院承办的“纪念国际原子能机构成立五十周年中国专题展”在维也纳国际原子能机构总部隆重举行。

9 月 26 日,我院苏胜勇荣获第八届中华技能大奖。

11 月 18 日,我国第一个钚-238 同位素电池正式通过国防科工委验收。

11 月 30 日,院召开“五四”青年学术报告会二十周年纪念会。

12 月 5 日,国际原子能机构(IAEA)总干事埃尔·巴拉迪来我院参观访问,并为“CIAE-IAEA 核保障与核保安联合培训中心”揭牌。

12 月 13 日,原子高科在进行废旧铅罐处理过程中,因违章操作导致院场区局部锶-90 污染事件。

2007 年

1 月 10 日,我院申请的国防科工委放射性计量一级站顺利通过了第一批国防计量技术机构的许可。

2 月 5 日至 6 日,院召开工作会议。赵志祥作了题为《加强宏观调控,抓好重点工作,建设好原子科学城,为核事业发展作出新贡献》的工作报告,张昌明作了题为《抓好党建,推动发展,凝聚人心,营造和谐,为建设好原子科学城扎实工作》的党委工作报告。

4 月 10 日,国家科技部部长徐冠华来我院视察。

5 月 3 日,原全国政协副主席、中国科协名誉主席、中国工程院主席团名誉主席朱光亚来我院视察。

5 月 23 日至 29 日,院隆重举办纪念王淦昌先生百年诞辰系列活动。

8 月,101 堆转入长期停堆冷却状态,并进入安全关闭综合治理阶段。

9 月 19 日,核工业研究生部划归我院管理。

11 月 14 日,中核集团公司党组聘任赵志祥为我院院长,张昌明、王乃彦、张锦荣、柳卫平、万钢、刘森林、叶国安为副院长,王乃彦兼任核工业研究生部主任,任命李和香为院党委副书记兼研究生部党委书记。

11 月,院党委任命岳祖玉为院工会主席。

12 月 18 日,我国首台高能大功率电子束辐照加速器装置建成。

12 月 27 日至 28 日,院召开第十次党员代表大会,选举产生了第十届党委会和纪委会,张昌明任党委书记,李林虎、李和香任副书记,李林虎兼任纪委书记，陈建欣任纪委副书记。

12 月，我院荣获中核集团公司授予的“科技创新特别奖”和“经济发展突出贡献奖”。

2008 年

1 月 9 日，赵志祥等 10 人完成的“加速器驱动洁净核能系统(ADS)的物理和技术基础研究”获国家科学技术进步奖二等奖。

2 月 28 日至 29 日，院召开工作会议。赵志祥作了题为《深化改革，奋力攻坚，推进原子科学城又好又快又安全发展》的工作报告，张昌明作了题为《解放思想，凝聚智慧，推进原子科学城又好又快又安全发展》的党委工作报告。

3 月 5 日，原核工业部原子能研究所副所长、代理党委书记李毅逝世，享年95 岁。

2 月，赵志祥当选十一届全国人民代表大会代表，并在十一届全国人大第一次会议第七次全体会议上当选为十一届全国人大环境与资源保护委员会委员。

3 月 26 日，国务院副总理张德江参观了第十届中国国际核工展我院展台。

4 月 24 日，中华全国总工会授予我院“全国模范职工之家”荣誉称号。

5 月 23 日，核燃料后处理放化实验设施浇筑第一罐混凝土。

5 月 22 日至 6 月 12 日，我院广大党员干部职工积极为汶川地震灾区捐赠。

6 月 3 日，我院总体发展建设规划获国务院批复。

7 月，我院为北京奥运会研制了“NQR 爆炸物检测系统”、“放射性物质检查系统”和“高灵敏快速识别反恐核侦查车”共 420 余套，成功应用于“鸟巢”等 22 个比赛场馆、奥运大厦等 17 处重要场所以及上海等 6 大涉奥机场的安检工作，为保证北京奥运会的成功举办作出了重要贡献。

10 月 24 日，我院召开共青团第十二次代表大会，选举产生了共青团第十二届委员会，张哲任院团委书记。

11 月 2 日，由我院、中央电视台、清西陵文物管理处、北京市公安局法医检验鉴定中心等单位组成的“清光绪皇帝死因”专题研究课题组，通过我院微堆中子活化分析等科技手段，历时五年，破解了“光绪死因”是急性胃肠型砒霜中毒。

11 月 6 日,院科技委换届,由张伟国任第七届院科技委主任。

11 月 10 日,我院荣获科技服务奥运“2008 年卓越贡献奖”、“科技奥运先进集体”称号。

11 月 15 日,核燃料后处理放化实验设施 B 座主体结构封顶。

11 月 20 日,中国核工业科技馆项目正式开工建设。

11 月 25 日,101 重水研究堆最终关闭。

12 月 11 日,院隆重召开纪念“一堆一器”建成 50 周年大会。

2009 年

1 月 8 日,中国科学院院士黄胜年逝世,享年 77 岁。

2 月 12 日,全国人大副委员长、中国科学院院长、党组书记路甬祥来院视察。

2 月 24 日至 26 日,院召开工作会议。赵志祥作了题为《深化改革,改进管理,弘扬文化,协调发展,为实现“4121”目标而努力奋斗》的工作报告;张昌明作了题为《科学发展,狠抓落实,为实现“4121”目标而努力奋斗》的党委工作报告。

3 月至 6 月,我院认真开展了深入学习实践科学发展观活动。

3 月至 9 月,我院举办了第十届职工运动会。

4 月,我院荣获中华全国总工会授予的“全国五一劳动奖状”。

4 月,我院重新荣获“首都文明单位”称号。

5 月 17 日,中央学习实践科学发展观活动领导小组成员、国家发改委主任张平来院视察。

6 月,中核集团公司党组聘任邵焕会为我院副院长。

7 月 17 日,中共中央政治局委员、北京市委书记刘淇来院视察。

8 月,游泳池反应堆因水池底部异常清洁事件停止运行 7 个月。

9 月 24 日,院隆重举办庆祝建国 60 周年文艺晚会,对新中国成立前参加革命工作的老同志以及“感动原子科学城”人物进行了表彰。

10 月 16 日至 28 日,我院放射性物质检查系统被成功应用于第十一届全国运动会安保工作。

11 月 15 日,微软创始人、前总裁比尔·盖茨参观中国实验快堆并发表主题演讲。

年内，核燃料后处理放化实验设施 A、C、D、E 座主体结构封顶。

2010 年

1 月 6 日，我国首批 16 个国家能源研发（实验）中心正式成立，其中快堆工程研发（实验）中心落户我院。

2 月 11 日，我院与国家能源局签订后处理大厂科研重大专项任务合同书。

3 月 2 日至 3 日，院召开工作会议。赵志祥作了题为《加快基地建设，做强优势领域，为核工业快速持续发展作出贡献》的工作报告；张昌明作了题为《齐心协力，改革创新，共创未来，以实现科学发展的优异成绩迎接建院六十周年》的党委工作报告。

3 月 24 日，国务院副总理张德江参观了第十一届中国国际核工展我院展台。

3 月 30 日，欧洲核子研究中心（CERN）的大型强子对撞机（LHC）成功实现世界上迄今最高能量（7×10^{12} 电子伏）的两个质子束流的对撞。我院作为 LHC 上的大型国际合作项目 ALICE 的成员，为建立 ALICE 的光子谱仪（PHOS）、准备世界上最高能量的重离子对撞实验作出了贡献。

4 月，我院中标上海世博会的 500 多套安检产品按期全部安装调试完成。我院放射性安全检测装置和 NQR 爆炸物检测系统等装备上榜 2009 年度“中国企业新记录”名录。

4 月 18 日，中共中央政治局委员、国务委员刘延东来我院视察指导工作。

4 月 21 日，院工会召开第九次会员代表大会，选举产生了第九届工会委员会，岳祖玉任院工会主席，王广健任副主席。

4 月，罗志福被评为全国劳动模范。

5 月 13 日 16 时 58 分，中国先进研究堆实现首次临界。

5 月 27 日，中国工程院主席团名誉主席、原国务委员、第九届全国政协副主席宋健来我院视察指导工作。

6 月 10 日，中国工程院能源矿业学部 30 多位院士来我院参观。

6 月 25 日，中央书记处书记、中纪委副书记何勇，中纪委副书记张惠新、干以胜、张毅等来我院视察指导工作。

7 月 21 日 9 时 50 分,中国实验快堆实现首次临界。

7 月 22 日,授予胡石林、徐銤、石永康、王国宝、顾忠茂 5 位同志“中国原子能科学研究院突出贡献奖”,并奖励每位获奖者人民币 10 万元。

8 月 17 日,国际原子能机构总干事天野之弥访问我院。

后　记

参加《简史》1950 年至 1985 年部分编撰工作的有：吴玉崑、冯百川、庞顺颇、王钜铨、那启生以及初期参加过《大事记》编纂工作的卢礼兴、邱建刚等同志。院各职能处室和各研究所提供了可贵资料，徐文镐、朱培基、孙汉城、谢滋、王树人、苏兴普、沈克钊等同志帮助修正、补充。《简史》1950 年至 1985 年部分曾于 1987 年 5 月出版过，责任编辑吴玉崑、冯百川，美术编辑那启生。

参加《简史》1986 年至 2010 年部分编撰工作的有：强家华、刘从贵、张洪炎、冯百川、钱道元、王甘棠等同志。提供《简史》1986 年至 2010 年部分初稿的有：冯百川（第六章）、刘从贵（第七章）、张洪炎（第八章）、钱道元、强家华（第九章），强家华、刘从贵（前言、第十章、第十一章），王甘棠、陈琴、闫伟华、张妍妍（大事年表），刘振武、刘从贵、岳祖玉于 2000 年对《简史》（1986—2000 年）的编写作了一些准备工作。

全书修改工作由强家华、侯德义、陈琴、刘从贵、赵崇德、王周理、张妍妍、闫伟华等同志完成，陈琴、刘从贵统改全稿。

《简史》资料主要来源于院与上级部门文件往来、院历届党代会和工作会议文件、各种会议纪要、院科研生产发展规划、党政工团有关文件、院《年报》、《原子能院报》、《钱三强》（葛能全著）、《核物理学家王淦昌》（李瑞芝等编著），以及院直属单位和相关当事人提供。

《简史》1986 年至 2010 年部分在撰写与修改过程中，得到院领导、院属各单位领导、专家学者以及广大职工的热情支持与帮助。我院原党政领导战毅军、李福恒、孙祖训、朱天玉、樊明武、舒卫国等同志，院士王方定、王乃彦、阮可强、张焕乔，现任院党、政、工、科技委领导，院属各单位党政主要领导，院机关各部门负责人等都认真审阅了初稿，并提出了修改意见；孙祖训、朱天玉同志还对《简史》的“结束语”和后面五章的“导语”进行了具体的修改；先后主管院宣传思想工作的张恩琇、邵焕会、李林虎等同志做了大量的组织领导工作;院保密办公室组织张伟国、陈钟麟、顾忠茂、赵崇德、李雅轩等同志进行了保密审查;现任院长赵志祥、院党委书记张昌明审阅定稿,最后经院务会研究通过。

承蒙张文惠、陈钟麟、吴永根、胡景炘、徐銤、张兴治、陈叔平、郑卫芳等同志对某些章节进行修改、补充和提供相关材料,承蒙院机关各职能处室和各单位提供宝贵的资料。在此,谨致感谢!

编　者

二〇一〇年八月